U0172381

包容性城市更新理论建构和实现途径

包容性城市更新

理论建构和实现途径

章征涛 李和平 著

中国建筑工业出版社

序　言

　　"我们的共同愿景是人人共享城市，即人人平等使用和享有城市和人类住区，我们
力求促进包容性，并确保今世后代的所有居民，不受任何歧视，都能居住和建设公正、
安全、健康、便利、负担得起、有韧性和可持续的城市和人类住区，以促进繁荣，改善
所有人的生活质量。"

——《新城市议程》（HABITAT Ⅲ《NEW URBAN AGENDA》）第 11 条

　　市场化改革后，我国经历了三十多年的快速城市化，增量开发方式拉动了城市经
济的快速发展。新时代以来，受到国内外宏观环境的影响，之前依赖增量开发的城市建
设方式逐渐转向存量建设，城市更新成为现阶段我国城市建设发展主要路径之一，已成
为全社会关注的焦点和政府必要的政务工作。但在当前快速城镇化进程中，增量思维惯
性对建成环境的更新产生了较大冲击，以大规模推倒重建的更新方式和经济增长需求的
价值取向所造成的城市历史文化缺失以及拆迁冲突等现实矛盾的加剧，形成对城市社会
性、文化性、历史性资源的破坏。正如一些学者提到当前城市更新只注重物质环境改善、
城市形象提升和经济利益回报，忽视了对城市更新社会性层面问题的关注。如何在更新
目标制定和实施途径上，充分关注利益主体的权益平衡？如何在机制安排上实现公平公
正？成为推动和深化城市更新工作的关键。

　　2010 年以来，基于包容性增长的理念已经获得国内外政府和社会各界的广泛认同。
党的十八大报告提出，逐渐建立以权利公平、机会公平、规划公平为主要内容的社会公
平保障体系，使发展成果更多惠及全体人民，提到到 2020 年要实现全面建成小康社会
的宏伟目标。2016 年召开的联合国第三次住房与可持续城镇化大会（"人居三"会议）
站在全球范围上，聚焦"城市可持续发展"（Sustainable Urban Development），将社会因
素放在首位，强调可持续发展的内涵从本质上首先强调社会领域的可持续，而不是物
质环境或技术领域。"人居三"会议通过的《新城市议程》是联合国指导世界各国未来
二十年住房和城市可持续发展的纲领性文件，它强调了"所有人的城市"（For All）这
一包容性理念。"十三五"时期是我国实现全面建成小康社会和全力推进包容性发展的

关键时期。无疑，城市更新作为引发社会矛盾的高发领域，涉及每个市民和产权单位的切身利益，还与棚户区改造、城中村、旧居住区改造等民生工程紧密相连，亟待从理论上优化现行城市更新运作机制，探索切实可行的、当下适用的技术实现途径，确实提高城市更新的公正性和共享性成为当前城市更新研究的重要课题。

本书有感于城市更新如何体现包容性增长理念。新社会背景下，对城市的认识已逐渐回归其社会特征，也就是说，社会功能是城市的首要也是最根本的功能。包容性增长的概念提出是针对单一经济增长模式下带来社会问题、强调增长过程的可持续性，不仅是自然环境，同时应该是社会环境（社会公正，弱势群体保障）的可持续，强调在经济增长的过程中应该减少和消除机会不平等，促进增长成果的共享。而城市更新如何实现包容性，则需要从本质上转变以单一经济为目的，从更具包容性的社会进步和社会公正角度出发，强调更新过程中社会权利和利益分配的公正性安排，充分实现利益主体的利益和诉求，同时，考虑尽量保证弱势群体的利益，实现社会、经济和环境效益的总体平衡。

城市更新并非单纯的技术问题，从制度逻辑来实现其包容性是关键所在。本书首先从伦理学视角出发，揭示当前城市更新内在的制度逻辑，进而引入包容性发展理念，架构能够有效调节社会权利、公正分配利益的包容性城市更新理论框架；探索其目标识别、参与组织、利益共享、保障调节的更新运作机制；并在此基础上，采用调查分析、数理统计、GIS 技术等方法，建立相应运作机制的决策支持、过程众筹、结果补偿等实现途径，弥补现有城市更新理论在落实共享性和包容性方面的不足，丰富和完善我国城市更新的理论与方法。

城市更新涉及城市经济、社会与物质环境等诸多方面，是一项复杂的社会系统工程。本书并不是试图建立一套完整的理论和方法，而是从规划目标的制定和实施途径的选择两个方面探讨当前城市更新中如何充分关注各方权益总体平衡的一些关键问题，难免挂一漏万，只祈望为我国城市更新理论和方法的发展尽微薄之力。

目　录

绪 论

1

1.1 研究背景

1.1.1 增长主义城市开发

在双重转型（社会结构和经济体制转型）、"压缩"城市化（张京祥，陈浩，2010）、全球化等内外压力下，我国经济发展获得了令世界瞩目的成果，由一个处于温饱问题、多种生产要素还相对落后的经济体逐渐增长成为世界第二大经济体，同时创造了世界上从未出现过的大规模而持久的增长❶。因此，国外许多学者试图通过西方和东亚的城市发展理论来为我国转型发展总结一套"范式"理论。如 Logan（2008）在《Urban China in Transition》书中，分别从现代化理论（Modernization）、依附与世界体系理论（Dependency and World System Theory）、发展型政府理论（Theories of the Developmentalist State）、社 会 主 义 国 家 转 型 理 论（Transition from Socialism）来试图找出解释我国转型发展的理论框架，但都不能很好地解释当前我国转型以来所取得的成功❷。

总的来说，仅就剖析我国改革开放近 30 年的经济增长现象，可以总结为一种关注经济增长、强调速度和效率的"增长主义"转型路径（迟福林，2010；张京祥，赵丹，陈浩，2013），即强调通过增长行为来实现社会经济高速发展。当然工业化、出口导向、空间改造（扩张和重构）则成为这个阶段我国增长主义的基本手段。从增长主义的空间表征上看，城市空间已经俨然成为实现增长主义思路，落实资本的积累、增值、资源再分配的重要场所。具体来说，一方面，通过城市空间扩张承载城市增长所需的物质要素——工业化和经营性开发，实现工业化进程以及快速城市化的人口承载。但是，片面强调增长效应的城市空间扩张已经造成环境资源、粮食安全的多维压力，已经受到来自中央政府的体制约束。另一方面，旧城更新作为另一种空间载体，逐渐成为应对资源环境约束、实现城市现代化和

<hr>

❶ 如此大规模而持久的增长，世上从未有过，http://news.xinhuanet.com/mrdx/2006-03/21/content_4325957.htm.

❷ 吴缚龙教授在该书中直接强调：我们不同意现代化理论中的经济阶段决定论；我们不同意依附理论中的世界政治决定论；我们不同意发展型政府理论中对国家能力的乐观态度；我们不同意后社会主义国家转型中过分强调"社会主义历史延续性"的观点。他指出我国多重维度下复杂环境、宏观背景下所产生的独特性、过渡性和复杂性，使得任何西方传统的空间发展、空间组织理论并不能给予完整的解释。参见《Urban China in Transition》。

竞争力的重要方式。正如 Shih（2010）所指出的，内城再开发逐渐受到地方政府、房地产市场的追捧，成为我国城市空间转型和重构、实现增长主义思路的另一驱动力。

1.1.2　城市更新成为实现增长的重要手段

随着我国市场化和城市化进程全面加速，城市成为容纳人口城市化的重要场所。特别是我国具有高度压缩性城市化特征（张京祥，陈浩，2010），不仅表现在城市化作用背景下（经济、社会、产业转型等多维变迁）；还表现在城市化推进速度上，如近十年来我国保持了1% 左右城市化增长率，即每年具有上千万的城市化人口（图 1.1）。这说明城市空间拓展的方式在短期内难以获得扭转。但是，随着国家对土地资源保护力度的不断加大，为了控制对农村耕地的侵占和城市的低效蔓延，中央政府颁布了坚守18 亿亩耕地红线和"世界上最严厉的土地管理制度❶"，如国务院下发的《国务院关于深化改革严格土地管理的决定》，旨在通过控制圈占土地、乱占滥用耕地等土地低效开发，实现城市增长维度的问题。简言之，以往依赖城市空间拓展来实现城市容量递增、满足居住空间需求、维持经济增长的城市建设用地受到了严格的刚性约束。因此，上述情况形成建设用地旺盛需求和严格土地控制指标之间的矛盾，以空间拓展为主要形式的城市外部扩张过程逐渐趋缓。一言以蔽之，在种种现实制约下，城市更新已成为目前我国城市建设乃至整体城市化进程中一个至关重要的环节。

另一方面，与以上受到外在双向约束的刺激城市更新快速推进不同的是，城市更新的快速发展还具有其内在驱动的效应。从结构学派的分析视角上看，空间被认为是替代工业商品，作为实现增值的主要手段之一（Harvey，1985）。已有研究表明，城市更新作为城市空间再生产和实现资本积累的手段，有利于地方政府发展经济、提高财政收入、提升城市形象等。对房地产企业而言，从计划经济到市场经济的转型中，土地的交换价值在不断凸显，旧城地区的黄金区位成为进行投资（投机）获益的最好机会。总之，从内外因来看，受到外部扩张的约束和内在土地价值红利作用，

---

❶ 国土部：中国采取了世界上最严格的耕地保护措施，http://www.chinanews.com/cj/gncj/news/2008/11–03/1435111.shtml.

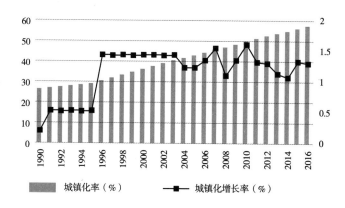

图 1.1　1990 年以来我国城市化进程示意图
Fig 1.1　China's urbanization process after 1990
资料来源：根据《中国统计年鉴》绘制

内城更新还将持续成为地方政府实现增长的重要手段。

　　因此，这一系列内外要素刺激了 2007 年以来我国城市更新的进度，城市更新已俨然成为反映"增长主义"思路，落实资本积累、增值，以及资源再分配的一个重要缩影。在此过程中，大规模、快速更新成为常态，并且绝大部分都采用了推倒重建的"革命式"再开发方式。特别是 2008 年的全球金融危机，使城市更新更是被当作强化经济增长的重要手段，被反复利用于以投资为导向的城市开发中。比如，上海、重庆分别启动了 800 万 m² 和 1100 万 m² 更新和危旧改计划（Ren，2014；李和平，章征涛，2011）。

　　总之，在双重作用的驱动下，城市更新一方面缓解了城市空间拓展压力，另一方面作为实现城市空间再开发、资本积累的场所，仍将继续成为我国城市空间重构的驱动力和实现增长的主要手段，并在较长的时间内发挥作用。

1.1.3　"增长主义"城市更新影响社会可持续

　　如上所述，城市更新在内外逻辑推动下，已经成为地方政府发展经济，实现增长的重要手段。换言之，多维环境的促进使得城市更新的行为表现得更为激进，按照张京祥教授的观点，这种强调增长的空间更新方式表现出了明显的增长主义特性（张京祥，赵丹，陈浩，2013）。从其表现形式上看，城市更新表现出典型的空间再开发方式，即通过大规模、快速拆迁，完成对内城土地的再开发，实现内城空间的功能置换或物质更新，以此达到增长主义的目的。因此，城市更新的出发点也发生了很大的转变，由现实利益替代了一开始的社会改良属性（胡毅，2013），效率优势已经压倒了对社会公正的要求。于是，城市更新就成为一种强调市场化和增长功能，而忽视社会性的现象。

虽然，吴良镛先生和众多学者针对城市更新提出了有机更新、小规模、渐进式的更新方式（吴良镛，1994；方可，2000），但是出于城市增长的需要，以及对资本积累的内在要求，大规模城市更新几乎在短时间内在全国各地同时开展，并掺杂了物质环境改善、视觉景观美化、经济利益回报和社会区域置换等多重任务。正如相关学者所指出，这种导致社会问题不断积累、发酵，城市空间被作为纯粹商品出售从而弱化空间的社会公益性、重物质形态建设轻社会环境的增长方式已经被认为是一种增长的局限。根据国家信访局数据，2010年以来，由土地征用和房屋拆迁所引发的信访量位居总信访量的第一位 ❶。由此可见，城市更新已经成为城市社会矛盾最直接的体现，诸如大规模拆迁，传统文化街区破坏和消失，弱势群体权利难以保障，利益分配纠纷引发拆迁矛盾等。这些都是城市更新过程和结果对利益格局重新分配的不公正和非包容的表现，为城市更新的运行逻辑敲响了警钟、提出了挑战。

1.1.4　城市更新亟待新理论探索

城市更新不仅是对旧城物质空间环境的更新，更是通过空间资源再分配在产权主体间的权益再安排。其本质反映的是对社会空间、经济利益的重构。可以说，它本身涉及更新主体权益，也涉及历史文化资源保护，还涉及存量土地开发和民生工程的安排，是一项十分复杂的社会系统工程。因此，针对城市更新的研究一直是城市规划专业研究的重点，特别是当前更新逻辑下社会问题日趋突出，如何落实包容性发展理念，强调城市更新过程的可持续性、综合性逐渐成为近年来城市更新理论探索的重点。

1990年代有机更新理论就开始关注到城市更新的社会问题，并着眼于物质空间规划角度提出更新模式与方法（吴良镛，1994；阳建强，吴明伟，

---

❶　国家信访局：土地征用、拆迁和社会保障是信访突出问题，http://news.xinhuanet.com/politics/2013-11/28/c_118331668.htm.

1999；方可，2000），近年来，学界发现物质技术角度的研究无法解决城市更新中利益纠纷、拆迁矛盾、文化丧失、弱势保障等公正和共享的问题，城市更新机制、政府行为与市场经济的互动关系、利益协调等针对更新制度方面逐渐成为研究的热点（张京祥，2010；胡毅，2013；Shin，2009；He，Wu，2005；He，Wu，2009；张杰，2010；郭湘闽，2006；万勇，2006）。特别是在存量土地开发背景下，学界更注重从理论层面上讨论增长主义思路下城市更新的可持续和综合目标的价值取向（孙施文，2006；陈锋，2009；胡毅，张京祥，2015；学刊编辑部，2016）。这些研究在内容和理念层面上已经形成对城市更新的包容性认识，且研究成果较为丰富，但尚缺乏对城市更新目标制定、运作机制、实施途径方面的系统性研究。因此，目前迫切需要从理论上优化现行城市更新运作机制，探索切实可行的、当下适用的技术实现途径，切实提高城市更新的公正性和共享性。

1.2 研究目的和意义

1.2.1 研究目的

1990年代以来，随着市场化改革的加速，城市更新作为政府的空间开发手段开始逐渐表现出"趋利"特征。总的来说，城市更新所表现的增长效应并未完全实现各个主体之间的平等共享。其增长的目的也经常造成公私部门的矛盾、居民的冲突和开发效益的争端，城市更新的社会效应往往是建立在一系列激烈矛盾和不公正当中。因此，城市更新应该从根本上转变其"增长主义"的逻辑，转向更为"包容性"的增长方式，即城市更新的主体之间享有更为公正的利益。但是，如何实现这种"增长主义"更新逻辑的转变？而城市更新发展思路"包容性"转变的关键在哪里？如何实现城市更新的包容性，具体途径是什么？

1）如何转变"增长主义"更新逻辑？

1990年以前，城市更新主要由政府全面负责，主要是以实现公共利益为目的。1990年代以来，城市更新偏重于"经济"发展，更依赖房地产开发的手段，实现城市更新的快速重建式再开发，形成了社会矛盾。如何转变这种"增长主义"思路，是本研究的最初动机。

2）城市更新发展思路"包容性"转变的关键是什么？

城市更新的思路转变，在于城市更新的价值取向和运行组织向"包容性增长"思路转变，因此，向包容性转变的关键在于从哪些方面形成分析框架，即需要在一个合理的框架下考虑哪些方面的转变才能实现城市更新思路的包容性，这成为本研究动机之一。

3）城市更新的包容性转变，具体途径是什么？

城市更新的包容性转变的关键在于对现有更新思路的反思，在具体理论框架下形成可以操作的实践途径，成为本研究的重要动机。

基于此研究动机，本书的研究目的在于，在既有城市更新背景下，从城市增长的角度出发，阐述我国城市更新的基本特点以及由此产生的社会问题。在此基础上引入包容性增长理念，通过对包容性增长所内在伦理学逻辑的总结和提炼，提出包容性城市更新的概念，对其建构分析框架。可以说，城市更新应该反映增长取向的公正性，以及增长效应的共享性。因此，建构包容性城市更新的理论构架是本研究的重要目的之一。在此基础上，针对如何实现这个过程的包容性则主要反映在实施途径层面。因此，建立包容性城市更新理论框架下的实现途径成为本研究的另一个重要目的。

1.2.2　研究意义

本书拟从伦理学视角切入，建构包容性城市更新的系统理论与运行机制，并在此基础上形成对我国城市更新实践的技术支撑，为当前存量规划下城市更新工作提供重要的指导方法，同时在共享性与公正性方面丰富和完善我国现有城市更新的理论。

1）提出城市更新内在运作的具体研究框架。对城市更新的研究不能仅局限在更新模式的研究上，更需要进行理论和制度层面的推进。与传统研究中常见的案例剖析和经验总结不同，本书跳出传统城市规划理论下侧重于借助城市规划与设计的方法，从城市更新的内在思路和运作逻辑出发，引入包容性增长的理念，构架起包容性城市更新的理论框架。在此基础上对其分析框架、转向逻辑、意义与相关理论的对比进行了分析。本书对我国城市更新的理论和制度建构进行了新的探索，为后续的相关研究提供了基础。

2）提出操作性较强的引导策略。在包容性城市更新理论建构的基础上，如何实现城市更新的包容性成为本书尝试研究的主要方向。本书提出通过转变更新理念、强调多元参与、促进利益共享开发、保障弱势群体住房，分别对应于增长目标的包容、居民基本权利的保障、机会平等的手段实现、结果差别的补偿四个方面。因此，本书注重对城市更新空间现象背后的制度性伦理的思考，着眼于通过机制构建形成社会公正的局面，使城市更新的实践具有较强的可实施性。

3）城市更新的新视角和途径。城市更新作为空间开发的重要手段一直是城市规划领域的主要课题。由于城市更新本身所具有的空间再分配（利益再分配）属性，以及内城现状所具有的复杂社会要素，在具体实施城市更新当中，宏观目标和价值取向的偏差都将直接影响城市更新中社会主体的利益。具体来说，以往我国的城市更新的思路偏重于物质更新的增长目的，而缺乏对更深层面的社会影响（公众的视角、居住主体的视角）的关注和考虑，由此引发一系列社会可持续的问题。因此，在城市更新实践中建立包容性增长策略，从增长和社会公正两个方面的伦理思路为城市更新的推进提供分析框架和实现路径，将为城市更新提供新的思路方法，有利于协调、平衡各方面利益，实现增长过程中多个群体的利益共享，有效解决当前更新过程中的多方面社会矛盾，实现城市更新中的社会公正的必要途径。

1.3　相关概念界定

1.3.1　城市更新

从西方对城市更新的概念来看，其概念内涵和侧重点具有不同的时间属性。如 1960 年代以前的城市更新主要具有城市重建（Urban Reconstruction）的含义，这个概念主要源于美国 1940 年代以来城市更新计划；到 1960—1970 年代，城市更新则又被赋予了城市复兴（Urban Revitalization）的概念，这个阶段城市更新从受到大规模重建的诟病中跳出来，开始逐渐关注更新中社会问题；到 1980 年代，在受到新自由主义思潮的影响下，西方城市更新的内涵则反映是一种城市再开发（Urban Redevelopment），这个阶段的再开发与绅士化相对应，成为这个时期的主题，即私人部门通过在内城阶层置换行为实现物质空间的更新；而到了1990年代，城市更新的含义则具有了城市再生（Urban Regeneration）的含义，不仅着眼于物质空间改造，同时更强调了社会经济文化综合性考虑（表1.1）。因此，从这个角度上看，作为广义的城市更新被赋予了更多内涵，并且关注的对象也是随时间不同而具有不同的侧重。

西方城市更新概念侧重的时间脉络　　　　　　　　　　　　　　　　表 1.1
Conception of urban redevelopment in different period　　　　　　　Table 1.1

时间段	概念侧重	强调重点
1960 年代以前	城市重建（Urban Reconstruction）	推土机式清理贫民窟
1960—1970 年代	城市复兴（Urban Revitalization）	社区（Neighborhood）更新
1980—1990 年代	城市再开发（Urban Redevelopment）	偏重地产开发、经济增长为目标的物质更新
1990 年代以后	城市再生（Urban Regeneration）	多维角度的社区更新

资料来源：根据（张更立，2004；Rohe，2009；董玛力，陈田，王丽艳，2009；翟斌庆，伍美琴，2009；阳建强，2012）整理绘制。

在我国，城市更新通常被用来泛指改造、更新、复兴、改建、再开发等含义，泛指任何城市部分地区的改良，而狭义的概念是指复兴。具体到概念阐述，城市更新概念也在不同学者中具有不同的侧重。比如陈占祥将城市更新的概念侧重"新陈代谢"的过程，主要途径包括重建、保护和维护等更多方面（翟斌庆，伍美琴，2009）。吴良镛先生则将城市更新定义为三个方面：①改造、再开发或改建（Redevelopment），是指比较完整地剔出现有环境中的某方面，目的是为了开拓空间，增加新的内容以提高环境质量；②整治（Rehabilitation），是指对现有环境进行合理的调节利用，一般只做局部的调整或小的改动；③保护（Conservation），是指保持现有的格局和形式并加以维护，一般不允许改动（吴良镛，1994）。

回顾我国城市更新实践，1990年以来随着房地产的迅猛发展，城市更新通常采用大规模、高强度的重建方式。此外，相关外文文献也通常采用城市再开发（Urban Redevelopment）一词描述我国当前城市更新，反映其主要特征更倾向于对旧城原有空间环境的重建（Wu，2004；He，Wu，2005；He，Wu，2007；Yang，Chang，2007；He，Wu，2009；Shih，2010；Ren，2014）。同时，国内学者也认为，当前我国城市更新是在政府的管理下，通过大规模、高强度、快速地实现内城形象的重塑，明显表现出了空间再开发的特征（张更立，2004；董玛力，陈田，王丽艳，2009；翟斌庆，伍美琴，2009；陈浩，张京祥，吴启焰，2010；张京祥，胡毅，2012；李和平，惠小明，2014）。

因此，基于以上原因，本书对于"城市更新"概念界定不拘泥于国外城市更新概念的阶段性定义以及其在内涵方面的转变，而是从当前我国城市更新的现实状况出发，将城市更新界定放在以下几个层面：①以快速化推倒重建为主要推进方式的旧城再开发行为；②所涉及的更新概念对应于重建式再开发（Redevelopment），正是这样一种特殊的更新方式，造成了内城地区经济发展与社会可持续的矛盾，引发了经济、社会、文化等多维层面的社会问题的更新行为；③其中涉及的城市更新范围主要是指城市旧城。

此外，为了行文方便，本书针对城市更新所涉及的多种名词均统称为城市更新，只在有必要特指某一特征的具体城市更新时，才会对上述不同的术语进行区分。

1.3.2　增长和增长主义

1）增长

增长的概念通常出现在经济学领域，指连续发生的经济事实变动，其意义就是每一单位时间的增多或减少，能够被经济体系所吸收而不会受到干扰。它是一种非空间性的概念，通常该词被用来衡量地方城市经济发展情况。而增长作为一个动词被用于城市规划方面时，则更多反映的是城市空间的增长和拓展，空间上的城市增长包含土地利用结构布局的调整，城市外部建设用地面积的增加以及城市立面上高度的增加和跨度加宽。通常会涉及城市边界精明增长的概念，都是对城市物质空间的拓展的研究和考量。此外，在非空间方面，增长一词还能被用来衡量其他社会经济方面的增长情况，是指社会、环境、经济等因素的变化，如人口增长、经济发展、产业结构的调整，以及人们对于生活条件和环境要求的提高等。

本书中所指的增长一词，并不是强调城市空间增长的概念，也不是强调经济、政治、社会、文化通过变革相互影响、相互作用、共同进步的过程，仅仅是强调国民生产总值的提高，以经济增长为主要目的，是反映城市物质财富的积累。因此，本书中所提到城市增长并不是从空间角度的增长来考虑，而仅仅反映城市在经济、资本积累方面的增长。

2）增长主义

此外，增长概念的内涵还对应于增长主义的概念，即把经济增长作为工作的出发点和目标，所有制度安排和政策实践最终目标都是经济增长，在实践中具体表现为，把量化的GDP指标作为考核工作的核心，提高GDP的增长速度，扩大经济总量。从城市发展的角度上看，城市增长的逻辑则表现为在全球化过程营造的日益激烈的竞争发展环境中，地方政府为了获取更多的发展资源和发展机会以促进城市经济增长，积极推行了各种各样的营销战略，从而将促进经济增长、提高城市竞争力和吸引外来投资放在首要位置，换言之，城市空间开发机制是服务于经济增长结果的"好"。

从其影响上看，增长主义的逻辑反映了（迟福林，2012）：①以增长代替发展。认为经济增长则可以替代社会要素的综合提高。②重经济增长、轻社会发展。从实践看，"增长主义"倾向难以起到有效化解社会矛盾、社会风险的重要作用，同时还常常会人为加大某些本不会形成的社会风险和社会矛盾。③重短期、轻长期。更多依靠短期政策工具来刺激经济增长，忽视中长期目标的实现。④过度倚重行政力量。

综上所述，本书所指的增长和增长主义的概念都是侧重于经济方面的认识和考虑，并不是从综合社会层面来认识增长。此外，增长主义本质上反映了源自功利主义强调结果的"好"来规范制度正当性的伦理逻辑，也就是制度服务于增长的结果，而不是合理划分社会主体在政治、经济方面的权利和利益，从而，导致经济结果的要求制约了社会的可持续。

1.3.3　包容性和包容性增长

1）包容性

"包容"，有着"兼容并蓄"或"兼容并包"的含义，可引申为"融合"。在社会学和社会政策学的概念体系中，与"社会"搭配时，就成了社会学的一个常用的概念，一般被表达为"社会包容"或"社会融合"

（Social Inclusive），其反义词是"社会排斥"（Social Exclusion）。比如，美国区划中有一个包容性区划（Inclusionary Zoning），其初衷是促进社区多元融合，弱化居住分异，有效解决经济和种族隔离，创建更多样化的社区，强调社会混合和包容，因此在新建住房中要求配置一定比例可支付性住房（Affordable Housing），并且这个比例占到总开发单元的 6% ~ 35%。最高的比例的是加州普莱瑟县（Placer County，CA），要求多户住房项目内包容性的比例高达 50%（章征涛，宋彦，2014）。由此可见，包容更强调了融合和共享之意，而不是隔离的内涵。

总之，包容性就是要消除任何形式的"排斥"，将所有人包容到社会经济发展进程中，共享社会经济发展的成果，消除社会阶层、社会群体之间的隔阂和裂隙，使人们都能够无障碍地融为一体。此概念内涵了共享和公正利用资源的意思，也就引申出经济增长方式的包容性。

2）包容性增长

"包容性增长"译自一个英语复合名词"Inclusive Growth"，也译为共享式增长。概念是经济学家对经济增长和经济发展认识的深化，是发展经济学关于发展观的新理念。最早见于林毅夫 2004 年发表的文章（Lin，2004），2007 年亚洲开发银行（ADB）首次系统性对该概念进行研究。在随后的研究中，世界银行、国内外学者都在其概念和内涵上进行了讨论，并且给予不同的诠释。

Ali，Zhuang（2007）认为机会平等是包容性增长的关键要素，更认为需要强调增长过程中的可持续性，不仅是自然环境的可持续，同时还应该是社会环境（社会公平正义，特别是对城市弱势群体）的可持续性。简言之，他主要强调了增长过程中应该通过减少和消除机会不平等来促进社会公平和增长的共享性。

中国社科院社会政策研究中心研究员唐钧认为包容性增长 [1] 的概念否认了传统经济概念中对增长的片面理解，为了与传统意义上的"增长"和"经济增长"相区别，将"社会包容"作为定语。对"增长"概念加以说明和限定，认为这里所指到的增长不再是局限在经济增长和资本积累方面，而应该是从综合发展的角度，考虑社会经济环境，于是就构成了"包容性增长"

---

[1] "包容性增长"，一个全新的时代命题，http://news.xinhuanet.com/politics/2010-10/14/c_12657879.htm.

的新概念。

Ali，Son（2007）认为包容性增长即是一种可持续和平等的增长方式，同时包容性增长更强调对弱势群体包容，它还包括了益贫式增长的内涵。

Birdsall（2007）认为贫困和弱势群体很难从增长中受益，因而包容性增长应使低收入群体从经济增长中分享收益，最好是使其多受益。从这个角度上看，包容性增长反映了益贫式增长的概念。

汝绪华（2011）通过对包容性增长理念形成过程的分析，认为包容性增长的基本内涵包括三个方面的维度，即机会平等的增长、共享式增长与可持续发展的平衡增长。

蔡荣鑫（2010）从增长过程中非排斥性角度，认为增长过程中不应该形成社会排斥问题，应该是倡导机会平等，参与经济增长、共享社会经济和政治权利，强调包容性和共享性。

杜志雄，肖卫东，詹琳（2010）从增长理论的演进和包容性增长提出的背景方面出发，对包容性增长的基本要义和政策内涵进行了理论探讨，认为包容性增长的基本要义是：经济增长、权利获得、机会平等和福利普惠。

世界银行从发展战略的角度总结了包容性增长的概念，包括三个方面：一是通过高速、有效以及可持续的经济增长最大限度地创造就业与发展机会；二是确保人们能够平等地获得机会、提倡公平参与；三是确保人们能得到最低限度的经济福利（世界银行增长与发展委员会，2008）。

综观以上专家学者对包容性增长概念的理解和分析，笔者认为包容性增长的概念应该具有两个重要维度：其一是对增长的认识；其二是对增长行为的正当性认识。

（1）增长，包容性增长的思路是强调增长，同时对增长本身提出要求——是否是高效、可持续的增长方式。换言之，增长所涉及的内容不仅仅是经济增长的单独要素，而是综合的多元增长，即社会经济环境的综合增长。它反映的是对当前增长的重要价值取向的转变。

（2）公正，从大多数学者对包容性增长的分析，都提及了平等、增长成果共享、关注弱势群体的概念。可见，包容性增长具有对增长过程"正当性"的要求，它认为增长过程需要公正地考虑政治权利和经济利益的分配。因此，相对于增长概念，强调包容性增长的公正（正当性）维度成为笔者在本书研究中的重要视角。

简言之，包容性增长是对传统意义上经济增长概念的反思，而强调社会公正的增长成为其关键所在，此外，由于关于增长的研究在经济学方面已具有较多成果，因此，本书对包容性增长的定义更偏重从社会公正（义务论伦理）角度出发。

1.4 研究对象

本书的研究对象包括以下几个主要方面：首先，对研究范围的认识，主要是针对我国大城市旧城，主要是指大城市区域中由于历史悠久而形成的集中性传统生活区域，一般都曾作为该城市历史上的中心区域发挥较大的影响力。当前大城市城市更新的主要对象是这些传统生活区域，由于涉及较多居民的切身利益，因此，城市更新的制度安排方面的增长特征对这些区域的影响更为明显。

其次，研究对象概念的认识方面，本书主要所指包容性是源自于包容性增长语境下的认识，更多是强调资源的共享和公正使用的含义。需要说明的是，本书主要从规划机制层面考虑更新的包容性，并不对包容性所涉及的包容性区划的具体技术策略进行重点论述。比如，按比例提供可支付住宅，形成混合收入融合社；提供公共交通服务，有利于缩短通勤距离和减轻环境压力；增加公共设施安排，解决就业安排等。由于本书所强调的更新方式向包容性的转变考虑了更新结果和过程的共享和公正获得，是源自更新制度安排方面的考虑，其本身即包含包容性区划中所涉及混合社区、减少通勤、形成住房保障的内涵和实施结果。换言之，本书主要从更新机制方面来实现更新的包容性，而不是仅仅从空间策略来实现。

1.5 国内外相关研究综述

1.5.1 国外研究综述

西方发达国家在不同发展轨迹、背景下，使其城市更新在动因、模式、效应等方面不断表现出复杂的演化形式。而城市更新作为解决各种城市问题，特别解决西方内城衰败的首要途径，已由早期单一的物质环境更新发展成为对城市各项经济、社会、环境复兴（Regeneration）的多目标复杂体系（Roberts，2000；张更立，2004）。同时，针对城市更新的研究思路也逐渐涵盖经济、公共政策、社会管理、生态环境等多学科领域，并形成了一大批内容丰富的文献群。

笔者通过对外文数据库 Wiley Online Library 和 Elsevier ScienceDirect 搜索城市更新（Urban Redevelopment、Urban Regeneration、Urban Renewal）关键词，发现 1998—2009 年城市更新的相关研究内容文献呈现出喷井式增长，特别是 2009 年以后出现对城市更新研究的新一轮热潮。由于全球大多城市正面临城市转型和城市再开发，从而引发城市更新的研究需求（严若谷，周素红，闫小培，2011；唐子来，王兰，2013）。从国外针对城市更新的研究思路和领域，可以总结为以下几个方面：

1）国外对城市更新时代背景的讨论

从国外城市更新的时代背景来看，由于各地区所处的城市发展阶段和区域背景的差异，使得各地城市更新活动与当地发展背景、地方区域特色紧密联系，呈现出多种类型与路径。

（1）工业城市向后工业城市转型的产业结构调整与经济重组的更新背景。钢铁、机械、纺织等传统"锈带产业"（Rustbelt Industry）向第三世界的转移，使"锈带城市"逐渐在原有产业基础上进行产业升级，并发展电子信息等高附加值产业。因此,这些承载铁锈产业的"冰雪带"（Snowbelt）或"霜冻带"（Frostbelt）城市，如美国的东北部和中西部（匹兹堡和底特律所在地），则需要对旧工业用地进行再利用、对"棕地"可持续再开发、对原有旧制造业中心低技能劳动工人再安置、对转型产业再投资或者再开发活动等，已经成为城市更新的一个重要背景（Alberts，1980；Muller，2000）。

（2）促进内城经济复兴，实现被剥夺社区及边缘化弱势群体重返主流社会，对衰败地区的城市复兴。主要源于 1940—1950 年代的郊区化趋势，大城市人口与土地开发呈现出明显的郊区化，内城则成为被忽视地带。缺乏规划、街区衰败、住房陈旧以及社区设施严重不足是内城衰败的主要特征。早在 1941 年美国个别州就推出相应法案来推动内城的更新，到 1949 年已有 27 个州及哥伦比亚特区（Washington DC）通过了更新立法。但是，在之后的 25 年中，美国城市更新计划随着国会地不断修改，已经和 1949

年的项目存在很大的区别（Rohe，2009）。其后，多种更新手段和方式被纳入内城复兴当中。比如，1980年代开始通过绅士化促进内城再开发，至1990年代，美国城市政府将吸引中产阶级回到城市中心作为城市中心复苏的重要战略之一（Beauregard，2005）。

（3）从城市转型的角度出发，强调快速城市化过程中的各种城市更新、历史遗存的保护式再开发活动和从全球城市网络视角下研究城市更新和转型，强调经济、社会结构的转型下，对城市空间结构转型影响。比如，在经济全球化时代，城市中心地区的重要性更为突出，形成功能越来越复合的空间发展模式。因此，对城市中心地区的形象塑造成为当前更新研究的主题。从更新思路上看，主要强调建成环境的魅力，培育更高层面上的竞争优势以满足全球城市网络中城市晋升的需求。滨水地区和中心区则成为城市魅力的主要承载区，被纳入城市更新的重点项目安排中。比如，纽约巴特利公园（Battery Park）通过更新满足中央商务区的住宅需求；巴尔的摩滨水区更新则是对传统码头产业的历史遗存进行再开发；伦敦的码头区改造形成工作、居住、休闲融为一体的"后工业化"建成环境。就更新手段上看，则更强调以文化植入、旗舰项目、重大活动导向的再开发（Authority，2008）。

2）国外对城市更新策略的研究

国外城市更新策略一方面受到当时更新时代背景的影响，另一方面更取决于更新地区本身的制度文化、社会经济及环境条件，进而影响到更新策略的变化，由此产生不同的更新效果。比如，欧美在针对早期内城更新的研究，受到时代背景和宏观政策的影响，使得城市更新的行为主要表现为简单的推倒重建，通过物质环境的更新来推进内城复兴。此后在去管制化的新自由主义的思路下，这一阶段是"城市规划死亡"的阶段——市场机制主导城市更新的过程，表现为企业主义管治。因此，对更新策略的演化过程、理论溯源、社会效果和影响成为城市更新领域学者关注的重点。具体来说，国外城市更新的策略可以总结为这样几个方面。

（1）通过企业化经营的房地产更新策略。进入1980年代，随着福特主义向后福特主义的社会生产方式转型，以及西方国家城市管理和公共政策的改革，出现了企业化城市（Entrepreneurial Urban）、地区营销（Place Marketing）、经营城市（City Marketing）等一系列政治经济学理论（Harvey，

1989）。新自由主义的思潮作为宏观背景下的去管制化、私有化思想直接影响了城市更新的过程、权利分配情况。可以说，城市更新政策日渐依赖私人部门的房地产为城市发展提供驱动力，主要指允许私人部门承担部分城市公共服务职能或负责城市标志景观的建造，通过组织城市发展公司等形式的公私合作机构负责更新的实施（McGuirk P. M., 2001）。换言之，房地产成为城市更新的主要力量，并且能够最直观地改变城市面貌，地方政府（城市规划）的力量则受到削弱（Adair，Berry，McGreal et al., 1999）。正如 Mollenkopf（1983）所指出，具有强大经济力量的商业资本是联盟的主角，他们与公共权力建立起联盟，形成增长机器对城市进行重建、改造和开发。Bailey（1993）则利用"城市政体"理论，对大量私人经济单位介入政府公共服务职能的建设、运营、管理的政策背景的公私合作的城市再开发项目中各关系主体之间的权力角色和决策机制及所产生的不同更新效果进行了对比。Weber（2002）论证了新自由主义下城市再开发本质是在全球资本市场中获取短期价值回报，改变使用价值为交换价值，城市再开发本质反映的是当代资本空间再生产的过程。

　　1990 年代以来，很多学者指出中国的城市更新也表现了明显的企业化治理轨迹，因此，多篇外文文献对北京、上海的更新项目进行实证研究，论证当前我国城市更新的企业化策略。比如，Shih（2010）则以制度对城市更新的影响为出发点，分析了 1990—2005 年以来拆迁相关法律对上海拆迁安置的影响，他认为拆迁规则在本质上为城市更新的市场化开发铺平了道路，并且也造成了上海城市大规模拆迁安置的争议。简言之，该研究指出了现行制度本质上赋予了地方政府可以通过城市更新实现经济（GDP）增长的目标。He（2007）认为城市更新中绅士化现象实质上是由地方政府主导的结果，并且总结了地方政府是通过政策引导、资金补偿、拆迁保障三方面来主导城市更新过程的。此外，她还指出政府为主导的城市再开发方式极大程度上推进了后改革时期的经济和城市增长。He，Wu（2005）以上海新天地的案例出发，从作用主体的角度分析了政府、私人部门、居民在城市再开发中的作用，虽然不同于计划时期政府全面负责城市建设的形式，私人部门在城市更新具有很强的作用，但是地方政府的作用在经济杠杆、政策安排和土地供应方面仍然具有强有力的作用。Yang，Chang（2007）从城市政体理论出发，构建了上海石库门更新的分析框架，认为其运行机制源于政府和私人之间形成了增长机器，而地租差额成为更新的动力机制，同时，他们认为我国所形成的增长联盟和西方政体理论有本质上的区别，地方政府在整个过程中具有决定性作用，并且重塑了内城空间。He，Wu（2009）从新自由主义视角下分析城市更新，认为我国城市更新政策已经具有新自由主义的逻辑，即增长第一的策略极大程度上推动了中国的城市更新规模和速度，但是中国的城市更新表现了一些和西方不同的思路，其中最关键的是源自于地方政府是主要推动力量，中央政府是维护社会稳定的职能。Shin（2009）通过对北京两个居住区更新的案例，论证了北京地方政府由于其在土地使用的处置权，使其表现出强烈的企业化特征，由此，也刺激了房地产开发的城市再开发。此外，他还认为近十多年来，地方政府在城市更新的职能并没有向更加包容（Inclusive）转变，仍然反映着增长的特点以及房地产导向的模式。

（2）文化导向的城市更新策略，主要源自对传统房地产建设模式的负面反思。此外，无论是工业城市的转型还是全球城市的转型，文化设施和创意产业均成为重要的产业引擎，成为城市转型的重要策略（唐子来，王兰，2013）。文化产业的兴起在西方城市中已经成为最新的高附加值产业，Richard Florida 认为，文化创意产业对城市来说，可以为城市创造更高的生活质量、成为城市和区域经济的活力点、支持其他产业，从而解决地区衰败等各种城市问题，实现经济复兴和社会融合的城市更新目的（佛罗里达，司徒爱勤译，2010）。换言之，文化产业也开始与城市建设一道共同作用于城市空间当中。由此，文化开始逐渐植入城市更新当中，成为重要策略之一，是吸引资本、改观城市面貌和促进社会各界团结合作的作用因素（Keating，Frantz，2004）。文化导向的城市更新策略根植于本土文化，通过兴建文化设施和配套项目，改善衰落地区的物质环境，通过对传统产业的文化转型以推动城市的产业升级和发展，可以说文化导向的更新策略对于传承文脉、保护传统的社会网络、促进就业、保持多样性都有积极作用。因此，文化导向成为旧工业用地、滨水区域和旧城中心再开发的重要手段。比如，早期的文化更新活动主要是对传统产业地区和内城的再开发，利用地区特有的文化特征对原有工业建筑、历史遗存进行娱乐休闲、特色餐饮、艺术展示等功能置换形式的再利用和再开发（Bradley，Hall，Harrison，2002；Evans，2005）。我们甚至可以认为绅士化的更新思路即是对文化导向策略的最好总结，同时也是对文化创意产业的回应。简言之，该策略通过文化植入空间的再开发在极大程度上推进了内城的繁荣。

（3）依赖旗舰项目和重大活动的更新策略。作为文化导向策略的另一种形式，它利用文化力量，以大型旗舰式更新项目的再开发重塑城市形象，建立城市旗舰式地标建筑对城市形象重构（Paddison，1993）。在日益增多的以应对内城衰败为目标的更新案例中，该策略获得了较为广泛的采用。旗舰式更新项目一般包括大型主题购物广场、国际性重大赛事或展会活动（奥运会、世博会、亚运会）、城市新地标的建造以及其他反映城市文化和历史底蕴的大尺度、大规模的更新活动。比如，希腊2004年借助奥运会大事件的推动作用，有效推动和促进了雅典的城市复兴（Liddle，2009）。英国借助奥运会的机遇，对伦敦东部地区（英国最贫穷的地区之一），特别是奥运会场址所在地斯特拉福德的物质环境进行提升，使它能够共享伦敦的增长与繁荣（Authority，2008）。曼彻斯特通过申办奥运会和英联邦运动会，推动一系列旨在恢复中心区活力的体育、交通和艺术等大型建设项目等来刺激英国传统工业城市的转型（While，Jonas，Gibbs，2004）。相对于重大体育赛事推动城市更新，2001年鹿特丹则通过承办欧洲文化展览会的契机，刺激内城经济衰退区和弱势群体边缘区的更新（Richards，Wilson，2004）。可以说，世界性体育和文化活动作为大事件建设项目，成为提升城市形象，推动城市更新的重要途径。此外，还有其他地标式更新项目案例，如英国泰晤士河码头区（Dockland）的更新；美国纽约巴特利公园更新等滨水区域的更新，都在很大程度上反映了城市魅力。由此可知，强调文化力量的旗舰式更新项目丰富了更新形式的多元化，深化了更新内容的深度与内涵，成为继房地产导向的更新策略之后，许多城市更新所实施的重要策略。

3）国外对城市更新社会绩效的研究

近年来，随着对城市社会公平的转向，国外学者开始反思和实证研究市场主导下的城市更新策略所带来的社会绩效。比如，MacLeod（2002）从格拉斯哥（Glasgow）的案例论证了西方城市在新自由主义逻辑下，城市企业化下复兴（Renaissance）的本质其实是对"复仇之城"（Revanchist）的回应，形成不平等和社会排斥现象。

正如前文很多学者指出我国的城市更新策略多采用企业化经营，因此，在社会绩效方面也表现出了与西方相似的社会问题和矛盾。比如，He（2010）从人口学的角度出发，研究了上海中心城区城市更新所带来的绅士化特征，认为在资本积累和经济增长逻辑下，城市更新带来了我国大城市内城人口和社会经济属性的巨大改变，而最明显的表现则是社会分异。He，Wu（2007）针对上海两种房地产的更新方式进行了实证研究，总结了无论是采用住宅再开发，或者采用功能置换的商业开发形式，其本质都将以原居住民大规模异地安置为代价，加重原居住民的生活成本和导致社会空间的进一步分异。Wu（2007）在书中对内城更新进行了专项研究，案例主要集中在北京、上海，分别从拆迁补偿政策对更新后的原居住民影响；更新对居住空间分异的实证研究；政府对市场的妥协、对增长需求使得城市更新表现出了明显的社会分化三个方面进行了研究。

与房地产导向的企业化更新方式相似，通过文化导向和旗舰项目的更新策略同样也受到质疑。很多学者指出无论是公私导向下的房地产开发，还是依赖于文化属性推动城市更新，或是大型娱乐、体育和会展的项目，都能将其总结为以单纯促进经济增长为目的的房地产再开发，其本质都可能会加重社会不公平和分异。换言之，本来想通过文化策略进行更新的区域并没有获得实质提升，反而出现社区的阶层替换和局部衰败。Lees（2008）批判了通过绅士化来促进城市混合——希望采用绅士化的阶层和人口置换行为，来打破内城低收入阶层同质的现状，从而创造所谓可持续的内城社区，形成包容性城市复兴的观点，他通过英国和荷兰的实证，以及相关文献的梳理论证了这个曾经较为理想的方式最后并没有促进了社会的融合（Social Mixing），而是强化了社会阶层的极化和隔离。Atkinson（2000）对伦敦的纵贯式调查证明了绅士化所产生的阶层替换情况。Davidson，Lees（2005）也发现伦敦泰晤士河附近的绅士化产生了阶层替换，并且认为再开发区域的绅士化并没有带来邻里的社会融合，反而带来了社会隔离。

同样，单纯依靠大型旗舰的更新项目重塑城市形象和依赖文化产业振兴城市经济，仅仅是城市物质环境和文化的复兴，但并不能促进社区和社会网络的形成，也不能从本质上解决社会融合（Grodach，2010；Ponzini，Rossi，2010）。其后的实证研究也对该观点进行了论证，比如，McCarthy（2002）从底特律的案例分析上，指出通过文化和体育的更新手段实质上是在强调增长逻辑下进行的，由此导致很多社会问题。Shin（2009）研究了北京奥运会对城市更新的影响，发现搬迁后旧城居民会受到社会网络、社会服务设施的影响，并且在不断的更新中，将处于被边缘化的境地。Smith，Himmelfarb（2007）对北京奥运会的研究发现，项目所带来的城市更新引发了大量居民搬迁，对原居住民带来一定影响，其中对弱势群体伤害较大。

总之，在很多学者看来，无论是采用经营性的房地产更新策略，还是采用文化导向、旗舰项目的再开发策略，虽然它们都可以在一定条件下促进旧城硬件设施改善和经济增长。但实践证明，这些策略对更新区域的社会经济后果并不具有可持续性。因此，很多学者认为，城市更新需要提倡基于本地化的社区参与和有效的制度支持，并且更多融入对实现地方经济持久复兴的社会公正方面的考虑。

4）国外对城市更新的公正性研究

近年来，随着城市更新的不断深入，为应对市场导向的企业化城市经营不可避免的负面社会效应，英美国家的企业化城市更新目标和策略也出现了相应的转向和调整，并融入了对社区、居民、公平性的思考。一方面更加强调了更新的可持续性，另一方面则将更新主体转向社区尺度。

（1）城市更新策略和目标更强调可持续性和社会公正

正如上文所述，西方在城市更新的策略上，许多学者认为本质上都是房地产的再开发方式，仍然表现为促进经济增长。弗里德曼认为奥运会的承办，背后隐藏着城市营销的意义，其实质上是为了增强城市在全球城市网络中的竞争力而获得经济增长，同时，他认为这种增长的手段和目标并不具有可持续性（约翰·弗里德曼，著，李路珂，译，2005）。并且作为以增长为目的的城市更新，在过度强调单一维度的竞争力下，将加重社会的隔离和不公平的产生（Sassen，2001）。

因此，在 1990 年代末期，西方城市更新开始转向如何保持地方经济多样性、实现可持续的复兴、促进社会公平、参与主体的多元化、将地方文化特色与竞争力相结合的研究（Grodach，2010）。可以说，城市更新更加强调可持续性，它不再仅仅界定于环境与生态，而成为对追求城市更新，实现社会融合、经济持续增长的多元目标的表达。同时可持续的概念还涵盖了不同社会阶层可以通过城市更新公平享有城市资源的理念，强调在城市更新中对社会公平的思考。比如，旧金山 Yerba Buena 的更新，作为美国城市更新成功案例之一，Foundation（1999）认为该项目：①体现社会关怀，不是仅仅通过绅士化行为来促进物质环境的改善，而是形成多元贫富、种族的混合社区；②提供就业培训、公共空间、服务设施，从而促进社区发展，增强社区凝聚力；③强调长远的、战略的眼光，摆脱单方面依靠外向的更新，而是依赖内生的文化设施、旅游带动的可持续模式。Fainstein（1999）以荷兰阿姆斯特丹（Amsterdam）为例，强调其更新目标从注重社会公正的思路下出发，一方面为市民提供可支付住房（不只针对城市贫民，也包括中产阶级）；另一方面，扩大参与主体和受益者的范围等。在 Fainstein 看来，城市更新不能延续自由放任的市场导向，也不能完全采取政府主导，而是应该综合运用政治和经济手段，通过城市更新内容和程序的公正，来实现更新目标的可持续发展。正如 Roberts（2000）对城市更新的定义，强调其通过综合、整体的观念和行为来解决各种城市问题；致力于从经济、社会、物质环境等各方面对处于变化的城市地区作出长远的、持续性的改善和提高。总而言之，城市更新已经远远超出对物质空间的改造，它要求体现可持续发展的原则，做到经济、社会、环境的协调发展。

此外，大量实证研究（英国、约旦、德国）指出，城市更新的可持续性目标和策略应该建立在社会公正之上（社会融合）。其主要表现应该是通过鼓励社区参与，使得决策更加民主（Bagaeen，2006），通过经济、社会和环境的综合更新计划，而不是孤立的经济刺激方案，或者依赖市场和私人部门的房地产开发计划（Chan，Lee，2008）。它不仅能同时实现经济增长需要和竞争力提升，而且还能实现多元化主体互动下的社会公正（Fainstein，2001）。

（2）城市更新主体更强调多元化参与

类似于更新目标的单一特征，早期城市更新是以房地产开发、政府和私人部门联盟的城市更新治理，由于当地居民在参与环节和途径的局限性，造成他们在更新的利益再分配时受到损失。因此，近年来，更新的主体开始转向社区层面，侧重从社会动员、居民自建和社区参与式重建、邻里更新等方面进行关注。原社区居民、非盈利组织等多元参与的邻里更新理念得到广泛的关注，进而推动了城市管治理论在城市更新研究中的深化。以奥斯特姆夫妇、迈克尔麦金尼斯为代表，提出对传统崇尚单一权威的单中心管治理论进行挑战，提出了"多中心管治理论"（Mcginnis，毛寿龙，译，2000；Ostrom，宋全喜，任睿，译，2000）。该理论认为，城市管治应当从政府单一的管理中摆脱出来，把治理权利授予多元的社会群体，以形成多层次的交替管理和市场化竞争。比如，Bright（2003）、Zielenbach（2000）提出美国城市更新行动中要注重引导居民自助更新和参与规划，而不是简单地改善物质环境。Williams，Windebank（2002）提出在社区更新时，必须扶持居民为主体的自主性更新活动，同时注重住房等社会问题的解决。Pierson，Smith（2001）回顾了美国在城市更新的历程，认为社区居民在更新活动中的作用是更新计划成功的关键。Johnstone，Whitehead（2004）则以英国为例，总结其城市更新的经验，分析指出政府与社区之间的合作关系是保证相关更新规划得以顺利实施的核心要素。Raco，Imrie（2003）对英国城市更新的研究中，认为需要充分发挥当地社区在制定城市政策中的参与作用，以实现住房保障等社会可持续发展目标。

总而言之，从国外的主要研究成果可以看出，无论是源于最初对更新项目中城市政体权力关系的博弈研究；还是强调更新行为的多主体参与研究；甚至是提倡将城市更新向社区下放，转向以居民自治更新，总的来说，其目的都是对政府或者市场行为进行约束，从而强调社区层面的主体利益是影响城市更新实施的主要因素，提倡发挥多元民间力量对更新过程发挥作用，利用社会资源的合理分配以减少弱势群体的边缘化差距，反映了更新过程的正当性安排的社会公正逻辑。

5）小结

就国外城市更新的研究来看，主要体现以下两大特点：①从强调经济增长的房地产开发模式转向更为包容公正的可持续的更新模式，更新目标更强调社会公正，更关注人的需要，强调社区参与城市更新的重要性，强调对原有社会网络和文化的保护；②对城市更新的研究已跳出纯技术层面的规划探讨，对城市的可持续发展、竞争力提升和文化传承等综合目标的关注催生了制度改革以规避传统房地产开发的负面后果，将更新主体由政府和市场向社区层面转移，允许社区居民自治性参与，实现内生性的可持续，而不是依赖私人部门的经营和外来资本再开发行为。这对我国解决市场经济条件下过度强调经济增长的城市更新所面临的一系列难题提供了新的视角，具有重要的参考价值。

1.5.2　国内研究综述

近几年，为了解决城市更新中存在的诸多问题和矛盾，国内学术界进行了大量的研究和讨论，取得了很多有价值的成果。总体来看，国内的城市更新研究从早期的技术手段研究、到后来的经济增长问题、拆迁等社会问题的研究，再到近年关于机制问题的探讨，已逐渐变得更为丰富和立体。此处需要说明，笔者将研究我国城市更新的外文文献，放入国外研究综述当中，此处不再进行赘述。

1）城市更新技术层面的相关研究

此类研究主要是通过引进国外先进的更新理论以及一些实践经验来对更新模式的理论和方法、物质空间形态进行深入的探讨，一般以规划设计的视角从城市空间的形态、功能、规划编制等方面提出城市更新的模式与方法。吴良镛（1994）最早提出了有机更新的思路，指出城市更新过程的小规模渐进式方式推进可持续发展，其后有很多学者分别针对我国旧城中心区更新动力机制的分析，提出以社区为基础的小规模改造和整治思想。

方可（2000）针对北京城市更新中所暴露的社会矛盾，对大规模改造方式进行了批判性反思，他同时提出了社区合作的更新模式，建议在社区组织、居民、政府、开发商之间建立一个合作框架，实行社区合作更新的方式。阳建强（1995）概括了1949年以来我国城市更新的发展过程，也分析了我国旧城更新的现实、特征和趋势。阳建强，吴明伟（1999）在《现代城市更新》一书总结了改革开放以来我国城市更新事业的实践成果，系统阐述了符合我国国情的现代城市更新机制，他们主张"城市更新方式应由目前积聚的突发式转向更为稳妥的和更为谨慎的渐进式"，从而提出了切合社会现实的一种折中处理方案，具有非常好的可操作性和可实施性。总而言之，当前研究大多对城市更新实践和更新方式等进行了较为详细的总结和讨论。但是，这个阶段的研究主要从物质空间技术方面来阐述城市更新，同时初步对城市更新的市场经济、规划管理、实施机制等方面进行了涉及，还缺乏结合市场经济背景的系统分析。

2）城市更新的机制方面研究

从城市更新的外在现象及解决措施转变到本质问题的思考，并引入新制度经济学、公共管理学、社会学等其他学科的前沿理论，从社会角度、经济角度、制度角度、管理角度等多元化视角探讨旧城更新的运行机制，从制度层面寻求解决策略。

郭湘闽（2006）从制度视角出发，运用公共管理的前沿理论，认为当前城市更新所呈现的是以政府为主导的一元秩序，认为更新规划需要重视居民住房产权的多样化，通过产权的合作机制，刺激政府、市场和居民的多元参与，构架多元平衡的社区自助更新模式。

张纯（2014）从关注城市社区形态的角度出发，通过对北京传统街坊社区和单位社区的不同更新方式进行调研和总结，指出房地产开发方式虽然能改善社区物质环境形态，但是社区社会环境形态和居民活动形态反而会随着更新策略的实施而下降。因此，需要在关注社区更新中物质空间改善的同时增进居民活动、交往和社会多元融合。因此，她通过建立"三层次——九阶段"合作过程模型，明确社区主体在各个阶段的任务和参与对话方式，突出多元参与、规划影响预评估、利益补偿等具体手段在社区再生过程中的运用。

刘勇（2006）从公众参与的角度来分析居民在城市更新当中的作用，针对上海市2004年完成的38个旧小区"平改坡"综合改造试点小区，从当中选取6个作为研究对象，来分析旧住区居民的想法、需求与改造规划解决问题之间的偏差，同时，他还探讨如何改进当前的综合改造方式使得居民意愿得到更加充分有效的表达。

张杰（2010）通过对旧城更新规划中拆迁、土地、住房、遗产保护、城市规划管理等制度进行深入剖析，揭示引发悖论的根源，并通过制度变迁理论及公共管理理论，提出以明晰产权关系为基础，构筑以社区为核心多元平等、公平协商的旧城更新多元合作机制。

万勇（2006）对城市更新的制度性问题进行思考，阐述了旧城更新与城市发展的互动机理、房屋拆迁补偿安置的内在机理、旧城区居民动迁的驱动机制等几个影响旧城更新的重要关系与关键问题，提出了构建旧城和谐更新机制的基本理念，包括建立面向公众的旧住区更新项目的社会评价机制、创新旧住区更新的土地利用运作机制、完善旧住区更新拆迁补偿安置机制、旧住区更新和住房市场与住房保障的联动机制。

3）城市更新的国外经验和案例介绍

针对国外研究主要从欧美城市更新不同阶段的理念、治理思路、更新政策方面进行介绍和总结，提出对我国城市更新的借鉴思路。张京祥，陈浩（2012）以空间再生产的视角揭示了西方城市更新历程的三个阶段。张更立（2004）总结了西方城市更新转向一个内涵更加多元化的城市更新理念，以及一个以多方伙伴关系为取向、更加注重社区参与和社会公平的城市更新管治模式，在很大程度上为我国城市更新理念和思维转型提供了借鉴。董玛力，陈田，王丽艳（2009）则提出西方更新发展历程是从形体主义规划思想向人本主义规划思想的转变。易晓峰（2009）总结了英国1980年代城市更新的方法，将其归纳为地产导向和文化导向，并认为这两者的本质都是企业化管治模式下的城市营销方式。程大林，张京祥（2004）分析了国外城市更新的经验，认为城市更新需要更综合的视角，应该是超越物质规划的行动。

另一方面，则是关于国内外城市更新的对比性研究，比如，王婷（2011）从系统分析、价值分析、效果评价三方面，构架理论分析框架，系统地比较了中国和法国城市更新中移民聚居区所采取的不同更新政策，并对两者进行系统分析和价值分析，最后提出针对中国移民聚居区更新政策的优化方案。易晓峰（2013）分别对1980年代的英国城市更新与1990年代以来我国城市更新进行比较，分别从法律法规、组织、资金等方面分析了两国的中央与地方政府所扮演的角色及发挥的作用，认为两国在所比较的时间阶段上都实施了更贴近市场、鼓励私人资本参与的"企业化管治"道路。

4）城市更新对社会影响的相关研究

最近由于城市更新所产生的一系列社会问题，国内学者针对城市更新的研究视角开始集中在城市更新的社会影响方面。较为系统的研究主要从城市更新对弱势群体、社会空间重构、空间分异、社会成本、居住隔离等方面的影响出发，来探讨具体应对策略。比如，焦怡雪（2007）总结了城市更新与弱势群体住房保障之间的关系，认为当前拆迁改造对居住弱势群体存在不利影响，提出需要探索多种更新方式推进旧建筑再利用；在中心区增加保障新住房的供给和提倡社区发展带动保护和改善策略。吴春（2010）以大规模旧城更新为切入点，结合北京旧城更新实践中的矛盾与困境，分析了政府主导下的大规模旧城更新引发的社会空间重构模式，以及这种社会空间重构模式的特点与社会影响效果。田艳平（2009）以我国城市旧城更新为切入点，采取理论与实证研究相结合的办法，研究转型期我国旧城更新对人口迁移、产业结构调整、不同利益群体住房及空间分布上的影响，田艳平认为城市动迁造成的产业和居住结构的调整促成了城市社会空间的重构，城市更新过程中通过利益分配所体现出的社会分层结构明显，其所致的城市社会空间重构的结果是城市社会空间的分异。白友涛，陈赟畅（2008）从社会学意义上探讨了更新的社会成本概念，从个人家庭、邻里社区和社会发展等不同层次对南京、上海、杭州等城市更新的社会成本进行了实证调查和研究，并在此基础上对东西方城市更新社会成本进行了比较分析。他们认为我国当前城市更新产生了巨大的社会成本，并且这一社会成本在局部范围内已经超过部分市民的承受能力，也在一定程度上影响到社会安定。曲蕾（2004）以全球化时代为背景，以保护旧城历史居住区这一居住形态为前提，研究了城市更新对北京旧城社会空间结构的影响，她认为社会分层和居住区隔离现象直接影响到位于城市中心的历史居住区，从而强化了其中低收入人口聚居的边缘化现状，因此，她提出在政策和经济上打破北京旧城历史居住区目前均质性聚居的现状，代之以异质性的居民，重构旧城社会结构。徐建（2008）从社会排斥视角，分析我国城市更新政策对弱势群体的影响，认为当前城市更新政策对中低收入阶层产生较大的负面影响，需要政府转向更加注重公平的更新政策。

其他研究则主要从一到两个方面来论述城市更新的社会绩效问题，比如：①研究城市更新对动迁居民的不利影响，诸如社区解体、邻里关系破坏下动迁居民在生活成本、就业、出行等方面的影响和损失（张京祥，陈浩，2012；何深静，刘臻，2013；夏永久，朱喜钢，2013；于一凡，李继军，2013；张京祥，李阿萌，2013；夏永久，朱喜钢，2014）；②研究城市更新与居住空间分异的影响，从旧城拆迁切入，总结城市更新与居住空间分异模式的关系（袁雯，朱喜钢，马国强，2010）；③城市更新对低收入居民利益产生的重大影响，包括城市更新程序对弱势群体带来的影响（卢源，2005）、旧城弱势群体的贫困集聚情况和特征（何深静，刘玉亭，吴缚龙，2010；何深静，刘玉亭等，2010；袁媛，2011）；④城市更新对社会网络、邻里交往的影响（张伊娜，王桂新，2007）以及对城市居住构成的变化（肖达，2005）；⑤城市更新的绅士化视角，认为当前大规模城市更新实际上是在政策下的绅士化过程（何深静，刘玉亭，2010）。

5）城市更新公正视角的研究

近年来，随着我国市场经济体制的逐渐建立和社会结构转型的全面展开，建立在社会公正基础上的社会可持续发展已超过经济、生态问题，成为最受社会各界关注的方面（城市更新对社会影响的研究已经涉及）。因此，近年来，我国关于城市更新的研究，开始逐渐回归到对城市更新中社会矛盾和公平的关注。因此，一系列研究开始从城市治理角度出发。比如，廖玉娟（2013）从治理理论出发，认为当前城市更新无论采取房地产导向、还是大事件导向、旅游导向、文化导向，其本质都是对旧城进行推倒重建的房地产开发，这种方式可能会排斥和损害社区利益和公共利益，因此是不可持续的。由此，她提出了多主体伙伴治理的旧城再生理论，并且在此基础上建立了多主体伙伴治理旧城再生的合作博弈模型。李宏利（2006）认为转型期城市历史环境作为公共物品面临的"哈定悲剧"难题（个体理性而导致集体非理性问题），进而提出管治思路是解决这一难题的重要途径。他通过对管治理论的借鉴，认为对管治理论的探索是解决城市历史环境问题的主要方向。郭湘闽（2011）以城市经营模式下的城市更新所导致的住房保障问题为切入点，提出基于土地出让制度、房屋产权与运营制度、规划管理制度、土地发展权益分配制度四方面的应对策略。此外，还有一些研究从具体视角切入，分析我国城市更新的治理特征。比如，很多研究借鉴了增长联盟、城市政体理论，分析我国城市更新中主体博弈情况（刘昕，2011；任绍斌，2011；叶林，2013；姜紫莹，张翔，徐建刚，2014）。何深静，刘玉亭（2010）则从西方房地产开发导向的城市更新实践、结合增长机器、城市政体等理论，分析了我国旧城更新的实践，认为城市更新是实现城市经济增长、城市地位提升、城市形象更替等多元目标下的政府主导的房地产再开发。陈浩，张京祥，吴启焰（2010），胡毅（2013）从空间生产角度分析了城市更新中各个主体博弈，基于政府、经济精英、市民、城市规划的城市政治经济分析框架，认为正是以上主体的权利不均衡，由此导致城市更新中利益分配的不均等。张京祥，易千枫，项志远（2011）从城市经营角度分析，认为转型期的地方政府热衷于城市更新的经营性行为，即注重短期现实经济利益的获取，因此，需要重新梳理城市更新的目标。

另一方面，很多学者从社会公正和规划价值观角度出发，反思当前我国城市更新的治理模式。他们认为当前过度强调效率和经济增长的城市建设和再开发行为实质上使城市更新在相当程度上演化成为以房地产为驱动的"空间谋利"的代名词。其实质反映了社会治理滞后所产生的"社会公正缺失"——一种社会发展的不可持续方式或是忽略社会成本的方式来换取经济的不可持续发展。因此,需要重新探求城市规划的正确价值取向。比如,张京祥,胡毅(2012)从社会空间正义理论的批判视角来分析我国城市更新,认为我国城市更新在前提、过程、结果都表现了不正义,因此需要寻求城市更新空间正义的准则,探求社会主体的博弈平衡。何舒文,邹军(2010)认为城市更新是一个充满矛盾的问题场域,解决的关键在于通过正义理论,建立一致的哲学和道德基础,并且解决城市更新的非正义现象的根本在于从多主体的治理方式来探讨构建市民社会的治理方式。孙施文(2006)指出当前城市规划已经作为政府实现效率的主要手段,即通过空间布局来实现城市经济增长的目的,他认为把城市建设的效率作为城市规划的价值标准是城市规划不能承受之重。张庭伟(2008)则从规划范式理论总结了三种增长和再分配的价值观,认为如果把城市规划单纯作为拉动经济增长的工具而忽略规划的调控和再分配功能,会导致出现很多的城市问题。陈锋(2009)认为当前我国过度强调了增长和效率的发展思路,因此,他重构了我国城市规划的公正理论。

6)小结

总的来说,通过对已有城市更新的文献梳理,可以发现城市更新随着社会经济的发展呈现出不同的特征和矛盾,学者从不同分析视角和理论出发对其进行分析。可以说,在利益格局多元的背景下,城市更新已经不再是单纯的物质改造和功能布局,而是从深层次的治理和运行机制去协调利益再分配。就现有研究来看,国内研究主要有以下两方面特点:

(1)学术界在总结当前我国城市更新的主要特点中,认为主要有房地产开发导向、增长导向、政府主导、经营型城市更新等形式,并且基于此通过大量的实证研究,论证这种发展思路下的更新带来大量负面社会影响。可以说,学界多对当前这种强调增长属性的城市更新呈现几乎一致的否定态度。但在更新的具体实施过程中,无论采取何种手段(文化更新、城市营销),最终都成为了房地产开发。因此,仅从更新手法(模式)上寻求突破并不能本质上解决城市更新中固有的矛盾和问题。

(2)城市更新的研究开始逐渐关注对社会公正的影响。正如前文所言,从城市更新研究上看，已经由传统城市规划物质形态的关注转向对城市更新机制和制度方面的研究。比如，近年来的研究多从城市治理角度来分析当前城市更新的主体博弈，意图为我国城市更新提供较为深刻的行为解析。不少学者提出需要寻求不同利益主体之间、不同价值取向之间的博弈平衡。此外，一些文章已经开始关注当前更新下所呈现的社会公正问题，并指出需要转变价值观和治理方式。但解决策略较为模糊，比如，仅仅提出公众参与、重构治理、转变政府职能等。一方面，提出的策略未能形成完善的分析框架，未成系统性；另一方面，多以理念性质提出，没能提供操作性较强的实施策略。

城市更新的价值取向很大程度上决定了其目标和策略，比如城市更新是用于经济增长的实现，还是考虑不同利益主体的公正等。当前，广受诟病的城市更新是以硬件设施改善和经济增长为目标，其本质是一种商业开发行为。因此，需对传统城市更新的价值目标进行修正或重新设定，还原城市更新的公共性。此外，如何组织和实施城市更新的再分配价值目标，需要通过完善的理论体系来实施，否则只会局限在单独的技术方法讨论层面，而不能从整体理论和方法论层面来完善城市更新的价值目标和行为策略。因此，为了解决我国城市更新现有的问题，弥补现有研究的不足，应该将城市更新逻辑放在一个较为系统理论分析框架下，诚如包容性增长理论而言，相对于长期以来城市更新的行为逻辑，它提供了增长的新思维，即增长和社会公正关系，通过对价值目标设定、模式选择与其相关制度设计结合起来。目标的设定既要考虑作为增长的需要又要兼顾社会公平和可持续发展，模式的选择则涉及如何保障城市更新实施的公正（正当性）考虑、保障旧城更新项目顺利进行，最后针对模式的需要，设计一套相关的制度体系。

1.6   研究内容、方法和技术路线

1.6.1   研究内容

本书共分为 8 章：

第 1 章（绪论）：对本书的研究背景、研究目的和意义、国内外相关研究的综述，对研究方法以及研究框架进行综合阐述和介绍。

第 2 章（认知：当前我国城市更新的基本特征）：首先阐述了我国城市更新的制度背景，然后针对城市更新运作的价值和过程特征进行了梳理，揭示了我国城市更新所表现的主要特征和内在发展思路。

第 3 章（失意：当前城市更新的主要问题和矛盾）：从空间漂移和绅士化、成本转嫁、居住空间分异加剧三个方面阐述。笔者通过相应统计数据和问卷调查对当前城市更新所得带来的问题和矛盾进行了总结。

第 4 章（解析：对当前城市更新问题和矛盾的制度性剖析）：结合我国城市更新机制的伦理特征，形成对当前更新运作机制的解析框架。从功利主义的伦理逻辑出发，结合当前我国城市更新的运作机制特征，来剖析当前城市更新运作机制的问题，以此找到导致当前城市更新问题和矛盾的内在制度性因素。

第 5 章（探索：西方城市更新的价值理念和案例启示）：通过总结西方城市更新的价值理念和实际案例为我国城市更新的发展思路转变提供借鉴，以此为本书最终结论的构建奠定直接的经验基础。

第 6 章（建构：包容性城市更新理论框架）：基于对包容性增长的伦理特征和基础理论的分析，总结包容性增长特点和分析维度，在此基础上提出包容性城市更新的概念和分析框架。

第 7 章（实施：包容性城市更新的实现途径）：在第 6 章包容性城市更新理论架构的基础上提出包容性城市更新的实现途径。主要包括以更新价值目标的优化为基础、以更新决策的多元参与机制为前提、以更新过程的利益共享为手段、以安置房源的空间合理选择为补偿四个方面，以期将前面具体理论框架落实到具体实施层面，有效引导城市更新的包容性发展。

第 8 章（结论）：梳理全书的研究结论，为以后的继续研究提供方向。

1.6.2　研究方法

从事社会科学研究，一般而言有三个主要目的，包括发掘问题或社会现象、描述问题和对问题进行分析、提出和拟定对策。社会科学研究方法以演绎法和归纳法为主，前者从理论出发导出假设和结果；后者从特定观察结果发展出一般性原理和法则。本研究基于上述论述，主要研究方法为文献回顾法、比较分析法、调查研究法、系统分析法。

1）文献回顾法

根据所确定的研究对象，大量阅读国内外相关书籍、期刊以及优秀硕博论文等，从中掌握本研究领域现有理论方法和国内外代表性案例。通过阅读大量中西方城市更新的基础理论，梳理中西方城市更新的发展脉络，特别是对我国城市更新的特点进行总结；阅读包容性增长相关的经济学、公共管理的相关理论和研究成果，并结合本书的落脚点——城市更新，帮助笔者厘清城市更新相关问题的历史和现状，为本书的研究分析和理论构建提供信息基础和理论依据。

基础资料整理：城市更新案例的搜集与整理，涉及城市更新的相关著作及数据统计。案例和数据的收集主要集中在我国主要大城市，如重庆、上海、广州、成都。

2）比较分析法

针对西方城市更新选取具体城市案例来分析不同更新思路下城市更新的指向性和社会效应。本书选取了美国 1990 年代以后的城市更新案例（美国北卡州府罗利 Fayetteville 邻里更新、美国旧金山 Yerba Buena Gardens 邻里更新），对案例的对比和经验总结为本书理论研究和策略提供了一定实践借鉴。

此外，笔者还对针对个别策略的实施和执行方面选取了案例借鉴，比如，具体到城市更新中产权共享的梳理，笔者梳理了我国台湾地区在城市更新中产权变换（Right Conversion）的程序和实施经验，以及日本东京赤羽站西区更新中产权变换的具体案例，作为本书具体策略执行的支撑和程序借鉴。

3）调查研究法

通过观察走访、问卷调查、访谈等社会学方法以及拍照、搜集图文数据等实地调研方式掌握相关基础资料。

由于笔者学习所在区域的关系，故重点对重庆城市更新的社会影响进行问卷调查和深度访谈，主要研究对象为重庆 2008 年开始推进的危旧房改造。比如，重庆在 2008 年开始推出危旧房改造计划，即 5 年针对 1000 万 m^2 进行拆迁。截止到 2012 年，重庆主城区拆迁总共涉及人群为 16.7 万户。渝中区作为重庆危旧改的重点区域，同时也是改造规模最大的区域，拆除房屋总量约 310 万 m^2，占全市危改总量的 1/3 左右，其中 2008 年，渝中区危改工作目标是 120 万 m^2，约占到全市危改总量 230 万 m^2 的 52%❶，所涉及的改造拆迁范围主要集中在渝中半岛核心，可以说，渝中区更新在重庆主城中具有很强的代表性和典型性。同时，2008 年开始的大规模城市更新项目，已经有一部分项目陆续完成了拆迁和安置工作，换言之，原居住民已在新建安置房源生活，他们对安置房源的物质空间和社会空间满意度评价将成为问卷调研的重点。

　　笔者选取重庆渝中区十八梯、较场口、储奇门、南纪门片区的整体拆迁后的安置房源❷进行了深度访谈和问卷调查。主要选择两处安置人口较多的安置房源（临江佳园、同心家园），临江佳园于 2011 年开始接房，总安置人数约为 2000 户。渝高同心家园 B 组团于 2012 年开始接房，作为渝中区拆迁安置房源，总还迁人数约为 6600 人、2000 户。按照 3%~8% 的抽样比例，在两个小区分别发放 200 份问卷，一共收回 200 份，有效问卷为 187 份。问卷内容主要针对居民的基本经济状况，拆迁前后的住房状况、满意度、设施获取、交通、生活成本、就业等方面进行了比较研究。此外，笔者还选取了 10 位居民，对拆迁补偿、满意情况、社会影响、居民想法等方面进行了深度访谈。该实证研究使笔者对这些原来居住在内城旧区居民的生活状况、面对城市更新的真实意愿、更新中面临的困境、对城市更新的态度和想法等问题有了一定的了解。

　　相对于拆迁对原居住民影响的研究，笔者还针对已经更新重建之后的片区进行了问卷调研，主要的研究对象是那些通过商品房购买入驻更新之后区域中的居民，主要涉及区域为化龙桥片区，针对更新后的雍江苑、雍江悦庭进行了第一手问卷调查。由于该社区为物管严格的高档门禁社区，故笔者通过房屋中介公司和其所在物管公司（丰诚物业）以及小区外问卷情况获取数据，主要涉及问卷内容仅为居民的社会经济条件（问卷 A 部分）。该项目调研有助于理解大规模城市更新所带来的社会空间替换的具体表现。

　　除此之外，笔者还针对上海、广州、成都等城市更新的具体项目进行了实地调研并搜集相关资料，比如上海苏州河的中远两湾城、新福康里、

❶　渝中区危旧房改造出成绩引来江苏取经验，http://www.cqyz.gov.cn/web1/info/view.asp?id=31655.
❷　根据对渝中区危改四指挥部的电话咨询，对方明确表明这个改造区域仅采取货币补偿或其他房源安置，并无原地还建的计划。

国际丽都；成都曹家巷的北改案例；广州如意坊直街社区、海幢社区、恩宁路社区的三旧改造案例，笔者旨在充分了解其产生背景、内在机制、社会效应等为本书研究的普适性提供实证支撑（表 1.2）。

从上文调研内容可知，笔者所涉及的调研地区和案例在国内都具有一定的典型性和代表性。从调研地区来看，主要涉及了重庆、上海、广州、成都，它们是国内最具代表性的城市，都经历了大规模城市更新，且反映了更新活动中的一般性和普适性特征，使得研究总结具有一定的代表性。此外，在案例选择方面，笔者也是选择研究地区中更新较为集中且最具代表性的地段（案例），能通过案例总结反映研究地区的普遍性特征。

4）系统分析法

在学科和视角上，综合城市规划学、经济学、城市社会学、伦理学等多学科的相关理论，多层次进行分析和思考。通过文献和案例分析当前城市更新的现象和特征，经演绎和归纳分析，找到一般性规律。借用包容性增长理念，通过对其独特性的背景和演变过程分析总结，找出与当前我国城市更新的内在逻辑联系，构建包容性城市更新理论分析框架，在此基础上提出包容性城市更新的具体实施路径。

国内城市更新的调研案例汇总
表 1.2
The summary of research examples of urbanredevelopment in several cities
Table 1.2

城市	街区名称	社会构成变化	建设状态	更新后功能	调研方式	备注
重庆	十八梯、较场口、储奇门、南纪门等片区	原居住民已经大部分搬迁入政府的安置住房中	已经拆除	商业居住混合（规划）	问卷调研（200 份）、访谈（10 人）	针对已经安置的居民（临江佳园、同心家园）进行调研，排除原有租住和货币补偿居民
	化龙桥片区	原居住民全部被置换	已经重建	商业居住混合	问卷调研、图文数据搜集	数据主要源于房屋中介公司和其所在物管公司（丰诚物业）
上海	中远两湾城	原居住民全部被置换	已经重建	居住	观察走访、搜集图文数据	—
	新福康里	原居住民 52% 原地安置	已经重建	居住	观察走访、图文数据搜集	一部分用于原居住民安置，一部分用于商业开发
	国际丽都	原居住民基本被置换	已经重建	居住	观察走访、图文数据搜集	紧邻新福康里
广州	如意坊直街社区	原居住民将被全部被置换	大部分已经拆迁	居住	观察走访、图文数据搜集	大部分区域已经用于商业开发，还保留少量未拆迁部分
	恩宁路街区	保留和回迁的户数 50%	部分已拆迁	居住、商业（规划）	图文数据搜集	纳入三旧改造全面改造范围
成都	曹家巷	原居住民全部被置换	已经拆除	商业居住混合（规划）	观察走访、图文数据搜集	拆迁之前已经有调研

资料来源：笔者自绘。

1.6.3 研究框架

本书研究的基本框架可以表述如图 1.2 所示。

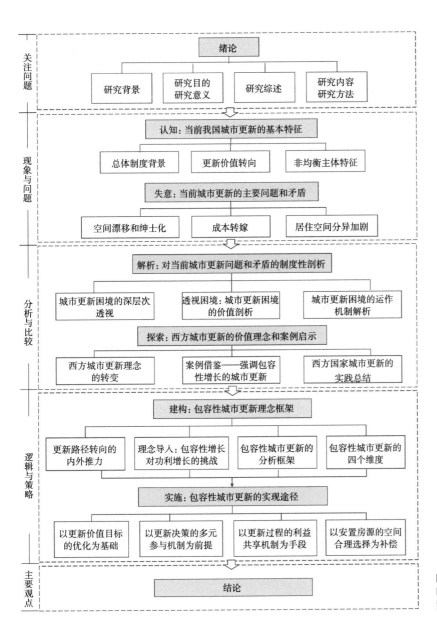

图 1.2　本书研究的基本框图
Fig 1.2　Research Framework
资料来源：笔者自绘

2

认知：当前我国城市更新的基本特征

- 包容性
- 城市
- 更新
- 理论建构和
- 实现途径

在一系列政治和经济制度转型的背景下，当前我国城市更新已经逐渐表现出了新特征。具体来说，就城市更新价值特征来看，城市更新已经由福利性更新模式转向更具增长取向的开发方式；从城市更新的具体运作过程来看，政府主导仍是更新组织和决策的主要方面；就具体开发实施来看，仍然表现出了对开发商的依赖，即城市更新具体开发仍是开发商作为主体负责更新开发和实施；从更新结果安排看，拆迁安置和具体补偿实施都表现出了对被拆迁居民，特别那些弱势群体的忽视和弱化。

2.1 城市更新的总体制度背景

为了推进社会经济的快速发展，我国在改革开放以后进行一系列市场化改革措施。首先是地方分权和分税改革，一方面，打破了计划经济由中央政府控制一切的行为，地方政府拥有地方事务自主的事权；另一方面，地方政府通过分税制获得了属于地方的财政权利。换言之，在具有独立财权和事权下，地方政府成为一个理性行为主体，并且在来自制度设计层面的"强刺激、软约束"下（周黎安，2007；刘雨平，2013），使得地方政府具有多重角色与行为特征。其次，一系列商品化、私有化改革的出现，则逐渐强化了私有部门在城市经济和空间中的作用，并且极大地刺激了地方政府发展思路的转变。土地市场化改革和住房商品化改革，将政府的福利制模式——土地划拨和住房福利分配，转向通过市场行为获取土地（招拍挂），商品化购买住房。

可以说，传统中央政府的计划模式被市场化机制所取代，再加上市场经济的激励和全球化竞争，经济增长成为地方政府的主要任务。而一系列市场化改革，则为地方政府获得了更多的行政和财政自由裁量权奠定了良好的制度环境（He，Wu，2005；Wu，Zhang，2007），形成了地方政府和企业在城市增长中的"增长机器"。与此同时，私有化和商品化还大幅度刺激了城市间和区域间的竞争，以及带来了激进的城市空间重组和转型，导致了城市政府的企业化转变（Harvey，1989；Wu，2002；Zhao，2003；Harvey，2005；Xu，Yeh，2005）。甚至有学者直接认为我国一系列制度改革，旨在突出增长的目的，其发展轨迹类似于西方1980年代所推行的新自由

主义 ❶（Harvey，2005；张庭伟，LeGates，2009）。学界还对是否应该将我国纳入新自由主义的分析框架中还存在巨大的争论 ❷（Ong，2007；Nonini，2008）。但是，多数学者认为我国更具有一种杂糅的性质（Wang，2003；Rofel，2007；Wu，2008；Wu，2010），主要表现为政府在这个过程仍然具有强大的控制力（Gough 2002，He，Wu 2009）。正如 Harvey（2005）所说，中国的新自由主义路径具有"中国特色"，并且这种政府管制与新自由主义杂糅的发展仍将对我国社会经济产生显著影响（Wu，2010）。

　　总而言之，1980 年代以来，我国总体制度向市场化、私有化的转变，对我国城市空间结构产生了极其深刻影响。随着市场竞争的主要领域和经济增长，中国城市已经变成了越来越重要的地理目标和机构的实验室。城市政府由原有管制模式逐渐转变为企业模式，变得更富创造性（Harvey，1989；Harvey，2005；He，Wu，2005；Lee，2006；Wu，Zhang，2007；Wu，2008）。城市更新作为空间重构的典型表征，已经在这个宏观制度背景下表现出"迎合时代发展特征，寻找新价值"的特点。本节将具体对我国城市更新的制度环境变化进行详细阐述，见图 2.1、表 2.1。

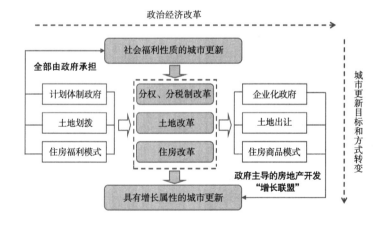

图 2.1　我国城市更新总体制度环境
Fig 2.1　Institutional environment of urban redevelopment
资料来源：笔者自绘

---

❶　张庭伟教授在其文中指出 1990 年代 ~21 世纪初的中国规划范式，已经反映出了某些新自由主义的观点，经济发展成为唯一目标；GDP 成为衡量社会进步的最高标准；生产数量而非生活质量成为城市发展水平的主要表征；市场力而非公共政策被看作发展的主要动力。

❷　有部分学者认为，当前新自由主义仅仅是部分自由主义（Partial Neoliberalism），其原因在于社会主义制度还具有强大的历史惯性。由此可知，在中国特定的制度环境下，新自由主义模式具有典型的合成特征，即中央政府一方面要推进新自由主义，创造更加开放的市场环境，以刺激地方经济和吸引全球资本与技术，发展出口导向型经济；另一方面，又需要对市场经济进行适当管制，以此创造更多生产的供给机会（主要反映在为产业提供廉价劳动力），甚至还需要调和市场经济发展中产生的社会问题。

市场化背景下城市更新的制度变化情况　　　　　　　　　　　　　　　　　　　　表2.1
Institutional environment of urban redevelopment　　　　　　　　　　　　　　Table 2.1

	改革前	改革后
财税制度	中央计划经济安排	分税（地方财政自主）
行政权	中央集权控制	分权（地方行政自主）
土地制度	土地无偿划拨	土地有偿出让
住房制度	政府和单位分配	住房商品化

资料来源：笔者自绘。

2.1.1　分权和分税改革——推动企业化政府

　　1978年的改革开放，在"四个现代化"的引导下，各种形式的国家结构调整和体制重建被执行，市场力量在这个阶段成为主导。地方政府的分权化改革模式在中央的高度监督下快速展开，而最先在东部沿海城市展开，其理念是刺激国有企业之间的竞争，并希望促进创新和发展。市场价格机制被引入，但比这更重要的是中央财政和事权被迅速下放到各个区域和地方，即一个根本趋势是：中央与地方的关系正由传统的中央集权、垂直管理向中央 – 地方分权方向转变。它改变了传统计划经济模式下所造成的管理体制高度集中、政企不分、计划控制一切行为管治方式，极大地调动了地方政府发展经济的自主积极性（李和平，章征涛，王一波，2012）。

　　1）分权化改革

　　具体来说，随着中央政府在财政、金融投资、企业管理等权限的下放，地方政府成为利益主体开始积极地介入经济、社会发展。换言之，分权制改革的本质就是使得地方政府由计划经济体制下被动政策执行者转变为单独的、具有主动性的行政和经济实体。此外，1989年开始实施的《城市规划法》，赋予了地方政府通过城市规划的手段来进行城市建设的权力，土地和空间的开发利用逐渐成为地方政府获取资源和资本的一项重要工具❶，并逐渐被运用到地方经济的发展当中。简言之，地方政府开始具有对地方

---

❶ 在分税制执行之前，由于价格双轨制的存在，地方政府的重要经营方式更偏重于"经营企业"的方式，通过地方保护主义保护本地企业，获取全部企业税收。因此，这个阶段空间（再）开发并不是地方政府的实现增长的最重要手段。

发展的实际主导权，其职能也由执行中央政府的计划安排，到自主的参与市场建设，并且作为一个独立实体通过各种政策手段来吸引外来投资和刺激经济增长。

2）分税制改革

分税制虽然合理调整了不同类型地方政府之间（工业城市和农业城市）财税转换，即税收和支出能较为公平地在不同地方政府间转换。但是，另一方面的考虑是在彻底改变分税制之前，地方政府通过价格双轨制"经营企业"的方式，促进城市经济的发展。如1979—1988年的9年间，我国就成立了40多万家公司（刘雨平，2013），因此，正是这种情况出现了"强地方、弱中央"的现象，导致了1994年中央和地方分税制改革。按照分税制的要求，中央和地方在税收的分配中，中央政府拿走了企业所得税的60%，以及增值税的75%（图2.2）。分税制转变了地方政府针对城市的发展策略，促进地方政府对经营手段实施了战略性调整，由原先"经营企业"转向"经营城市❶"。同时，与经济增长挂钩的考核体制的逐渐稳定，地方政府作为理性行为者，发展经济的积极性被极大激发出来。因此，这个阶段以来，城市在实现投资和增长需求中，其价值取向特征（GDP、财政收入等）也突出表现在针对土地和空间的（再）开发的过程中。总体上看，地方政府不仅成为一个利用行政力量及辖区内资源进行经营的"超级"经营者：经营的范围与规模也在不断扩大，从简单的"倒买倒卖"到经营企业、从一般的公共资产经营到经营土地、从简单的抵押贷款到利用土地进行融资，经营手段不断创新和娴熟，更加深度地介入市场领域中（刘雨平，2013）。

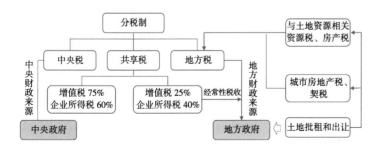

图2.2　分税制改革的税收分配情况
Fig 2.2　Tax allocation under revenue sharing
资料来源：笔者自绘

---

❶　也有采用城市营销的概念，通常来说经营城市这个概念常受到学者和政界的指责，认为政府不应该是经营城市，应该是对城市良好的治理和实现公共利益。

换句话说，地方政府获得了更多的行政和财政自主性，表现出对地方经济和投资的喜好。其特征主要表现为发展地方经济构成城市发展的最主要目标，地方政府以企业家的方式管理城市，公私合作等方式成为决策实施的重要载体。Harvey（1989）认为由于管理主义向企业型城市的发展，他们更加关注于资源的分配，即在城市发展中鼓励使用私人资本来发展城市。与此同时，全球化带来的资本流动在地方政府之间营造了一个高度竞争的环境：通过竞争获取全球流动资本成为地方政府另一个重要任务。如何在同级政府间、不同区域间、不同城市间获得更为有效的竞争实力，推动地方土地的全面出让和开发成为这场激烈竞争中最切实际的方案。由于地方政府在企业中税收分配相对较低，因此，地方政府需要转向土地方面，通过对空间更新和开发的方式，获得更多资本积累。比如在一些地方，土地相关的收入占到了地方财政总收入60%（Ding，2007）。总之，成为独立实体的地方政府，其治理方式由控制（Government）转变为企业化治理（Entrepreneurial Governance）形式，同时，推动地方经济发展成为其重要目标，地方政府希望调动一切动力来推动城市建设，其中土地和空间则成为最好的市场化手段。因此，提高土地利用效率，加快内城更新等手段成为促进地方经济增长的内在需求。地方政府为了扩大财政收入，加快内城的商业化和消费化转型，提高内城土地利用效率，推动了城市更新的规模和进度。

2.1.2　土地市场化改革——加速城市更新进程

类似于分权和分税制改革，土地和住房的市场化改革在城市空间改造中具有重要作用。市场化改革为资本积累创造了积极的宏观环境。

1）土地市场化内容

计划模式下，土地使用采用划拨、土地使用无限期、不存在市场化流转行为。一方面导致城市土地使用效率低下；其次，地租的忽视也造成地方政府在财政上存在短缺的问题。因此，受制于原有土地制度，城市空间没有体现级差地租发展模式，城市保留了统一和低分隔的社会空间形态。Logan，Bian，Bian（1999）将前社会主义（Pre-socialist）空间形式总结为：低城市化，空间低分化，中心低密度，社会分层低。土地改革的出发点即

是希望土地价值的回归。就其改革核心看，土地改革的核心就是强调土地
资源配置的市场化机制，土地由无偿、无期限、无流动转向有偿、有期限、
有流动市场配置。从 1980 年代中后期开始，深圳市首次以拍卖形式转让
土地使用权。其后 1988 年《宪法》的修改，明确了土地使用权可以转让，
以及《土地管理法》明确了土地有偿使用制度，彻底从合法性方面释放了
土地市场化的限制，我国土地使用权市场化拉开了序幕。

　　城市土地制度改革的实施，恢复了城市土地商品属性，提高了城市土
地的利用效率，促进了房地产业的发展。土地拍卖的收益，进入了地方政
府财政所得中，从而形成了和政府正常收入即税收财政并列的日益增多的
土地财政（表 2.2）。

我国国有土地使用权出让收入和比例（单位：百万，%）　　　　　　　　　表 2.2
The proportion and income of state-owned land using right transfer　　Table 2.2

年份	2003	2004	2008	2009	2010	2011	2012
地方财政收入	9850	11893	28650	32603	40613	52434	61077
土地出让收入	5421	5894	10375.28	13964.8	29109.9	334717	28886.31
所占比例	55.04	49.56	36.21	42.83	71.68	63.85	47.29

资料来源：中国国土资源统计年鉴（2003—2004 年），2008—2012 年国家财政部网站。

2）地租差额加速城市更新进程

　　土地市场化制度改革，不仅解决了地方政府财政的问题，同时释放
了固化于空间上的地租差额（Rental Gap）（Smith，1979）。按照古典经济
学的地租理论，城市地租是随着城市结构呈现圈层变化，换言之，内城
空间逐渐成为具有市场价值和利益的场所。在市场机制的调节下，更高
地租收益的土地使用通过更新再开发取代了较低地租收益的现状土地使
用，以此换取更大的收益，即空间的使用价值将被更有效的交换价值所
替换。

　　例如，重庆在 2008 年开始推进的大规模危旧房改造，一方面试图解
决主城区大量存在的危旧住房，改善老城区居民的生活条件；另一方面则
是通过地租价值的回归，采用政府补贴的方式❶推动房地产开发。具体来看，

❶　城市再开发项目如果纳入到重庆主城区危旧住房改造，即能按照渝府发〔2006〕147 号文件享受相关优
　　惠政策，参见重庆市城乡建设委员会 http://www.ccc.gov.cn/xygl/zfbz/wjfgz/?pi=2.

重庆大规模危旧房改造的重点主要集中在渝中区，2008 年渝中区的总拆迁面积为 120 万 m²，当年主城区拆迁面积为 230 万 m²[1]，占到全市拆迁面积的 50%。近 5 年来的重庆主城区大规模城市更新的本质是实现土地地租差额的过程。拆迁和改造区域主要集中在土地地价较高的区域，通过城市更新，实现空间的"新价值"。

相类似，广州在 2009 年推进的"三旧[2]"改造中，针对旧城镇的全面改造面积达到 15km²，而其中越秀、荔湾、海珠等中心城区涉及的全面拆除规模占到了总拆迁面积的 50%（表 2.3）。

2010—2020 年广州旧改各区全面改造（重建）的规模（单位：km²） 表 2.3
Reconstruction scale of urban renewal in different districts of Guangzhou, 2010—2020   Table 2.3

	越秀	荔湾	海珠	天河	白云	番禺	南沙	黄埔	萝岗	花都	小计
旧城	1.8	3.0	2.0	0.2	2.0	2.0	1.5	0.5	1.5	0.5	15.0

资料来源：广州市"三旧"改造规划（2010—2020 年）文本。

2.1.3 住房商品化改革——刺激房地产更新

住房制度改革其实质是引入住房商品化和私有化的发展模式，改变计划经济低效的福利住房模式，改善居民的整体居住条件。改革开放之前，我国在计划经济模式下实行的是住房福利分配制度。土地由政府计划调拨，住房由单位统一建设、统一分配，居民低租金使用。住房作为一种社会主义福利贯穿于改革开放之前，甚至延续到改革之后很长一段时间[3]。同时，住房也成为支撑计划经济时期低效率、低工资的基本格局。一直以来，这一福利住房体制否定了住房的商品属性、排斥市场的调节作用，导致住房投资建设的低效率和住房分配的不公平[4]，加剧了住房供需矛盾，导

---

[1] 重庆市规划局，重庆市规划研究中心。

[2] 三旧分别包括：旧厂房、旧城镇、旧村庄，改造总体分为全面改造（再开发型）与综合整治（非开发型）两大改造类型和全面改建（重建）、整建提升、功能更新、环境整治和生态功能维护五种改造方式。

[3] 随着绝大部分单位实物分房的停止，福利制住房模式并没有完全消失，而是通过其他形式表达。中共中央和国务院办公厅（厅字〔1999〕10 号）文件指出，在一定时期内，国管局、中直管理局可统一组织建设经济适用住宅按建造成本价向在京中央和国家机关职工出售。该中央文件给政府部门的福利分房留了参考，有些政府部门的这种福利分房也并没有完全停止。

[4] 王亚平教授和黄友琴教授在多篇本书中通过实证印证了计划时期的住房分配制度成为改革开放之后我国居住空间分异的一个重要因素，并且随着制度路径依赖还将持续很长一段时间。

致城市居民的居住水平难以得到应有的提高，并且计划经济住房分配制度对住房商品化以来的社会分化和居住分异过程具有明显的相关性（Huang，2004；Wang，2004；Huang，2005）。总之，住房福利模式下，住房福利分配和低租金公共住房体系增加了地方政府和单位的财政压力。

从1988年开始，住房改革采用了中国改革既有的"范式❶"，采用一种渐进的改革方式，以此将减少改革的冲击。在改革的第一个阶段，公共住房出售、租金改革、公积金制度都陆续试点，比如上海最早开始了住房公积金制度。其中，市场因素还未对住房体系造成彻底改变，因为当时的单位制度作用于市场制度中。到1998年后，朱镕基总理提出了要采用一种更加激进的改革手段，以实物为手段的单位住房分配制度被全面取消，转为住房货币化购买的方式。

住房私有化的开启，进一步释放了固化于空间内部的资本积累，改革前一直被压制的剩余资本快速获得释放，依附于房地产业进行增值。从这个角度上看，通过房地产开发的城市更新成为市场化改革下的典型方式，而政府则从更新的资本投入中解脱出来，作为整个过程的监管和引导者。同时，政府还需要利用房地产业实现其政治、经济增长的目标。正如前文所述，种种体制改革进一步释放了地方政府作为企业化经营的束缚，极大地推动了政府参与到城市更新中的动机。

首先，改革之后政府需要对经济快速的发展有着迫切的追求。这个转变也使得政府由传统管理转变为企业化管治的方式，类似于西方新自由主义思潮影响下的城市更新。地方政府已经由实现国家计划层面的支持者，转变为制定地方发展策略的主导者。其次，地方政府意识到城市更新是实现资本积累和空间再生产的重要方式，可以通过城市更新实现城市美化和现代化，并且以自身优越条件参与到全球、地区资本的竞争中去。此外，就我国住房改革以来房地产商增长情况就能发现，房地产导向的城市开发和更新已经成为我国城市空间重塑的最重要的手段。如图2.3所示，1998年住房改革以来，我国房地产开发商保持持续上升的情况，从1998年不

---

❶ 有学者将中国渐进式归纳为一种范式，但是吴缚龙和马润潮等人认为这仅仅是中国改革推进的一种方式，也正是这种渐进式改革模式避免了中东欧社会主义国家在激进改革中带来了剧烈的社会变化和矛盾。这个改革方式仅仅是中国的发展的一种特点，并不是一种广而行之的模式。他们认为在理解中国城市的复杂性时，不应该采用当下时髦的全球化就是均质化的观点，也不应该接受必然的趋同论。需要采用批判性谨慎的态度，探讨在改革和转型中构建其中国城市重构的理论。

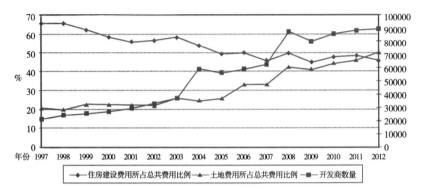

图2.3　房地产获利和房地产业扩张情况
Fig 2.3　Real estate industry profit and development situation
资料来源：根据中国统计年鉴（2013）、参考文献（Wang，Shao，Murie et al.，2012），P349 整理

到3万个，增加到2012年超过9万个。从这个意义上讲，地方政府需要通过房地产的开发来实现城市更新，并且通过房地产开发式的城市更新来实现内城物质空间重塑和促进城市增长。

　　总之，一系列以市场为导向的改革从根本上改变了城市内部空间重构的推动力。换言之，市场改革刺激了政府转向具有增长性质的城市更新路径。并且，分权和分税制改革，地方政府已经实现从国家项目的支持者转变为制定地方发展策略的主导者。多种制度的转变为增长性质城市更新提供了宏观的背景环境，满足资本积累和应对全球竞争的需要，也促使地方政府在城市更新过程中表现得更为热情。

2.2　城市更新的价值转向

　　从以上分析，我们可以清楚看到，总体制度背景的变化，使得城市更新内在的价值取向发生了明显变化。城市空间重构成为我国城市转型以来最明显的空间特征和空间表象，多数学者也通常将其作为研究我国城市转型的重要视角之一（Ma，Wu，2005；Wu，2007）。城市更新作为空间重构的重要工具和表现形式，它一方面重构了内城物质空间，另一方面它重塑了内城社会空间结构。就制度背景下城市更新的转变来看，作者认为可以总结为城市更新运作特征的改变，其中最明显的特征是更新运行的价值取向发生了明显的变化，最突出的特点是价值取向由强调再分配的社会公平，转变为强调经济增长。

　　翟斌庆，伍美琴（2009）从建设体制和规划体制上，将我国城市更新分为 5 个阶段，包括：1949—1965 年计划经济时期，围绕工业建设探索城市物质环境的规划与建设；1966—1976 年"文化大革命"期间的曲折城市发展；1978—1980 年代末经济转型期，恢复城市规划与进行城市改造体制改革；1990—2000 年经济转型期，地产开发与经营主导的城市改造；2000—当前快速城市化与多元化、综合化的城市建设与更新时期。但笔者认为，究其城市更新运行的价值取向来看，我国城市更新可以大致总结两个阶段。其一，1990 年代以前以公共投资为主，改善旧城居民居住条件，强调社会公正的阶段；其二，1990 年代以来，依赖于私人部门（房地产开发商）、强调增长价值的更新行为。

2.2.1　城市更新的增长性价值转向

1）1990 年代之前福利性更新取向

中华人民共和国成立后的 20 年，我国多数大城市内城中心出现了大规模破旧、拥挤住房。在"将消费性城市转变为生产性城市"的发展思路下，中央政府大力推进工业生产，城市住房和内城破旧的问题并没有获得很大的重视。另外，面对大规模城市破败区和政府有限的财力，城市主要更新对象并不是落脚在城市住房上，而是多集中在城市基础设施改造上面。如老舍先生笔下的龙须沟改造，则是该阶段城市更新的重点。其中，还包括一部分零星的危旧房修缮维护以及有限的工人住宅和城市基础设施建设。可以说中华人民共和国成立初期到"文化大革命"之前的城市更新还是处于一种小规模、以维修为手段的更新方式，主要依赖于中央政府的计划调控来执行更新进程和范围。总之，这个阶段大多数城市的旧城区建设，只能按照"充分利用、逐步改造"的方针，充分利用原有房屋和市政公用设施进行维修养护和局部的改建和扩建❶。因此，由于危旧房改造资金紧张，老旧住宅年久失修，1963 年夏季北京连降暴雨，倒塌房屋 18000 多间（当代中国的北京编辑部，1992）。这个阶段的城市更新可以总结为：充分利用，逐步改造，加强维修（翟斌庆，伍美琴，2009）。

其后开始的十年"文化大革命"，使得城市建设和城市更新都处于停滞

---

❶　第一个五年计划（1953—1957）。

阶段；另外，由于全社会的流动性加大（上山下乡），以及地方表现出了明显无政府状态，城市建设和城市管理处于极为混乱的状态，到处都是乱拆乱建、乱挤乱占的情况，可以说城市建设、更新的目的成为砸烂一切旧思想、旧文化、旧风俗、旧习惯的空间载体（传统建筑、历史街区）。因此，在双向停滞下和混乱城市拆建情况下，城市衰败、破旧程度更加明显。换言之，这也使得城市更新成为 1978 年经济改革后所面对的重要任务之一。

改革开放以来，由于十年"文化大革命"期间的积压，使这个阶段的城市更新主要目标以解决历史旧账为主，城市更新在全国主要大城市推进。比如，北京的城市更新称为危旧房改造，上海则被称为棚户区改造。可以说，这个阶段城市更新的主要目的是缓解改革开放时，人均居住条件仅为 4m² 左右 ❶ 的困境，旨在提高居民的居住面积、改善居住条件。这个时期的危旧房和棚户区改造的行为主体由地方政府和单位承担（He，Wu，2005）。单位作为城市空间构成的主要部分，不仅负担生产的功能，还承担生活的功能，并且也成为地方政府的重要组成部分之一。在计划经济以及改革开放初期，它在城市建设和社会福利方面发挥了极其重要的作用。从更新手段来看，主要采取住房重建和拆除的形式，比如上海在 1980 年代以来，每年保持了 15 万 ~ 20 万 m² 的拆迁量（翟斌庆，伍美琴，2009）。但是，在政府和单位严重的财政赤字下，城市更新所推进的速度远不能涵盖内城破旧范围和规模。比如，在 1980 年代，广州城市更新采取的模式主要为"政府主导、零散改造"，由政府主导进行危房改造和复建，由于资金少，且撒开面广，改造的效果和影响比较有限（叶林，2013）。特别是在地方政府还没有引入私人部门之前，在制度环境不成熟条件下（住房福利化和土地划拨制），财政矛盾、城市更新方法的单一和低效成为阻碍大规模城市更新的主要因素。

总之，虽然"文化大革命"期间存在对城市建设的扭曲行为，但是 1990 年代之前城市更新更多是改善住房条件和重建城市破旧的内城环境，其本质是一种福利特征的价值取向。因此，这个历史阶段的总体更新思路可以总结为表 2.4。

---

❶　上海和广州在改革开放之时，人居居住面积分别仅为 4.3m²、3.5m² 左右，参考资料见：http://finance.sina.com.cn/china/dfjj/20121018/061913402397.shtml，http://finance.china.com.cn/news/dfjj/20111223/443543.shtml.

1949 年—1980 年代末城市更新的价值特征　　　　　　　　　　　　　　　　　　表 2.4
Urban renewal between 1949 and 1980s　　　　　　　　　　　　　　　　　　　Table 2.4

阶段	更新模式	更新主体	更新特点
中华人民共和国成立后—"文化大革命"前	计划经济时期，改善城市环境和扩大工业再生产	中央政府	强调在工业化下，形成充分利用，逐步改造，加强维修的城市更新特点
"文化大革命"—改革开放	城市建设转向政治思想修正	—	砸烂一切"旧东西"思想下的乱拆乱建
改革开放初期—20 世纪 80 年代末	经济转型下城市建设恢复，拆除旧建筑，建设大量住宅，以满足城市化进程加快带来的住房需求	中央政府、地方政府、单位	提高居民的居住面积、改善居住条件，重建内城环境

资料来源：根据参考文献（翟斌庆，伍美琴，2009；吴春，2010；叶林，2013）整理绘制。

2）1990 年代之后增长性更新取向

伴随着 1990 年来以来剧烈的经济社会转型，制度变迁极大地释放了中华人民共和国成立以来城市更新的限制条件——危旧住房的规模、政府财政限制。1993 年 11 月，建设部旧城改造政策研究中心在西安临潼的全国旧城改造研讨会上指出："旧城改造应充分体现政府意志，把企业行为和政府决策结合起来"，"旧城改造要走房地产经营路子，以建筑业开发为龙头，带动其他产业的发展"（张元端，1994）。一时间，全国上下很快有大量的房地产公司开始活跃在旧城改造中，由于社会资金的进入，城市更新规模迅速壮大，房地产的综合开发逐渐成为我国城市更新的主要形式（阳建强，1995）。市场化的更新手段，改变了全面由政府负责、改善民生、福利性质的城市更新。可以说，跳出了财政的限制以及自身所具有的经济效益，使得城市更新开始表现出了以地方经济回报为更新目标，大规模、简单化、高速化的拆迁重建形式。换言之，1990 年代以来我国城市更新表现出与之前完全不同的特点。

虽然从委托代理的角度上看，政府作为公众利益的代理人，其价值应该是从维护社会公正的角度出发，通过提供地方公共服务，致力于当地公众社会福利的最大化，比如城市更新的目的也即是服务于当地居民生活水平的提升。无论是在古典自由主义学派还是凯恩斯主义，前者强调最小化政府，依赖市场看不见的手，后者重视政府的主动干预，其本质都是认同政府是起到调控市场畸形、服务公共价值的作用。但是，新制度经济学、公共选择学派等都从政府行为原则方面论证了政府也是理性选择的主体。

　　土地出让制度的转变和住房商品化改革，为地方经济增长提供了宽广的空间和机遇。Wu（2003）将内城更新总结为消费 – 生产的反转 ❶，也就是我国在经历了单位和生产为主导的模式下，具有城市主义特征的商业、娱乐、居住设施已经出现，城市由生产型转变为消费型。特别是 1994 年的分税制改革，地方政府迫于财税和地方事权的不平等，地方政府只能凭借本身的资源优势驱动"增长机器"，使地方资产获得额外的增值，以应对日益增加的财政需求。通过空间的生产和再生产方式（土地）已经成为一种获取地方政府资本积累的典型的手段，换言之，具有理性选择的地方政府（刘雨平，2013），主动转向对空间的（再）开发来实现其自身的政治、地方财政积累需求。根据中国指数研究院针对 2009 年全国主要城市土地出让金的盘点可以发现，2009 年中国土地出让金总金额达 15000 亿元。其中杭州、上海和北京的土地出让金收入和各自地方财政收入的比例分别高达 118%、41% 和 46%❷（表 2.5）。

2009 年全国土地出让金前三位土地财政情况　　　　　　　　　　　　表 2.5
Land grant fee of the top three in national cites, 2009　　　　　Table 2.5

城市	土地出让金收入	全年地方财政收入	出让金占比
杭州	1200 亿元	1019.43 亿元	118%
上海	1043 亿元	2540.3 亿元	41%
北京	928 亿元	2026.8 亿元	46%

资料来源：http://epaper.21cbh.com/html/2010–02/01/content_114904.htm.

　　因此，从这个角度上看，城市更新作为城市空间（再）开发的重要方式，在实现地方财政和经济增长上具有重要作用。特别是当空间扩张受到环境的制约，城市更新的增长主义特征则更为明显。正如张京祥，胡毅（2012）所总结的：城市更新的首要目标成为迎合时代发展的需要、寻找旧空间的

❶ 中华人民共和国成立以来，我国城市建设是从消费城市转变为具有社会主义工业大生产的工业城市。因此这个阶段，国内大城市都上马大量工业企业。而随着市场化推进，城市空间的市场经济价值的体现，多数城市已经通过产业的空间置换，清除城市内部的工业企业，取而代之的是反映城市特点的居住、商业、娱乐等消费设施。吴缚龙教授在 2007 年出版的《China's Emerging Cities: The Making of New Urbanism》一书中指出我国城市已经表现出了城市主义的特征，已经削弱了原来"单位城市"特点。

❷ 解构北京 2000 亿财收：土地财政渐进还是渐退，http://epaper.21cbh.com/html/2010–02/01/content_114904.htm.

"新价值"。虽然，地方经济增长能促进社会总体福利水平，但是过分重视经济增长追求也将导致一系列短期行为，比如，为维护房地产开发商等利益，而在更新的过程中损害拆迁居民的利益等。

可见，城市更新的价值目标也在这个阶段发生了很大改变，由 1970—1980 年代强调民生特征——提高居住水平，改善城市环境的目的，转变为 1990 年代具有增长主义特点城市更新——城市的发展、地方经济的增长、重构城市空间、转变内城功能结构。

总之，1990 年代以来的社会经济转型最大程度上释放了限制城市空间重构的约束，城市更新在多维推动下表现出了与以前完全不同的图景。城市更新的价值转向偏重于经济增长方面，以追求经济回报为主；其次，房地产开发模式下的城市更新已经成为这个阶段的单向度手段，并且主要采用重构城市物质环境的方式，实现大规模、短期、高强度的内城整体再开发。

2.2.2　增长性城市更新的积极作用

尽管，城市更新的增长性价值转向，带来了其趋向于经济回报的考虑。但是，我们并不能否认它所带来的积极作用。主要表现为以下三个方面：快速提升环境改善民生问题；打造功能区推进经济状况；特殊时期的救市良药。

1）快速改善民生问题

在社会经济发展、产业结构的变化、城市重点发展区域的转移等诸多因素的作用下，旧城地区将受到源自物质性和功能性过时，导致空间逐渐衰败的局面。从笔者对重庆和广州的传统街区的调研发现，这些区域普遍表现出人均居住密度较高、房屋历史较长、质量较差、经济发展水平较弱的特点。因此，对各级政府而言，通过城市更新改善民生问题成为刻不容缓的首要政府工作内容。在我国旧城改造的历史实践中，特别是 1990 年代之前，绝大多数更新项目都是为了改善旧城居民的居住条件，提高旧城居民生活水平，改变城市旧城地区衰败落后的面貌。但是，由于受制于资金投入，仅仅依赖政府财政，导致城市更新的规模和进度受到制约。当然，随着城市更新的增长性转变以来，市场的大规模投入，使得旧城危旧住房获得了快速更新，在很大程度上改善了民生问题，并且也使得旧城环境获得了明显的改善。很多城市在 2000 年之后伴随着住房商品化制度的全面展开，一方面为了实现住房私有化，以及改善居民居住条件，相继推出了"房改带危改"的政策。比如，北京市颁布《北京市加快城市危旧房改造实施办法（试行）》（京政办发〔2000〕19 号），使政府、企业、居民都参与危房改造。北京市政府在危旧房拆迁方面也由早期小规模更新转变为大片推倒重建的方式，虽然很大程度上快速解决了民生居住问题，但是在空间利益分配和历史街区保护方面出现了很大的争议和矛盾。

2）打造功能区和改善城市物质环境

另一方面，城市更新的增长性思路转变，虽然带来大规模再开发行为，也在一定程度上促进旧城形成功能区，创造良好的内城物质环境，为进一步扩大全球竞争具有重要作用。特别是当前这种以房地产推动、以市场交易为主的更新模式可以简化为"拆旧建新"——拆除旧建筑，兴建新建筑，使得旧城中一些本已衰败的区域，在新职能的注入下，重新成为新功能和活力区域。比如，重庆的化龙桥区域本是已经衰败的工业和单位的混杂区，通过"重庆天地"的开发，在很大程度上促进了该片区作为商业商务、居住、休闲、娱乐的功能而获得了重生，也成为重庆房价最高的几个区域之一。此外，上海中远两湾城的更新也是对苏州河沿岸混杂的单位功能的置换，促进了苏州河沿线环境的整体提升。

此外，一些更具区域性和国际性的影响性的"大事件"所带来城市部分区域功能的整体提升，也促进了城市环境和功能的快速改善，如旧城道路建设、环境整治、重要建筑的建造等。而随着这些具体项目的建设，旧城面貌获得很好的改观，并在一定程度上改善了居民的生活环境，提升了生活质量。比如，随着 2010 年上海世博会的成功举办，徐汇滨江、北外滩、十六铺、上海造船厂、东外滩等地区大规模更新的渐次展开，黄浦江沿江发展使得南北向空间轴线再次成为上海发展的核心。同时，它也促进沿黄浦江区域建设整体环境向更加宜居和更具传统特质的滨水环境方向打造。

3）特殊时期救市的良药

转型期，我国政治、经济与文化都发生了巨大变化，一系列的制度改革，将我国市场化经济通过"时空压缩"的方式不断融入全球化进程当中。一方面是从一个前工业社会演进成工业化、后工业化、城市化高度发达的社会；另一方面，则是主动参与全球经济竞争当中，获得外来资本的投入，或者说是一种全球资本的"融资"，来实现前一阶段的快速转变。因此，全球化经济的冲击，比如亚洲经济危机、世界经济危机，都将在一定程度上影响到我国城市发展。为此，作为空间开发的工具，在"扩内需、保增长、促转型"的时期下，城市更新因其特殊的地理位置、工具行为等诸多因素，比如，能有效避免空间开发对粮食安全的影响、改善城市环境等，使之逐渐成为政府用于救市，拉动全球危机下经济增长的工具。为应对 2007 年美国次贷危机拖累的全球经济危机，驱动我国经济增长避开出口导向冲击的影响，因此，地方政府的投资方向纷纷转向存量开发。从具体项目上看，上海、重庆、广州、成都纷纷推出了相应的更新计划，都无一不是想通过旧城更新这一杠杆，间接撬动新一轮房地产内需。比如，重庆主城区各区政府早在 2008 年上半年已经开始酝酿，并且准备拿出 100 亿元从一级市场上购买中低价商品房用于拆迁安置 ❶。换言之，重庆主城区在 2008 年以来所推动的大规模更新计划，在很大程度上拉动了重庆住房内需，维持了经济增长的高速递增。从全国 GDP 增速看，重庆从 2007 年以来就一直保持在两位数的经济增速，并在 2014年以 10.8% 的 GDP 增速领先全国 ❷。

2.2.3　增长性城市更新的主要表现

1）政府仍是城市更新的主体

在众多因素中，地方政府及其政治意识形态在城市更新的策略制定和实施方面起到重要的作用。政府可以说在城市更新的整个发展历程中始终具有重要的主体地位。在改革开放之前，政府行为就是承担城市更新的全部主体，不仅负责更新项目的组织、资金保障、项目执行者。简言之，政府既是城市更新的政策制定者，同时又是城市改造项目的具体操作者。即便是改革开放以来，房地产开发导向的城市更新，政府仍然在城市更新中具有政策和意识形态的影响。这与 1980 年代西方城市更新具有明显的不

❶　政府投百亿元力挺楼市，旧城改造拯救重庆楼市，http://cd.qq.com/a/20081105/000323_1.htm.

❷　重庆 2014 年 GDP 增速领先全国，成为全国增速冠军，http://news.sohu.com/20150121/n407943786.shtml.

同，西方国家由于受到新自由主义思潮的影响，政府具有市场逻辑，即政府的逻辑是建立在市场层面，城市政策是为市场服务，简言之，在政府和市场的联盟中，市场是城市更新的主体。相反，由于我国地方政府作为土地的实际控制者，在城市更新过程中具有更强的控制作用，并且可以引导和贯穿于整个土地征收、土地整理、土地储备、土地再开发的全过程。因此，市场逻辑还不足以支配整个社会，以及控制政府的宏观管治（He，Wu，2009）。总之，政府仍然是城市更新主体，一方面，政府在未成熟的市场中承担干涉供给的职责，另一方面，城市政府实际主导和实施更新项目，以实现 GDP 增长、城市形象提升的多重目的。

2）城市更新手段转向房地产开发

具体来看，土地和住房改革释放了束缚已久的内城空间资本，极大推进了房地产业的发展。内城土地的极差地租的回归——土地现有的以及潜在的价值，内城土地地租租隙价值出现（Smith，1979），成为推进内城再开发的重要因素。同时，地方政府开始直接主导这个再开发的行为，通过诸多激励性再开发政策来吸引国内外私人部门的投资。如上海新天地再开发项目即是卢湾区政府借助我国香港瑞安集团共同经营的典型案例。此外，由于私人部门的引入，彻底释放了资本压抑的劣势，使房地产成为国民经济的重要组成部分；并且也极大地刺激了再开发性质的城市更新。

2001 年国家层面出台的拆迁和补偿条例，鼓励采用货币补偿的城市更新，促进了城市更新的全面推进。至此，对旧城和衰败地区的更新转变成大规模的房地产开发，并成为推进中国城市增长的动力源。由于跳出了实物补偿的局限性，大规模、高强度、整体拆迁的行为成为可能。因此，城市更新过程往往也就成为房地产开发中简单的土地经济置换。如 2001 年北京市全年拆除危旧房 183.9 万 m^2，2002 年达到 162.7 万 m^2，2003 年达到了 129.2 万 m^2（吴春，2010）。当然这种开发方式遭到了针对旧城地区历史文化保护方面的舆论，吴良镛先生和方可针对此提出了城市更新应该转向有机更新的方式（吴良镛，1994；方可，2000）。因此，内城破旧区域的城市更新也就转变为房地产模式下的再开发行为。而以前具有福利性质、改善民生、政府全面负责的城市更新也转变为强调增长主义思路，加快资本积累和空间再开发。

3）社会要素仍然比较弱小

从 1990 年代以来我国城市更新的发展来看，地方社区居民在城市更新的过程中，发挥的作用相对较弱。在目前制度安排下，原居住民在拆迁中较为被动，在更新项目和拆迁过程中的参与性较弱。更多案例表现出他们在有限的时间内争取更多的补偿。张京祥，胡毅（2012）指出由于社会主体参与不充分、动力机制畸形、民主政治体制落后、更新价值观的贫乏等原因，使城市更新活动在相当程度上演变为"空间谋利"的代名词。并且，在城市更新实施过程中，为了发挥土地现有的以及潜在价值，实现增长目的，城市更新往往成为简单土地经济置换。甚至可以理解为一种成本转嫁，当前内城再开发方式产生了利益和责任之间的矛盾——开发商分享了城市空间再开发的好处，弱化了原居住民的利益，即在增长过程中将部分效率的成本由当地社区居民承担。

2.3　城市更新中非均衡主体特征

2.3.1　组织决策主体——政府行为逻辑

在众多因素中，地方政府及其政治意识形态在城市更新的策略制定和实施方面起到重要作用。政府可以说在城市更新的整个发展历程中始终具有重要的主体地位。在改革开放之前，政府行为就是承担城市更新的全部主体，不仅负责更新项目的组织、资金保障、项目执行。简言之，政府既是城市更新的政策制定者，同时又是城市改造项目的具体操作者。即便是改革开放以来，房地产开发导向的城市更新，政府仍然在城市更新中具有政策和意识形态的影响。一方面，政府在未成熟的市场中承担供给的职责，另一方面，城市政府实际主导和组织更新项目。具体来说，可以总结为两个方面，如图 2.4 所示。

1）完善城市更新供给环境

（1）制定宏观更新目标

就当前我国城市更新的特点来看，具有明显宏观政策目标的性质。主要表现为地方政府往往通过一系列改造目标来推进城市更新行为。以重庆具体更新计划为例，重庆市自 2001 年以来，政府开始将主城区危旧房

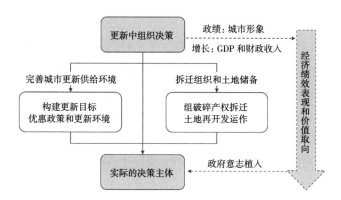

图 2.4　城市更新中组织决策逻辑
Fig 2.4　Behavior logic of organization
and decision in urban redevelopment
资料来源：笔者自绘

改造列入了为民办实事的"八大民心工程"之一，先后颁布了各项危旧房改造相关政策。主要对象为旧居住区、旧商业区、城市重要设施的更新。一方面从民生的角度，解危排困；更重要的角度则是出于推动增长和实现土地财政和城市经营的考虑。因此，在改造过程中，城市旧商业区和城市设施通常是与居住区改造结合起来的。从这个意义上讲，重庆市城市更新是以旧居住区改造为主，并且相应对"捎带量 ❶"进行一并拆迁和再开发。从 2001 年，主城各区实施危旧住房改造以来，重庆市有计划、有步骤地对内城进行了大规模的城市更新。截至 2007 年，全市共完成改造909.36 万 m² ❷。2008 年以来所推进的主城区危旧房改造，截至 2012 年底，主城各区累计完成改造总量 1363.2 万 m²、涉及居民 16.7 万户 ❸（图 2.5）。

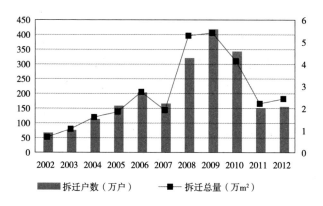

图 2.5　重庆主城区拆迁情况（2002—2012）
Fig 2.5　Demolition of central area of
Chongqing，2002—2012
资料来源：根据重庆市政府公众信息网整理绘制

---

❶　重庆市政府在 2008 年提出了危旧改捎带量的提法，即存在将一部分质量较好的住宅纳入拆迁范围。但对捎带量进行了限制，规定为主体拆迁量的一半以下。

❷　重庆市政府公众信息网 [N]. http://www.cq.gov.cn/zwgk/zfxx/188332.htm.

❸　http://www.ccc.gov.cn/xygl/zfbz/wjfgz/2012-12-26-2544490.html.

　　具体可将重庆宏观更新计划分为 4 个大阶段（表 2.6）：①第一个阶段从 2001 年以来，以 5 年更新计划为主，总拆迁量 424 万 m²，主要拆迁范围集中于渝中区和江北嘴。②其后 2006 年又开始新一轮城市更新计划，旨在对 509 万 km² 危旧房地块进行改造，主要针对内城传统单位的外移。这个阶段涉及江北嘴和化龙桥的整体拆迁。③但是，随着 2008 年以来受到全球金融危机的影响，城市更新也作为一种有效手段被运用到城市宏观政策中，城市政府又开始推进内城的再开发，以此刺激经济的杠杆。比如，重庆政府强化了整体拆迁力度，即全面对主城区开展更新改造，启动了 5 年 1000 万 m² 的改造计划，刺激经济增长。主要针对区域为渝中区、江北、南岸、沙坪坝等内城区域，涉及三角碑、井口、小湾片区、嘉陵厂家属区、弹子石正街、董家溪、大石坝、十八梯、巴县衙门、两路口菜市场等片区。④ 2013 年以来，重庆又开始从宏观层面推动更新计划，在下一个 5 年对内城 567 万 m²、6.32 万户进行拆迁安置。

重庆主城区主要城市更新计划安排　　表 2.6
Urban renewal schedule in central area of Chongqing　　Table 2.6

年份	改造目标	主要内容	对应政策
2001	2001—2005 年，5 年内完成拆迁 424 万余 m²	明确了危旧房改造目标务，配套了相关优惠政策，提出了一些改造措施等	《关于主城区危旧房改造工程实施意见的通知》
2006	2006—2010 年，5 年内完成拆迁 590 万余 m²	严重影响人民群众安全居住的危房；危旧房密集区；交通主干道两侧的危旧房；窗口地区的危旧房；主城区退二进三的工业企业的危旧房	《关于实施 2006—2010 年主城区危旧房改造工程的意见》
2008	2008—2012 年完成主城区范围内的 786 万 m² 更新	按照"一个主体、三个带"的原则确定危旧房改造片区时总体规模和拆迁红线。控制"主体"量与"捎带"量的比例，片区捎带房屋的数量严格控制在危旧房屋拆除数量的 50% 以内	《关于加快主城区危旧房改造的实施意见》
2013	5 年内完成主城区 567 万 m² 拆迁更新	需要整体拆除类区域涉及 522 万 m²、6.32 万户，剩余部分为综合整治	《重庆市人民政府关于推进主城区城市棚户区（危旧房）改造的实施意见》

资料来源：重庆市政府公众信息网。
注：1997 年之后重庆作为独立的统计单元，因此相应统计数据主要集中在重庆直辖之后。

　　不仅局限在重庆，上海、南京、广州、成都都在不同阶段制定了不同的宏观拆迁目标，比如，上海早在 1990 年代就开始推进 365 改造项目，旨在全面推动上海 365hm² 范围、150 万 m² 的危旧房改造。其后 2001—2004

图 2.6　重庆渝中区较场口反对拆迁地块
示意图
Fig 2.6　Opposition of the demolition
plots in Jiaochangkou
资料来源：笔者自绘、自摄

年又开始新一轮城市更新计划，旨在对 307 块危旧房地块进行改造，涉及 3 万户居民拆迁安置。2006 年新一轮拆迁计划被纳入上海市政府"十一五"规划当中，目的在于适应上海世博会的需要，拆迁涉及 400 万 m² 面积、2 万户居民。2008 年的全球金融危机，城市更新被作为强化增长的手段，上海启动了 800 万 m² 的旧城改造计划（Ren，2014），主要对杨浦区平凉西块、大桥街道地区、定海街道地区；虹口区虹镇老街；闸北区长安西块、苏州河北岸地区；黄浦区董家渡地区、露香园等地区进行重点改造。❶

　　但是，正如宏观计划目标的制定，其中难免存在一些问题，造成当前拆迁推进出现问题。比如，有些居民并不认同自身所居住的住房属于危旧住房，同时，由于考虑到连片更新实施的便利性，在更新计划制定中会将一部分居住邻里纳入危旧改范围中。有学者在对上海的调查研究中指出纳入拆迁范围的建筑并不全是危旧住房，其中还存在很多质量条件较好的建筑（Ren，2014）。同样，笔者在对重庆渝中区的调研中也发现了相似问题，通过对一些居民访谈得知，他们原本居住在渝中区较场口 76、77、78 号地块（图 2.6），本来不属于为危旧住房改造的范围，但是在拆迁中被纳入到"捎带量"范围。

　　访谈（临江佳园，李先生，铁路工作）：我拆迁之前的住房就位于较场口那个城市平台旁边。2005 年左右从私人手上购买过来，面积大概 60

❶　http://news.stcn.com/content/2012-12/13/content_7781513.htm.

多平方米。其实我们这些私有住房条件都还行，就是建筑质量老了点，面积小点，外观差点，但是我们的住房产权明确，质量也还行，并不是政府所说的危旧住房。并且这边较场口的区位条件很好，因此，当时有很多类似我们住房条件的居民对纳入拆迁的范围表示了反对。

因此，拟定危旧住房拆迁范围缺少与社区居民的沟通，往往会被大家诟病。

（2）优化更新供给环境

目前城市政府允许提供的补偿性政策包括地价减免和容积率补偿两种方式。地价减免政策有限地适用于部分类型的改造项目，并主要局限于对已建成部分的地价补偿，可视为对拆除成本的有限补偿。容积率补偿的运用则主要在于两方面，一是拆迁量占建筑总量比例较大的项目拆迁成本趋高，可能予以容积率补偿；二是由于大多数的重建项目中涉及城市配套设施的捆绑建设，而目前各级政府财政对这部分建设成本没有予以补贴，为此政府也会通过容积率对公共利益项目进行补偿。上述两种补偿政策还随着宏观更新计划的不同而不同。

市场经济更新以来，由于改革初期政策的非稳定性，以及市场行为对宏观市场环境的观望态度，使得早期所推进的城市更新计划往往在政府宏观目标下，而没有在市场强有力的作用下并不能获得很好的推进和执行。比如，上海更新初期，由于受到土地和住房市场改革初期的不稳定因素和1990年代亚洲经济危机的双重作用，365更新计划并没有获得很好的执行。到1998年，365更新计划还有近三分之一未完成。因此，上海市政府在1990年代末期为了加速更新计划，采用相关费用免除和土地出让金减免的方式——在推动365更新计划时针对更新提供每平方米900元的补助，政府总计投入100亿元来全面推进该项目的进行。同时，容积率奖励的方式也被用于更新计划的宏观供给环境（He，2007）。并且这些优惠政策还被运用在其后的太平桥更新项目中。直到2003年以后，随着市场化的逐渐完善，相应的优惠政策才逐渐退出上海的更新行动中。

就重庆2008年开始的大规模城市更新计划来看，政府在其中仍然扮演着重要作用。其中相应的优惠政策成为快速推进该阶段城市更新的重要手段之一。重庆主城区对纳入危旧住房再开发项目的房地产开发项目提供相应的城市建设配套费减免的优惠政策，以此鼓励城市更新项目快速推进。

图 2.7 2001—2015 年重庆市绿地面积
和公共交通投资额
Fig 2.7 Green area and investment
of public transportation from 2001 to
2015
数据来源：根据重庆市统计年鉴 2002—
2016 绘制
注：2009 年后采用轨道交通投资额统计
方式

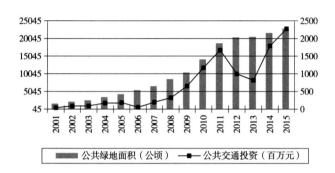

比如，重庆市建委在 2002 年和 2005 年分别颁布了主城区危旧房改造工程优惠政策，前者按照"拆一免二点五"的配套费减免政策，后者按照"拆一免一点五"的配套费减免。同时，对应的优惠政策也针对不同更新项目的延续性进行了一定时效性延长❶。按照重庆主城区更新安排，用 3~5 年时间集中完成主城区 1852 万 m² 的拆迁改造任务，总计资金需求约 1000 亿元，其中包括社会资金 119 亿元，政府投资 881 亿元❷。可见，在推进大规模的更新行动中，地方政府通过一系列宏观补贴投资有效引导拆迁再开发过程。

除了上述优惠政策以外，地方政府在营造良好城市更新环境方面也进行了相当程度投入。主要表现在城市基础设施和环境改善方面。从图 2.7 中可以看出，重庆近 10 年以来，在公共绿地和公共交通方面的建设和投入上表现出了持续上升的情况。一方面，地方政府通过宏观规划和计划安排极大程度上改善了城市环境，为推进城市更新项目和吸引外部市场投资创造了较好的环境。比如，重庆在推动 2008 年以来的大规模城市更新计划时，所针对的改造区域多为两江四岸。按照市政府的统一安排，首先对主城两江四岸、城市主干道两侧、轻轨沿线和重要节点区域实施先期改造。与此同时，政府一面在推动城市更新推进，另一方面从宏观层面制定"两江四岸"规划设计提升两江四岸的整体环境建设。换言之，从宏观层面针对沿两江区域的环境的改善，将在很大程度上为推行城市更新项目提供了较好的宏观环境——有效吸引市场力量进入城市更新中。具体从渝中区化龙桥片区的整体拆迁和再开发的案例来说，化龙桥片区位于渝中区的几何中心，是重庆市最老的区域之一，早在化龙桥片区再开发之前，该片区主

❶ 参见重庆市城乡建设委员会，http://www.ccc.gov.cn/xygl/zfbz/wjfgz/?pi=1.
❷ 宜居重庆危旧房改造专项规划 [R]. 2009.

图例
- 公共设施
- 工业/仓储
- 混合用途
- 居住建筑
- 学校建筑

图 2.8　重庆化龙桥片区拆迁前居住和工业混杂
Fig 2.8　Residential and industrial buildings mixed in hualongqiao before redevelopment
资料来源：笔者自绘

要是修建于 1950—1960 年代的破旧的单位居住邻里和厂房，现代化配套设施严重缺乏，交通条件也非常差，整个区域远远滞后于重庆主城区整体发展步伐（图 2.8）。要在这样一个特殊的区域进行旧城开发，对开发商来说充满了高风险和不确定性。两江四岸有效提升了沿嘉陵江地块形象，同时改善了周边的环境。现在，化龙桥片区已经由原来被抛弃的混杂性邻里转变为重庆典型的绅士化区域，形成集居住、休闲、娱乐、商业多元的城市高档邻里。除此之外，江北区江北嘴、南岸区弹子石片区等片区的更新，都在城市两江四岸滨江地带的环境整治过程中，获得了很好的环境改造，为推进更新项目提供了很好的基础支撑。

　　另一方面，地方政府也在城市基础设施持续增加投入。2001—2012年，重庆政府对公共交通投入呈现出明显上升趋势，尤其是到 2011 年该值达到了顶点。由于在 2008 年以来，重庆政府开始在轨道交通上进行大规模投入，到 2012 年重庆主城同时开通 3 条轨道交通线路（1、3、6 号线）。在 2011 年投资总额达到了近 1700 亿元，占到当年重庆市 GDP 总量的 17%❶。近些年来，轨道交通极大程度上改善了重庆主城大部分区域的更新条件。如渝中区七星岗片区、石板坡片区、较场口片区；江北区江北嘴、北滨路一带的拆迁，以及北环立交一带内环以内地块的拆迁等。总的来说，地方政府推进的环境和公共设施改善内容，很大程度上为城市更新的实施

❶　2011 年重庆市 GDP 总量为 10011.13 亿元，参见重庆市统计年鉴。

创造了良好条件。

简言之，内城和滨水区域原有衰败的邻里，在地方政府一系列优惠政策和实施环境的作用下，已经成为市场化再开发的重点区域，并且也逐渐成为再开发中的绅士化邻里或高档商业、消费场所。比如，重庆于 2007 年计划保留的传统街区，经过短短 4 年时间，其中至少已有 7 片被拆除（表 2.7）。此外，城市再开发之后高额地价往往导致大量高档居住区替代了原有混合社区，同时低收入群体被迫迁往郊区，形成居住分异现象。传统街区的社区网络被破坏，关于这个片区的记忆也在拆除的同时被无情抹去。

重庆市主城区传统街区保护现状   表 2.7
Reservation status quo of traditional neighborhoods in central area of Chongqing   Table 2.7

街区类别	街区名称
一级保护	金刚碑街区（北碚区）、磁器口街区（沙坪坝）、湖广会馆街区（渝中区）、解放东路街区（渝中区）、米市街街区（南岸区）
二级保护	慈云寺街区（南岸区）、川道拐街区（渝中区）、黄桷垭街区（南岸区）、中梁山街区（九龙坡区）、马桑溪街区（大渡口区）、打铜街街区（渝中区）
已经拆除	寸滩街区（江北区）、化龙桥街区（渝中区）、鱼洞街区（巴南区）、弹子石街区（南岸区）、十八梯街区（渝中区）、白象街区（渝中区）、石板坡街区（渝中区）

资料来源：根据重庆历史文化传统街区目录和相关调研整理。

2）更新拆迁组织和土地储备

（1）组织复杂拆迁安排

不同于西方国家单一土地和住房产权，即公有和私有。源自于土地制度设计，我国土地通过出让制度仅出让使用权，即所有权和使用权的相分离。类似的，我国早期住房制度也表现出了所有权和使用权之间的分离，也是造成城市旧区居住邻里住房产权较为复杂的情况，同时，由于计划时期政府和单位功能的并列，使这个产权性质表现得更为复杂和多样。

早在 1950 年代，经过一系列公有化运动，1949 年以前建设住房已经纳入住房公有的体系当中，此后被作为公有财产划分给单位所有或者私人所有。这个时期居民仅拥有住房使用权而不是所有权，即只能自己居住或者转租，但是没有住房的交易权。破碎的住房产权也同时存在于住房改革之前建设的单位社区，或者工人新村。单位作为一种社会主义社会空间承载实体，不仅作为就业的场所，同时也作为居民居住、社会活动、福利设施的场所。住房作为单位形式中最重要的福利形式，往往是采用住房分配的形式，但是居民对住房没有处置权，仅仅拥有使用权。还有一种是单位集资房的形式，由单位建设住房然后出售给单位职工，但是这种形式住房仍然不具有住房处置权，也仅仅拥有住房使用权。此外还有侨房、单位自建房等不同产权形式，其中单位自建房在住房改革之后大部分变成私人住房，另一部分则仍由单位控制实际产权，即单位产权房等。

住房改革之后，住房私有化过程重塑了住房产权结构。居民通过标准价格、成本价格、一次性买断等方式逐渐获得了住房的产权。一部分产权居民搬迁出去后，出租或者转售住房，形成很多非产权或非户籍住户，有的还形成二房东、三房东。总之，一部分源自制度遗留的住房产权，以及住房改革后通过租房、售房、买房等市场化行为，将现有单位社区（工人新村）、传统街区的住房产权变得多种多样，并且凌乱不堪。简言之，受历史因素和制度层面的多维作用，使建成区（尤其是内城）的住房产权表现得异常复杂。因此，内城更新改造中将涉及不同产权的现状建筑，受到不同利益群体干预。

笔者在对重庆较场口区域更新的问卷调查中发现，这些老旧居住邻里中还存在大量混合性产权结构。比如，存在 66% 的私有产权，而该种产权又可以分为两种形式，经过单位住房私有化的形式，以及私有化后在市场流通的形式（市场化购买）。另一部分则是公有产权，又分为两种形式。其一，为房管局公房，占到总问卷的 20%，即传统所说的公有租住房，房屋产权归政府所有，私人仅具有租住的权利；其二，为单位公房，又包括两种形式，一种为单位具有住房的全部产权，单位职工仅租住其中；另一种为居民通过私有化购买部分产权，即单位具有住房的产权，居民具有使用权和继承权，但是不能在住房市场上流通，占到总问卷的 14%（图 2.9）。

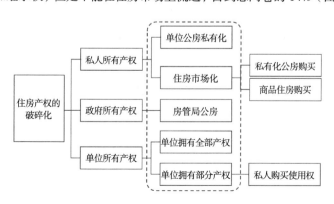

图 2.9　住房产权碎片化示意图
Fig 2.9　Housing property fragmentation
资料来源：笔者自绘

这种现象在其他城市也很明显，比如，2009 年华南理工大学建筑设计研究院对广州恩宁路街区的住房产权统计发现，该街区的房屋权属以公有产权房（房管局直管、单位自管产权房）和私有产权房为主，规划设计区范围共有 1352 栋住房，公有产权房为 297 栋，私有产权房为 831 栋，而产权不明的住房为 224 栋，分别占到了 21.97%、61.46% 和 16.57%，见表 2.8、图 2.10。

恩宁路街区建筑产权统计   表 2.8
Statistics of the building property rights of Enninglu Historic District   Table 2.8

序号	建筑产权	栋数（栋）	数量（%）
1	公产住房	297	21.97
2	私产房	831	61.46
3	不明产权房	224	16.57
4	总计	1352	100

资料来源：华南理工大学建筑设计研究院。

综上所述，在面对具有多主体拆迁问题上，仅依赖于市场行为是不可能解决这种住房产权破碎化的问题的。城市更新中需要面对拆迁的主体已

图 2.10　广州恩宁路住房产权
Fig 2.10　Housing property in Enninglu
资料来源：华南理工大学建筑设计研究院

□ 公房
■ 私房
■ 权属不明

经不仅局限为居民，还需要面对政府和单位。如果没有政府背景的土地储备公司，在城市更新的拆迁阶段，开发商是不可能解决这种破碎产权下的拆迁和安置问题的。因此，政府通常在再开发过程扮演重要的角色，直接负责整理土地产权和组织拆迁安排，来具体实现土地储备和出让之前的过程。比如，在上海太平桥片区的更新中，卢湾区政府背景的土地储备公司，在半年内对片区中 1950 户居民进行了拆迁组织，而在对太平桥公园所涉及的 3800 户居民，156 个单位的拆迁组织中仅仅花了 43 天，创造了上海最快的拆迁速度（He，Wu，2005）。

（2）整合土地为再开发作准备

我国土地市场是在特殊土地权属关系下发展起来的。1988 年土地使用制度改革之前，政府高度垄断土地供应，土地使用模式只有行政划拨一种。从 1987 年，深圳首次采用土地出让的方式获得成功之后，城市土地有偿使用制度的序幕被揭开；随后，1988 年《土地管理法修正案》《中华人民共和国宪法修正案》合法了土地使用权转让制度；1994 年《中华人民共和国城市房地产管理法》和 1998 年的《土地管理法》则更进一步强化了土地出让，推动了城市土地市场的交易发展。可以说，土地改革中所确立的土地所有权和使用权的分离，将土地和城市空间作为城市增长和资本积累的重要手段，被视为推进我国城市空间结构重构和功能结构完善的强力推动器。

我国现行土地市场可以分为两个层次，即土地一级和二级市场。国家作为土地资源的唯一实际所有者，掌握着垄断性的土地一级市场，对房地产私人部门有偿出让土地使用权；私人部门在获得土地使用权后，在法定范围内能将其进入市场流通，进行转让或开发。当前，城市更新是通过政府和私人部门的作用，依托于土地市场的招拍挂平台而展开。然而，现行土地再开发制度的运行，并没有深入考虑土地性质的特殊性，在实践中导致了土地市场化运作忽视原有居民的社会利益的矛盾。土地再开发机制的制约因素正在超越其积极因素，成为城市更新中需要面对的问题，如何平衡土地运行机制下的城市增长的发展模式，与居民、社会利益的综合平衡的问题，因此需要深入讨论土地模式下的增长方式在城市更新中具体运作机制。

在城市更新过程，土地以及市场运作可以具体描述为以下步骤。为了进行城市更新行为，地方政府需要进一步整理城市土地产权，即针对需要改造的区域划分产权利益，区分不同房屋的产权类型，如一部分是私有产权，一部分是由政府房管部门控制的公有住房，甚至还存在单位控制的公有住房。换言之，地方政府需要重新梳理住房产权，以便进行拆迁安置和补偿，然后通过土地一级市场统一向开发商进行转让。当然这个过程中，地方政府通常成立并授权特定的国有背景公司，或者通过土地储备中心，[1] 负责征收旧城土地。这一过程被称为土地收购储备制度。接着，被集中储备的土地将正式的通过招拍挂形式有偿出让，这一制度被称为土地交易制度（图 2.11）。比如，以重庆渝中区为例，作为重庆母城，现存在大量危旧住房地块，其土地的储备整理则由重庆地产集团、重庆城投公司以及渝中区土地整治储备中心所控制。具体来看，重庆地产集团掌握了渝中区包括十八梯、单巷子、石板坡、归元寺、兴隆街等在内的 18 块拆迁、储备项目。涉及的住宅拆迁总量为 71 万 m^2、土地储备总量为 61hm^2[2]（图 2.12）。

图 2.11　大城市土地开发管理的运作过程
Fig 2.11　Operational process of land development management in big cities
资料来源：笔者根据（Jie，2011）整理改绘

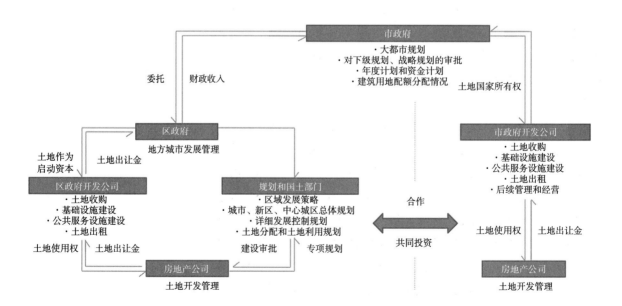

---

[1]　土地储备制度最早起源于 20 世纪 80 年代初期的中国香港。1996 年，上海成立第一家土地收购储备机构——上海市土地发展中心。2001 年 4 月 30 日，国务院发出《关于加强国有土地资产管理的通知》，该通知中指出，为增强政府对土地市场的调控能力，有条件的地方政府要对建设用地试行收购储备制度。2004 年 8 月 1 日，上海市土地储备办法开始施行。

[2]　重庆地产集团，http://www.cqdc.com.

综上，城市更新全部过程实际上是政府组织和决策推动的结果。同时，由于地方政府在拆迁政策、土地垄断性作用下，使城市更新往适应增长方向转变，而政府在宏观治理理念上也表现得更为企业化和经营性。因此，我们甚至可以认为地方政府实质上在城市空间在开发中所扮演的角色——一种关键性的中枢角色，它贯穿于城市空间再开发的全过程，在再开发各个阶段都与其他利益主体发生各种复杂的联系（陈浩，张京祥，吴启焰，2010）。

2.3.2 开发实施主体——市场开发部门

由于受到资本的限制，通常城市更新的开发实施需要依赖于市场机制。但在 1999 年出现了例外，比如，在 1990 年代以后由于市场开发的过度参与，使得城市更新导致诸如城市改造与历史保护的矛盾，被拆迁市民回迁缓慢，拖欠拆迁费等矛盾的出现。因此，广州市政府面对来自公众的压力和反对拆迁的声音之后，于 1999 年出台"旧城改造不让开发商参与"的禁令，完全禁止开发商参与到城市改造当中。但其后又因为陷入资金短缺等多重问题，开发商又参与到城市更新领域并成为一种常态。

就更新的开发实施看：其一，政府的土地储备制度，采用土地出让方式，将已经进行拆迁、整理的土地出让给私人开发单位。这是一种政府和开发商单向度实现城市更新开发和升值的方式，其本质上通过居民拆迁补偿的一次性买断。其次，由市场行为对更新区域进行商业、住宅等房地产开发，或者通过文化要素植入的绅士化开发。更新结果将转变更新前衰败和破旧的物质形象，随之而来的是现代化城市景观，比如，位于市中心的办公、商业、酒店、娱乐设施；位于滨水区域的高档住宅；位于传统街区的绅士化消费和居住场所等（图 2.12）。

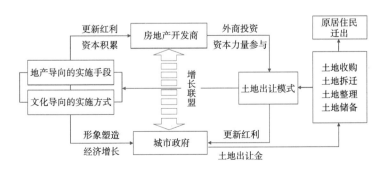

图 2.12 **城市更新中开发实施逻辑**
Fig 2.12 Behavior logic of developers in urban redevelopment
资料来源：笔者自绘

1）更新实施依赖市场化推进

（1）资本力量的广泛参与

城市更新过程其实一直伴随着政府和开发商之间所形成的联盟结构。一方面，虽然地方政府拥有决定性权力，但另一方面由于缺乏城市更新所需的大量资金，同时也需要通过对旧城地区进行房地产开发以实现其土地财政收益。因此，政府往往选择与房地产企业合作进行城市更新。于是吸引国内外私人投资成为经济增长和城市发展的关键因素。1980 年代以后，在土地使用制度变迁导致市场机制引入的条件下，内城衰败用地的地租差额开始显现，尤其是在大力推动城市更新的政策背景下，在借助税费减免等优惠政策使资本的开发成本和开发风险得到进一步降低以后，内城区所拥有的地租差额立刻转化为触手可及的潜在开发收益和超额利润，开始吸引国际、国内资本投入城市更新。从重庆利用外资投入房地产的金额就可以看出这个趋势及其对城市更新的作用。2006 年以来重庆房地产利用外资出现了快速上升的趋势，由当年不到 10 亿元，增加到 2014 年近 120 亿元（图 2.13）。具体来说，重庆在城市更新中引入中国香港瑞安集团和新加坡嘉德集团分别对渝中区化龙桥和朝天门进行更新开发。可以说，私人部门的引入，彻底释放了资本压抑的劣势，解决了依赖政府推动城市更新乏力的模式，使房地产成为国民经济的重要组成部分；也极大地刺激了城市更新的市场化行为。

相应地，房地产在城市更新等空间开发行为也极大促进地方政府的土地出让金增长。可以说，正是这种土地储备制度，通过单向度土地出让模式——政府土地储备、市场购买开发，极大程度地推动了房地产在

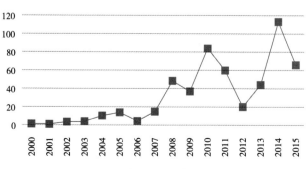

图 2.13　2000—2015 年重庆房地产利用外资情况

Fig 2.13　Real estate utilization of foreign capital in Chongqing，2000—2015

资料来源：重庆市统计年鉴 2001—2016

——■—— 房地产利用外资（亿元）

城市更新中的垄断性红利，同时也满足了地方政府对财政和经济增长的需求。从重庆历年土地出让金占财政收入的比例上看，可以发现土地出让情况出现了快速增长的趋势，由 2004 年不到 20% 增加到 2011 年的 37.2%（图 2.14）。具体到土地出让收入上，2008 年以后重庆土地出让出现了 300%~400% 的增长率，一方面来自两江新区的土地出让规模的增加（表 2.9），另一方面则表现为 2008 年以来所推动的大规模拆迁安排。

（2）市场开发机制下的增长"联盟"

改革后制度为地方城市经济增长提供了空间和机遇。已有许多学者指出我国已经按照西方新自由主义的发展思路来实现快速经济增长行为，尽管这个新自由主义思路具有一定中国特色（Harvey，2005；He，Wu，2009；Wu，2010）。特别是在这种全球化和市场转型的大背景下的，激烈

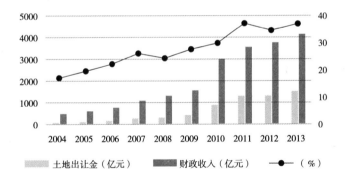

图 2.14　2004—2013 年重庆土地出让金对财政的贡献情况
Fig 2.14　Contribution from land transfer revenue in Chongqing，2004—2013
资料来源：重庆市统计年鉴（2005—2016）

2004—2011 年重庆市土地出让增长情况　　　　　　　　　　　　　　　表 2.9
Increment scales of land transfer in Chongqing，2004—2011　　　　Table 2.9

年份	土地出让收入（亿元）	增长总量（亿元）	与上年实现增长比例（%）
2004	79	—	—
2005	114	35	—
2006	165	51	145.7
2007	276	111	217.6
2008	314	38	34.2
2009	424	110	289.5
2010	889	465	422.7
2011	1309	420	90.3

资料来源：根据重庆市统计年鉴（2003—2012）数据整理。

的竞争和广泛的合作，使得我国城市发展的多主体呈现出了冲突、妥协、合作并存的状况。

　　房地产企业参与城市更新的目的在于最大限度地提升土地交换价值以赚取利润，而政府也看重于土地财政收益的最大化。这使得两者因此达成了一种契合。房地产企业正是利用土地出让金以及城市更新后的利益分配方案对政府的改造方案施加影响；而政府一方面出于改造资金的压力，另一方面也是出于对地方财政收入（GDP 增长）的考虑，所以往往采取商业开发的模式对旧城地区进行开发式更新。

　　具体项目来看，如 1992 年上海开始了第一个城市再开发项目"海华花园"即是采用土地出让的方式，由中海地产开发和上海住房和土地管理局共同运营，这个更新项目很好地解决了政府在城市更新中存在的财政问题（He，Wu，2009）。随即，大规模的私人资本（外资）开始介入城市更新的项目当中，中国香港瑞安介入上海太平桥再开发、保德信金融集团（Prudential Financial）介入北京东直门新中街再开发（Shin，2009）等。重庆近年来最大的城市更新项目——化龙桥片区更新也采用同样的方式来推动该片区的整体再开发。依赖于两级政府（市政府和区政府）、土地储备整理公司、我国香港瑞安集团，实现土地开发增值以及建设开发的合作（图 2.15）。

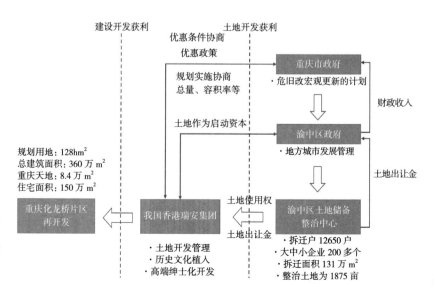

图 2.15　重庆化龙桥片区整体再开发的增长联盟特征

Fig 2.15　Growth Alliance features of redevelopment in Hualongqiao

资料来源：笔者自绘

　　详细分析这个过程包括如下步骤：①重庆市政府制定宏观城市更新政策，确定拆迁重建片区；同时提供危旧住房改造的优惠政策，比如前文所提到的减免部分公共配建费和土地出让金、宏观层面创造更新环境（基础设施投入）等；此外，作为重庆市重点项目，相应的规划条件归市一级规划控制 ❶，因此在规划控制方面的协商和优惠也是该项目推进的重要方面，比如在化龙湖的规模方面，规划部门则做出让步，具体实施规模要远小于当时 SOM 的规划规模，以满足瑞安集团获得更多可开发用地。②区级政府——渝中区政府，则作为直接执行部门，承担化龙桥片区整体的拆迁和土地整理、出让工作。这个过程交由渝中区土地整治储备中心进行，包括：划分梳理产权构成—进行产权收购—确定拆迁安置的总量—进行补偿安排—进行全面拆迁和土地整理—对地块进行储备—向瑞安集团出让地块—获取土地出让金。③瑞安集团投入资金对地块进行购买，以及对项目设计、实施进行具体管理和执行。其一，通过向市政府签订建设协议、对优惠政策和规划控制指标进行协商；其二，通过土地拍卖的方式，从渝中区政府获取整理后的地块，协调相应规划控制内容；其三，瑞安集团与政府背景的建设公司形成建设合作，前者占有绝大多数资金比例，后者则仅占少量比例。换言之，这种开发方式不仅能在规划控制中和瑞安集团进行协商和合作，并且能在开发实施过程中有效控制进度安排。当然，由于地方政府背景开发公司介入，使瑞安集团在化龙桥建设过程中能更好地与渝中区其他相关部门构架起协调关系，比如协调基础设施安排、规划指标等。总之，政府实际上与私人开发部门在整体城市更新项目中形成良好的联盟，前者主要是满足土地收益推进城市增长的目的，后者则获取更新开发后的红利。

　　不过应该注意到，当前城市更新实施过程中，为了发挥土地现有以及潜在价值，实现增长目的，城市更新往往成为简单土地经济置换。这种"以土地换增长"的模式是当前城市更新中屡受诟病的症结所在，是城市更新深陷矛盾的根源。城市中不同的权力行使者及其彼此之间的互动，形成了城市更新的固有模式和利益导向。然而，政府在注重城市改造中的经济利益时，一方面推动了大规模的再开发进程；另一方面，对城市居民的社会和人文利益

---

❶　重庆市规划部门按分区对规划进行管理，比如渝中区规划局负责渝中区规划管理和报建，但是如果是市一级重点项目，规划管理则直接交由市规划局。

需求关注不足。或曰，公私联盟的更新开发方式产生了利益和责任之间的矛盾。

  2）市场化开发实施方式

  不同于商品生产部门，试图通过尽量降低生产过程中的成本，来实现最大化资本积累，他们通常选择区位相对较差的区域的来降低土地地租成本，比如从阿隆索的地租曲线就能进行阐述，工业选择区位往往是最低等级。相反，作为塑造空间再生产的房地产开发商而言，城市空间本身则具有资本积累和升值的价值，最终表现为空间投资和空间收益的差额。按照 Smith（1996）的观点，西方推进内城绅士化的关键因素即是发现了内城土地其内在地租差额（Rental Gap）（图 2.16）。因此，他们的根本目的在于强调资本积累的最大化，利用市场最大化的获取地租差额。主要包括两个方面：第一，通过土地的拆迁和储备过程寻找空间自身的潜在的价值。开发商更多会集中于内城或者滨水区域空间的再开发以此获得空间的潜在地租差额，在此基础上进行高端开发，实现收益和成本差值之间的最大化。第二，则是在土地再开发基础上，开发商通过文化或者符号要素的植入，采用绅士化所承载的文化属性来实现。比如，潘天舒指出，"上海怀旧"作为蓬勃兴起的文化产业，就其所处的地理位置和在城市生活中的服务对象而言，还是以重现"上只角"当年的风貌、迎合当今时尚潮流为主要特色（Ma，Wu，2005）。Yang，Chang（2007）则认为这种地租差额更多反映的是通过土地产权置换以及规划建筑投资两个方面来实现的。

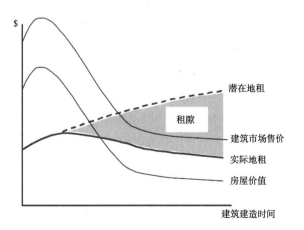

图 2.16　Smith 租隙图
Fig 2.16　Rental gap of Smith
资料来源：笔者自绘

（1）通过地产导向的实施手段

开发商通过拾取城市重要价值的区位来实现地租差额的最大化。滨水区的城市更新、内城中心区的更新是主要方式。上海推进城市更新的主要目标是将上海转变为具有现代气息的商业和服务城市，以及具有高端住宅的城市内城。在城市更新方面主要抓住黄浦江、苏州河两岸综合开发的契机，积极推进黄浦江、苏州河沿岸住宅的改造。具体来说，上海市政府在1998年推进了一个12年（1998—2010年）苏州河改造的计划，旨在刺激苏州河沿岸城市更新的推进。中远两湾城即是对苏州河的沿岸城市更新的旗舰案例之一，该项目由中远集团（COSCO）开发，在推进危旧房改造的基础上，全面推进住房高档化建设，整个项目改造面积为 49.5hm^2，动迁274个企业单位，涉及 1.05 万户居民。整个项目通过完整性的拆迁模式，实现了房地产更新过程。该项目通过四期建设，形成由 160 万 m^2、28 栋高层组成的高档住区 ❶（图 2.17）。整个项目完成了居民高档化置换过程，因此，也有学者将其归纳为利用滨水区域再开发实现绅士化的典型案例之一（He，2007；He，Wu，2007）。

再如，2009 年广州市开始推进的三旧改造，旨在通过改造盘活和释放存量土地，促进节约集约用地，推动产业转型升级和经济发展方式转变，切实改善人居环境和提升城市形象，完善城市功能和优化空间结构。内城一些具有区位价值危旧住房开始被纳入全面改造的范围。位于荔湾区的原

图 2.17　上海苏州河沿线更新的中远两湾城
Fig 2.17　Liangwancheng community after Suzhou Creek redevelopment
资料来源：笔者自绘、自摄

---

❶ 中远两湾城楼盘资料，详见搜房网。

广铁南站地块，属于广州老西关核心区域，一方面位于荔湾区多宝路街道，具有区位优势；另一方面，该区域紧邻珠江，具有景观优势。因此，在具体执行更新时，由荔湾区政府对该片区进行整体性拆迁出让，拆迁总面积为 27hm²。根据笔者 2014 年对该区域调研发现，片区内仅如意坊直街社区还存在部分未完全拆迁的住户（大概 100 户），其他片区已经完全进行了高档住宅区开发。该项目由广州珠光房地产公司具体执行开发实施，由于该地块在 2010 年以楼面地价 17276 元 /m² 成为当时荔湾区住宅地王，因此，在具体规划和设计中都表现出了明显的高档化：兴建沿珠江 1000m 长的一线江景、270 度三江奢阔全景、极致品质的 300~500m² 大宅户型的高档社区（图 2.18）。按照当前预售的住房单价，平均房价都在 4.2 万元 /m²❶，由此可知，平均一套住房的单价都在 1500 万元左右，可以说是不折不扣的高档社区。

（2）通过文化导向的建设方式

当房地产开发的方式被证明将对城市更新带来一系列社会矛盾时，比如，广受学者和居民诟病的房地产开发往往忽视了传统社区网络，破坏了历史风貌。因此，通过文化植入，更新开发逐渐转向文化导向的更新开发方式，即在更新区域结合传统风貌，植入文化消费的做法来推进城市更新。正如 Miles，Paddison（2005）所提到，很多人已经意识到文化不仅是城市联系社会公正和经济增长能力的挑战，而且是减轻问题的基础，同时文化

图 2.18　广州原广铁南站更新的珠光御景壹号
Fig 2.18　Yujingyihao community after the Pearl Riverside redevelopment
资料来源：笔者自绘、自摄

还可以作为经济增长推进剂，逐渐为城市寻求竞争地位的新观念。于是，
文化要素开始在城市更新中发挥作用。不同于地产导向较为统一的开发方
式，它反映了文化要素和符号属性在获取地租差额中的作用，不仅简单依
赖于住房刺激城市更新，同时还采用其他方式来满足居民对居住环境的需
求，如从文化设施改善，或者历史文化街区重建，即通过具有文化的引入
来有效刺激内城再开发的需求。

文化作为一种典型现象，在后消费时代被认为是迎合中产阶级消费需
求的因子，成为推动城市更新的另一种更新手段。可以说，历史文化符号
与新休闲生活方式共同融合的现代城市消费空间（Consumer Space）的建
造模式，不仅在上海成为新潮时尚，乃至在全国范围内也逐渐成为热点。
如重现上海民国里弄文化的"新天地"模式在全国不断生产与复制，文化
体验主导的历史古镇旅游开发如火如荼，媒体黄金档的城市名片包装席卷
而来……文化借以商品与符号的形式依附于城市空间生产当中。因此，文
化已成为控制、创造空间的有力手段。从国内近些年来林林总总的"新天地"
案例，可以看出开发商通过文化营造的手段来重塑城市标识和形象。

比如，重庆化龙桥地块❶的更新当中，即在更新实施中就考虑了文化
导向的开发方式，该项目涉及面积为 1.3km²，原为滨江衰败的工业和居
住，类似于上海两湾城的区位条件，具有混杂的居住和产业属性（图 2.19）。
与之不同的是，前者主要通过住宅高档化开发来实现，即住宅导向的开发
方式。而后者则通过文化的植入，采用对民国风貌的历史街区重建，创造
了更具有文化属性的绅士化片区。具体来说，渝中区政府借鉴了上海"新
天地"的开发模式，引入我国香港瑞安集团对该片区进行完整性拆迁重
建。从开发实施情况来说，化龙桥项目拆迁涉及拆迁户 1.3 万户，单位企
业 200 多个，总拆迁面积 131 万 m²❷，项目总开发量为 310 万 m²，其中高
档住宅开发总量为 150 万 m²；重庆天地休闲娱乐区为 8.4 万 m²——历史街
区的绅士化开发；重庆天地商业集群为 150 万 m²。简言之，采用文化要素

---

❶ 历史上是与朝天门和磁器口齐名的重庆水码头，是中药材、水果、陶瓷等物资的集散地。在计划经济时期，
化龙桥是著名的老工业区，龙隐路、红岩村、化龙桥上村等地，建有大批职工住宅，辖区内有大量企事
业单位，工业总产值数亿元。进入 1990 年代中期，在市场经济浪潮下，辖区内国有企业同时步入低谷，
生产经营困难。化龙桥背山面江，地形狭长，厂房民宅密集，只有一条建于 1930 年代的公路贯穿，过
境的襄渝铁路对化龙桥交通没有产生任何效应。虽然是老工业区，但已不适宜发展现代工业生产的布局。

❷ 化龙桥拆迁明天启动，http://news.sina.com.cn/c/2004-03-26/02402141505s.shtml。

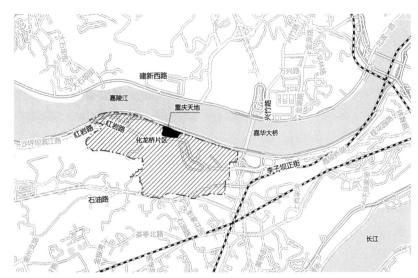

图 2.19　重庆化龙桥片区的区位条件
Fig 2.19　The location of Hualongqiao
areain Chongqing
资料来源：笔者自绘

图 2.20　重庆化龙桥片区绅士化（重庆
天地）再开发
Fig 2.20　Gentrification redevelopment
in Hualongqiao，Chongqing
资料来源：SOM 化龙桥文本

植入，通过重庆天地历史街区的重建，以及大面积休闲娱乐、商业开发有效刺激了该地块的绅士化转变（图 2.20）。作者在对化龙桥雍江苑实地问卷和房屋中介公司的资料收集中，发现经过再开发以后的居民社会经济属性已经完全向中高收入阶层转变 ❶。

　　此外，重庆化龙桥的更新开发充分借鉴了上海太平桥的建设方式——通

过上海新天地带动整个太平桥地区更新，因此，重庆化龙桥更新一期重点投入且集中在"重庆天地"和化龙湖的建设上，旨在重现重庆民国陪都的风貌，当然，通过文化植入，重庆天地获得了极大成功，并带动了整个化龙桥片区的更新和升值，该片区的更新显示了自身精明的预见性，重庆化龙桥片区无论在住宅、商业、办公的单价上都远高于周边地块对应项目的均值。

　　总之，无论城市更新的具体开发实施采取不同方式，其本质都是依赖房地产开发的模式，具体来说，我们都可以总结为通过政府出让，房地产开发商买断原来土地上居民的全部产权，进行商业和住宅开发的模式。而文化模式的更新仅仅是对更新开发的具体细节上进行了改进，考虑更新区域原有传统风貌特点，对该特点进行重现和尊重；或是重新植入新的文化要素，重现一个特定历史时期的特征。但从整体角度上看，这些更新开发并不是为了保留传统街区的社会结构和街道网络，而是追求房地产开发利益的最大化，寄希望通过文化开发满足中产阶级对怀旧和文化品位的关注，来刺激整个片区的宏观经济效益。比如，在上海新天地的具体实施中，重现了上海里弄的传统风貌。

　　此外，这些文化要素的开发方式，仅占全部更新开发地区中相当小的部分。比如重庆化龙桥更新中，重庆天地的总建筑面积不到化龙桥片区更新总开发量的3%。而作为新天地的鼻祖，上海新天地在太平桥改造中也仅仅占少量部分（图2.21），而大部分的更新手段仍是集中在商业开发和

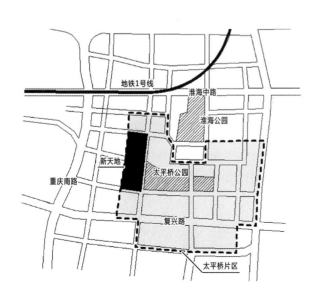

图 2.21　上海新天地占太平桥开发的规模
Fig 2.21　The proportion of Xintiandi in Taipingqiao redevelopment，Shanghai
资料来源：笔者自绘

住宅开发方面，其主要目的不是指望通过单纯地经营这个项目获得盈利，而是计划通过它来实现整个太平桥地区的更新。

在瑞安公司中有一个太平桥地区的开发模型：在这 $52hm^2$ 的土地上，所有弄堂都将被推掉，取而代之的是几十栋高层建筑。这样，"新天地"的青砖灰瓦在都市丛林里更像一个"盆景"。周永平说，将来这里有住宅楼、商务楼、购物中心，开发时间要 8~10 年，1999 年时曾经做过一次预算，投资至少 250 个亿。从罗康瑞更大的生意看，"新天地"的老房子这样真成了一块"肥料"，带动周边地价升值。

引自：2003 年 4 月 8 日《生活周刊》

2.3.3 被动妥协主体——旧城居民

改革开放以来，特别是住房改革之后，住房福利化性质的单位解体，使居民作为独立的社会力量、空间的影响者，直接参与到转型中我国城市空间重构当中。城市更新实际上是对空间重分配的过程，换言之，由于内城承担着居民日常生活，与居民息息相关，这个角度上看，城市更新的本质在于通过空间来实现对居民利益的再分配。这牵涉到居民的根本利益所在，因此往往任何城市更新的过程都伴随着居民与政府、开发商之间大量的被动适应行为。

1）对城市更新过程的被动适应

城市更新，无论是出于住宅导向开发，还是文化导向的开发，甚至是大事件的更新开发，究其本质来说都是通过对土地重新拆迁整理的过程，说到底都是由外部力量进行组织，原居住民基本上处于被动的适应。他们对于改造的时间、方式、结果、实施主体以及动迁安置房源情况等，往往难以自主决定甚至不知情，既可能出现受到长期控制而不得进行自我改造、改善的情况；又可能面临短时间内必须迁出的尴尬，并产生失落心理和抵触情绪。换言之，旧住房原居住民更多表现得更为弱势，他们需要在更新过程中获得更多话语权，并且争取更多利益。作者通过整理重庆市 2008 年推动的危旧房改造项目的拆迁过程，发现其实社区和居民并不能有效地参与到更新之中，尤其不能参与到决策之中。作为被拆迁人的居民在整个过程只有在拆迁过程中拥有被动参与的机会（图 2.22）。从图中可以看出，

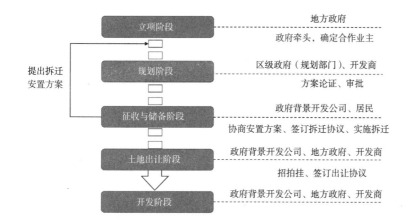

图2.22　城市更新制定的过程和参与情况
Fig 2.22　Process and participation situation of the plan of urban redevelopment in Chongqing
资料来源：笔者自绘

在城市更新制定的过程中，行政机构通过内部决策的方式享有最高的决策权和参与程度；房地产开发商虽然不能直接决定改造的最终方案和相关政策，但其始终在方案制定中扮演重要角色。而居民作为受城市更新影响最大最直接的利益群体，在整个城市更新的决策过程中，由于缺乏利益代理的机制，因此参与改造规划的可能性非常小，对决策过程的影响力也是微乎其微。

Sherry Arnstein（1969）创立的"市民参与阶梯"（表2.10），按照该参与结构城市更新中的社会参与可以分为三个层次八种形式。从下至上为操纵、治疗、通知、咨询、安抚、合作、权利分享、居民自治。其中，操纵、治疗被认为是虚假性参与（不是参与的参与），通知、咨询、安抚被认为是象征性参与，而后三者则被认为是权力性参与（有实权的参与）。虚假性参与是居民参与城市更新的最初级阶段，即一种徒有其表的虚假参与方式，居民的权利根本得不到任何体现，只是决策机构用以显示程序公平，满足规划程序中公众参与的需要。象征性参与表现为居民有机会事先了解方案并有权对方案中的不合理之处提出意见，即居民有知情权和利益表达渠道。权利性参与是参与中的最高阶段，反映了居民在城市更新中具有公平和共享再开发权利的实现。在过去的很长一段时间内，我国城市更新中社会参与基本属于第一层次，近年来，随着社会公示制度的普及，社会参与升级到第二层次，虽然较之前的程度有所加强。然而，社会公示制度并没有从本质上改变城市更新中社会参与的被动滞后地位，属于典型的"通知性"，最多处于实施中的监督地位（廖玉娟，2013）。

Sherry Arnstein 的公众参与阶梯 　　　　　　　　　　　　　　　　　　　表 2.10
Public participation ladder of Sherry Arnstein 　　　　　　　　　　　　　Table 2.10

有实权的参与	市民控制	市民直接管理、规划和批准
	代理权	市民可代政府行使批准权
	伙伴	市民与政府分享权力和职责
象征性的参与	安抚	设市民委员会，但只有参议的权力，没有决策的权力
	咨询	民意调查、公共聆听
	通知	向市民报告既成事实
不是参与的参与	治疗	不求改善导致市民不满的各种社会与经济因素，而求改变市民对政府的反应
	操纵	邀请活跃的市民代言人作无实权的顾问，或把同路人安排到市民代表团体中去

资料来源：尼格尔·泰勒，李白贞，陈贞，2006，P84~85。

　　2011 年以来，新颁布的《国有土地上房屋征收与补偿条例》中要求，在城市更新中引入了社会听证制度，规定"因旧城区改建需要征收房屋，多数被征收人认为征收补偿方案不符合本条例规定的，市、县级政府应当组织由被征收人和公众代表参加的听证会，并根据听证会情况修改方案"，这使得公众参与城市更新的阶段有所提前，程度上也从"通知性"升级到"咨询性"（图 2.23）。但是，事实证明，听证会制度也没能完全有效遏制城市更新中的社会矛盾的产生。

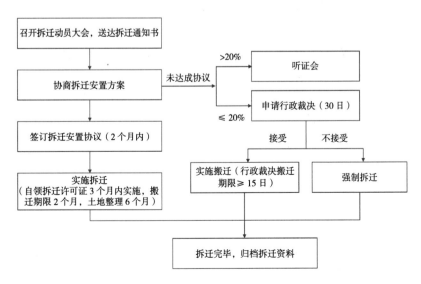

图 2.23　拆迁安置方案听证程序安排
Fig 2.23　Process of hearing of witnesses during demolition and relocation
资料来源：笔者自绘

由此可见，目前城市更新过程简单而封闭，社区居民没有实际参与的渠道。社区作为被拆迁的对象，往往到了已经确定该片区的未来发展方向和改造模式之后，才会接到拆迁通知并正式"参与"其中，或者只在项目立项的前期调查中作为被调查对象（廖玉娟，2013）。由于居民在更新中的参与程度不高，使得政府和开发商在其中发挥了更强的作用，很大程度上主导了整个更新项目的发展方向。因此，在整个更新过程中，由于参与的程序、决策的制定、权利的保障问题，使居民往往作为被动适应的主体。

2）市民阶层在城市更新中难以成为结构性力量

1990年代以前，由于政府作为城市更新主体，城市更新表现为一种简单的福利行为，内城空间主要作为"使用空间"存在，并没有强化其交换价值和空间增值。同时，单位通常作为居民的利益主体来承担城市更新的代价，因此，居民并没有，也不需要参与到更新的博弈当中，鲜有出现拆迁和安置矛盾的现象。而1990年代以后，市场经济推动下，空间价值在资本作用下表现出了不同的格局，市场条件下的城市更新逐渐表现出了商业属性的特征，也促使其在多种外部因素的导向下，成为城市增长的重要手段之一。特别是去福利化制度的快速退出，将城市更新行为直接交给市场，导致近年来城市更新矛盾不断。比如，2001年以来，我国大多城市开始实施的通过货币补偿方式快速推进城市更新进程，其实质就是政府过快跳出保障居民根本利益，交由市场行为去解决。

借用斯通（Stone）所定义的4种政体类型，即维持型政体、发展型政体、改革型政体、扩展型政体 ❶。四种政体类型在市场、政府、社会力量所形成的非正式合作之间具有不同的消长情况。而我国当前发展脉络仍然具有处于发展型向改革型政体的过渡阶段。特别是1990年代以来，激进的城市空间开发和再开发行为，直接导致了政府和市场之间关系的变化，推进了维持型政体向发展型政体的转变。虽然中央政府的宏观控制机制开始逐渐减弱，但其内在更表现为地方政府拥有更多的话语。而市场力在经济导向的城市开发中的影响力则逐渐较大。相反，社会力由于历史的延续性，以及本身发育的不足，在发展型政体中表现较弱，并不能在城市更新过程中做出决策性的干涉（表2.11）。

---

❶ 我国两级政府（中央、地方）的格局，市场和政府之间关系都相较于西方国家的格局复杂，因此。斯通的政体理论仅能提供一个宏观的解释，并不能获得很好映射性解释。

不同政体下主体表达程度 表 2.11

The expression of different regimes Table 2.11

政体类型	维持型政体	发展型政体	改革型政体	扩展型政体
主要表现	维持现状，保持日常服务供给	推动城市增长，阻止经济衰退	控制城市增长，保护环境	体现人文关怀，扩大就业机会
政府力	较弱	较强	强	中
市场力	弱	强	较弱	弱
社会力	较弱	弱	中	强

资料来源：根据（姜紫莹，张翔，徐建刚，2014），有改动。

如上所述，一方面，当前居民和社会公众还在一定程度上缺乏参与公共事务的公民意识；另一方面，缺少有效的对话和参与平台，因此，社区居民不能很好地与地方政府和开发商进行沟通与协商，使得他们不能争取到最为有利的补偿条件。

长期以来我国城市民间非政府组织的缺失，使得旧城居民自行做主的更新众筹行为无法获得足够的组织支持，无法取代政府或市场行为成为城市更新的主流。因此，往往徘徊于政府或市场主导的两极之间。而由于政府和市场作为理性选择的主体，都具有其自身的利益取向，使得居民的利益从本质上并不能获得完全的保障。

此外，居民委员会作为最贴近居民的组织，但是从行政管理的角度看，它作为政府的派出机构，是基层行政单位。正如作者在调研中发现，街道和居委会在拆迁过程中发挥很强的作用，他们往往参与到拆迁的动员工作当中，劝说和引导居民的搬迁安置。而物业管理公司也并不是居民自主的非政府机构，仅仅作为日常安全和环境维护工作，并且在很多内城邻里中该组织并没有介入，而是更多出现在一些中高档的居住社区当中。

访谈（同心家园，赵先生，个体）：在组织拆迁上，街道和居委会的人员都会参与到拆迁工作中，针对每家每户的基本条件进行调查，从感情、行政等多方面了解居民背景，梳理诉求。最后大多数居民都会被做通（工作）。

可以说，内城邻里没有社区组织和非政府组织的管理和统一安排，原居住民不能很好地反映自身需求，同时，也在与政府和开发商的博弈中表现得相对被动（图 2.24）。

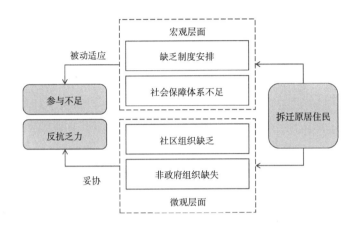

图 2.24　城市更新中居民的行为逻辑
Fig 2.24　Behavior logic of developers in urban redevelopment
资料来源：笔者自绘

2.4　小结

本章的主要目的是为了阐述当前我国城市更新的基本特点。从制度层面上看，分权和分税改革最大化刺激了地方政府成为一个独立事权和财权的主体；土地和住房商品化改革则使得内城空间的交换价值得以显现，极大地刺激了房地产的发展，也使得以土地为基础的城市空间成为了市场经济条件下城市政府获取城市建设资金回报的重要渠道。换句话说，地方政府和私人开发部分形成了城市经济增长中的"增长机器"。因此，整个制度背景的综合作用使得当前城市更新运作价值取向发生转变。

具体到作用主体角度看，总体上反映了一种非均衡的主体特征。政府实际在城市更新中表现出了宏观主导作用，主要表现在更新的供给方面，比如，通过宏观目标制定、优惠条件、环境建设以及在拆迁和土地储备供给方面。房地产开发部门则通过资金的优势和地方政府共同构建增长联盟，共同推动更新项目，实现资本积累的最大目标。而主要实施方式无论是采用住宅开发，还是文化导向，甚至是大事件或旗舰的植入，其本质都是以房地产导向的增长联盟开发。而相对于另一极，旧城居民往往由于沟通平台和机制的问题，更多表现得相对被动。换言之，在当前更新制度和运作机制下，以经济增长为目的的更新方式，更多地强调了更新的目的性，而忽视了更新的过程性要素，是一种价值判断的偏见。

3

失意：当前城市更新的主要问题和矛盾

包容性城市更新理论建构和实现途径

表面上，城市更新是对城市实体空间的改造与更新，事实上，城市更新过程中反映了一系列人口数量、社会阶层、空间结构的变迁。就物质空间的变化来看，这些是直观和短暂的，但是对具体作用主体，从原居民和社会的影响来看则表现得更为深远和广泛。上文已经交代了当前城市更新特征，本章就要对当前这种特征下城市更新所产生的结果来进一步进行研究。虽然，它站在民生的角度确实解决了旧城居民房屋破败、居住条件紧张这一民生问题，以及改善了物质环境，甚至在应对经济危机等方面都具有重要作用。但是，就另一方面看，它也表现出了单纯注重经济增长下，更新政策所产生的一系列社会问题和矛盾，不仅局限于微观层面对居民的影响，还包括宏观层面上引起的分异和绅士化影响。本质上讲是城市更新所带来的红利在原居住民层面上是一种非公正的分配。可以说，他们并没有完全享受到这个过程的红利。因此，本章主要从对当前更新特征的"失意"角度，通过具体调研和定量数据分析来阐述这些问题和矛盾。

具体来说，可以归纳为三个方面：其一，大规模城市更新导致原居住民的空间漂移和绅士化；其二，城市更新将一部分更新成本转由原居住民承担。其三，更新本身是一种人为加剧居住空间分异的过程，它通过安置空间和高档化空间建设，进一步强化了社会分异的形成。总结起来，我们可以很明显地发现，这些矛盾和问题的关键都在于更新制度的分配逻辑对于原居住民的空间再分配的微观影响以及由此带来的宏观社会空间的影响。

3.1　空间漂移和绅士化

2000 年代以来，基于土地资源稀缺的严峻形势，我国各地城市空间的主要发展方向从原来的增量扩张情况，逐渐转变为对存量土地的有效利用，掀起大规模城市更新浪潮，而在现行城市更新运作特征下，其结果是导致内城原居住民的大规模空间漂移，以及绅士化倾向。

3.1.1　城市更新的大规模拆迁安置

我国市场化改革以来，土地和住房从计划经济的束缚下被释放出来，极大地促进了房地产导向的城市空间开发，使得城市更新成为我国转型过程中最显著的表现方式。另一方面，虽然市场化在我国社会经济中具有重要作用，但是，地方政府仍然在城市更新的区位、规模、范围等计划制定方面起到很重要的作用。由于土地的国有，以及住房产权的破碎化等因素的影响，使得房地产开发行为不可能完全脱离地方政府的管理和主导，因此，有学者甚至直接认为我国城市更新仍然可以总结为政府主导的行为（He，2007；叶林，2013）。特别是 1990 年代以来，在政府和市场的双向联手下，城市更新的规模和范围在国内出现了爆炸式增长。

比如，作为国内城市更新较早、规模较大的城市之一，上海早在 1992 年就开始实施了"365 旧城改造计划"，总改造面积为 365 万 km^2，计划将上海由原有殖民时代所呈现的单位职住混杂、居住破旧的衰败内城，转变为具有现代气息的商业、服务，以及具有高端住宅的城市内城。具体更新对象是以黄浦江、苏州河两岸综合开发为重点，积极推进黄浦江、苏州河沿岸原有单位住宅的改造。该时期主要特点是改善居民基本生活配套设施，如在原有旧房基础上进行成套改造。在整个计划中，由于这个阶段市场机制相对不完善，上海市政府通过财政补贴的方式推动项目的进展。到 2000 年代，上海市政府又推出了新一轮旧区更新计划，主要目标是针对城市中 70% 的危旧住房，涉及大概 30 万户居民需要搬迁安置。当然这个阶段的城市更新已经开始具有增长目的，由于市场化环境的逐渐完善，依托于房地产行为城市再开发的路径也愈发清晰。Ren（2014）指出这个阶段的上海危旧房改造，涉及 307 个更新地块，其中有许多被纳入危旧房改造范围的地块并不是实际意义上危旧房。此外，上海十一五期间又制定了新一轮更新计划，旨在 2006—2010 年的 5 年之内对 400 万 m^2 住房进行拆迁，总共拆迁安置 20 万户居民，为上海世博会的举办做好准备（图 3.1、表 3.1）。

受到全球化经济危机的影响，我国驱动经济增长的三驾马车之一的出口导向经济受到很大限制，强调增长的地方发展思路重新将视角转移到地方空间开发，以此实现经济增长的需要。但是，特别是 2004 年以来中央对土地控制的日趋严格，使空间开发由增量转向内城土地的存量发展。

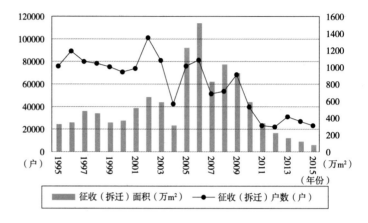

图 3.1　上海市 1995—2015 年拆迁户数
和面积
Fig 3.1　Housing demolition in Shanghai,
1995—2015
资料来源：上海市统计年鉴 2002—2016

1995—2015 年上海市房屋拆迁情况　　　　　　　　　　　　　　　　　表 3.1
Housing demolition in Shanghai，1995—2015　　　　　　　　　　　Table 3.1

年份	征收（拆迁）户数（户）	其中	征收（拆迁）面积（万 m²）	其中	
		居民住宅（户）		居民住宅（万 m²）	所占比例
1995	75777	73695	322.77	253.90	78.7%
1996	89132	86481	342.95	258.86	75.5%
1997	79857	77388	479.67	363.16	75.7%
1998	78205	75157	452.22	343.94	76.1%
1999	75185	73709	342.50	248.17	72.5%
2000	70606	68293	365.77	288.35	78.8%
2001	73728	71909	515.65	386.66	75.0%
2002	101097	98714	644.53	485.00	75.2%
2003	80858	79077	584.93	475.47	81.3%
2004	42415	41552	308.40	232.52	75.4%
2005	75857	74483	1222.53	851.85	69.7%
2006	81126	76874	1516.85	848.35	55.9%
2007	51354	49092	825.00	690.00	83.6%
2008	53583	51288	1028.53	753.71	73.3%
2009	68286	65439	927.63	612.56	66.0%
2010	39721	38441	585.70	389.87	66.6%
2011	23112	22349	333.83	182.83	54.8%
2012	21910	21262	219.42	127.27	58.0%
2013	30921	30322	159.57	123.18	77.0%
2014	26799	26334	118.58	95.81	81.0%
2015	23062	22801	78.52	69.83	89.0%

资料来源：根据上海市统计年鉴 1997—2016 年整理。

因此，2007 年以来国内大城市纷纷推出新一轮城市更新发展策略。比如，重庆 2008 年开始了大规模城市更新计划，即在未来 3~5 年，重庆市主城区共计拆迁房屋 1100 多万 m²[❶]。实际上，重庆主城近 5 年（2008—2012 年）的危旧住房拆迁量达到年均 300 万 m² 以上，截至 2012 年主城各区累计完成改造总量 1363.2 万 m²、涉及家庭为 16.7 万户[❷]。拆迁地块主要集中于三大区域：渝中区、江北区及大渡口区。其中，渝中区城市更新为化龙桥片区的单位用地，包括部分工业和大量单位住房的拆迁；文化宫、七星岗片区的拆迁重建；解放碑片区居住拆迁和功能调整。江北区的城市更新主要表现为江北嘴、寸滩、北滨路一带的拆迁，以及北环立交一带内环以内地块的拆迁新建。大渡口区城市更新主要集中于华龙大道以东、翼龙路以西一带原有单位的整体拆迁（表 3.2）。

2008—2010 年重庆主城区危旧房拆迁情况　　　　　　　　　　　　　　　　表 3.2
Demolition of dilapidated housing in central district of Chongqing, 2008—2010　　Table 3.2

主城区	2008 年（万 m²）	2009 年（万 m²）	2010 年（万 m²）
渝中区	120	60	31
大渡口区	9	25	15
江北区	10	65	40
沙坪坝区	24	70	52
九龙坡区	21	40	11
南岸区	23	40	14
北碚区	8	10	7
渝北区	2	10	8
巴南区	13	30	12
北部新区	0	10	6
总计	230	360	196

资料来源：重庆市规划局，重庆市规划研究中心。

3.1.2　城市更新迫使原居住民被动外移

与大规模城市更新对应的空间结果是：一方面表现为城市物质空间的变迁，另一方面表现为推动原居住民在空间分布的重置。内城作为历史上

---

❶　重庆将对主城区 1100 万 m² 危旧房实施拆迁改造，http://www.gov.cn/jrzg/2008-04/04/content_936880.htm.

❷　http://www.ccc.gov.cn/xygl/zfbz/wjfgz/2012-12-26-2544490.html.

以及计划经济时期以来主要承担城市人口的主要场所，在大规模城市更新过程中，传统居住邻里和单位邻里被逐渐置换为城市主义（Urbanism）的内城格局，即承担金融商务、商业娱乐和高档住宅的场所。换言之，由于更新的功能置换，需要将原有居住功能和居住人口在空间上进行重置。因此，旧城更新中内城人口开始向城市其他区域不断疏散，城市新建区域也逐渐成为承载原居住民的主要区域。

此外，政府还通过拆迁制度的安排，采用异地安置和货币补偿的方式，重构内城原居住民的空间分布。Ren（2014）认为由于土地公有制度使得我国城市更新相较于其他国家具有很大的优势❶。具体来说，我国拆迁补偿法律在合法性方面为地方政府的更新拆迁行为提供了法理的依据。特别是2001年拆迁政策鼓励采用货币补偿形式，彻底改变了之前实物补偿的要求，大大加速了更新进度。同时，由于货币补偿的住房估值要远低于真实的市场价值。因此，内城原居住民丧失了原地安置的可能，只能通过住房市场在城市外围区域寻求住房，从而产生一种"被动式"郊区迁移。笔者在对重庆、成都的实地调研发现，城市更新手段都是采用异地安置和货币安置。比如，笔者对重庆渝中区较场口、望龙门的实地调研发现，更新安置方式中没有提供原地安置的选项，同时，相比于货币安置的优势，80%的居民都选择异地实物安置。

因此，大规模城市更新实际上推动了人口在空间上的外迁，同时，这种迁移行为在空间和人口密度变化上也表现了郊区化特征（冯健，2001）。不同于西方1920年代以来的郊区化，是通过对内城的逃离和对郊区生活环境的向往。正如前文所述，我国大规模城市更新的功能置换，以及拆迁安置方式的双重力量推动城市居住的郊区分布，呈现出一种"被动郊区化"的方式（李和平，章征涛，2011）。就空间变化看，近20年来城市空间开发和城市更新，共同推动城市空间向外围区域发展。比如，上海的用地增长已经跳出了黄埔、卢湾、静安、长宁、徐汇等区域，更多集中于外围城区，形成多个新城。再如，重庆在1997年建立直辖市以来，主城内环以外区域获得了快速地发展，同时也加速了内城单位、居民的空间置换。城市新

---

❶ 当然，我国自有的土地所有权和使用权的分离，使土地征收相对于西方单一私有化产权的情形要较为简单，并且在法理上也具有一定的合理性。但是，由于住房的物权和所有权的分离，使土地和住房物权的多种权利存在，也使城市更新的矛盾要较之西方社会更为复杂。

增建设用地也主要集中于城市内环以外区域。2009 年各片区、各区建设用地增量排名：渝北区、江北区为代表的北部片区用地增量最多，且以内环以外地区的增长为主；以沙坪坝区、北碚区和九龙坡区以西为代表的西部片区用地增量仅次于北部片区，并且新增用地主要位于西永大学城片区和西永、西彭工业园区。总之，城市内环以外区域成为城市增长的主要区域，同时也成为人口迁移主要承载区域（表 3.3）。

2008—2009 年重庆主城区内外环已建城市建设用地情况（单位：km²）　　　表 3.3
Changes of urban construction land in Chongqing central area，2008—2009　　　Table 3.3

区位		内环以内			内环以外		
	年份	2008 年	2009 年	增量	2008 年	2009 年	增量
其中	渝中区	18.37	18.37	0.00	—	—	—
	江北区	25.64	26.76	1.12	16.19	18.33	2.13
	渝北区	20.08	21.41	1.33	72.94	79.41	6.47
	沙坪坝区	15.67	15.80	0.13	52.88	59.85	6.98
	大渡口区	13.04	13.26	0.22	14.22	15.41	1.19
	九龙坡区	40.17	41.34	1.17	38.35	43.40	5.05
	南岸区	31.79	34.68	2.89	24.50	25.92	1.42
	巴南区	18.54	20.11	1.57	26.17	28.20	2.03
	北碚区	—	—	—	35.07	39.34	4.27
总计		183.30	191.73	8.43	280.32	309.86	29.54

注：渝中区行政区划全部位于内环以内，北碚区行政区划全部位于内环以外。
资料来源：重庆市统计局《2009 年重庆市人口发展保持良好态势》《重庆市主城区城乡规划统计报告》《重庆市主城区城市空间发展报告》的相关数据整理自绘。

　　原居住民空间漂移的另一方面则表现为内城人口密度呈现整体下降，而外围则表现出郊区化人口密度上升的情况。比如，重庆主城区 ❶ 近 10 年来经历了高速、大规模的更新进程，人口的空间分布出现了较大的变化。从人口总量和增长率上看，渝中区在 2006—2009 年以来经历了低速增长之后，在 2010 年表现出明显负增长，人口总量也由 2006 年 70 万减少到

---

❶ 此处需要说明的是，由于重庆主城区面积和上海市总面积相似，且在城区划分除渝中区以外总规模都较大，比如江北区、南岸区、沙坪坝区作为传统老城区，但是由于行政区划上他们包括大量内环高速以外区域，且在统计年鉴和人口普查中，都将其作为整体进行统计，因此这些区域的人口变化表现并不明显，故笔者仅能将渝中区作为核心内城，从数据上进行论证。

2010 年 63 万人左右。相反，外围城区人口则呈现不断上升的情况，2006
年至 2009 年常住人口增量最大的为渝北区；其次是巴南区和九龙坡区；
然后是北碚区和沙坪坝区（表 3.4）。主城区中心城区人口增长速度开始放
慢，内环以外人口增长加快并逐渐超过中心城区，以内环以外人口增长为
主导的趋势较明显。另一方面，城市外围组团的人口密度与中心城区人口
密度的差距正在缩小。可以说主城区人口增量与城市空间的拓展方向相一
致，且主要集中于开发强度较大的城市北部和西部片区。

2006—2010 年间重庆主城区人口空间分布情况（单位：万、%）　　表 3.4
Changes of population spatial distribution in Chongqing central area, 2006—2010　Table 3.4

区域	2006 年		2007 年		2008 年		2009 年		2010 年	
	常住	增长	常住	增长	常住	增长	常住	增长	常住	增长
渝中区	70.42	0.92	71.09	0.95	71.16	0.1	71.84	0.96	63.01	−14.01
大渡口	26.58	1.33	26.96	1.43	27.22	0.96	27.72	1.84	30.1	7.91
江北区	66.13	1.63	67.36	1.86	68.68	1.96	69.62	1.37	73.8	5.66
沙坪坝	87.68	1.67	89.08	1.6	90.21	1.27	91.42	1.34	100	8.58
九龙坡	96.51	1.97	97.95	1.49	99.53	1.61	100.82	1.3	108.44	7.03
南岸区	67.95	1.78	69.15	1.77	70.37	1.76	71.52	1.63	75.96	5.85
北碚区	68.65	1.93	70.01	2.16	71.9	2.7	73.14	1.73	68.04	−7.5
渝北区	89.85	4.28	92.91	3.41	95.8	3.11	97.62	2.23	134.54	27.44
巴南区	85.19	2.31	87.11	2.25	89.54	2.79	90.79	1.4	91.87	1.18

资料来源：笔者根据重庆市统计年鉴（2006—2011）数据整理和计算。

从人口密度变化上看，城市核心区域人口经历了低速增长后出现了
总量和密度下降的情况。比如，渝中区的人口密度由 2000 年的 28910
人 /km²，下降到 27395 人 /km²。根据重庆市第五次人口普查（2000 年）
和第六次人口普查（2010 年）街道层面的数据，内城核心区的人口密度，
特别是这几个核心区街道：朝天门、解放碑、江北城、七星岗、化龙桥、
望龙门、南纪门等内城核心区域的人口密度趋于平衡和下降趋势（图 3.2）。
其中，江北城街道的变化最为明显，人口密度由 2000 年 26770 人 /km² 下
降到 310 人 /km²，主要是通过对江北城原来单位的整体搬迁重建，进行
功能置换实现的，而人口安置则主要集中在江北区的石马河街道；同样，
化龙桥片区也是采用类似的开发方式，在人口密度上呈现较大的下降，
由 19941 人 /km² 下降到 2010 年的 6754 人 /km²。而其他街道，如渝北的

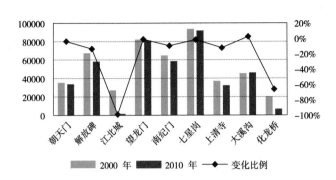

图 3.2　2000 年、2010 年渝中区主要街道人口密度变化（单位：人 /km²）
Fig 3.2　Population density changes in Yuzhong（2000，2010）
资料来源：笔者自绘

大竹林、龙溪街道、两路街道；巴南区的李家沱、鱼洞街道等外围街道都出现人口密度明显增加的情况（表 3.5）。

2000 年、2010 年重庆主城范围内人口密度变化（单位：人 /km²）　　　　　　　　表 3.5
Changes of Population density in central district of Chongqing，2000 and 2010　　Table 3.5

区级	2000 年	2010 年	街道	2000 年	2010 年
巴南区	658	1106	朝天门	35059	33750
北碚区	1437	1832	解放碑	67264	58224
大渡口区	2421	2951	江北城	26770	310
江北区	2770	3354	望龙门	81901	81094
九龙坡区	2043	2521	南纪门	64658	58577
南岸区	2261	2899	七星岗	93282	91829
沙坪坝区	1993	2525	上清寺	36764	32313
渝北区	915	2288	大溪沟	44940	46054
渝中区	28910	27395	化龙桥	19941	6754

注：由于沙坪坝区、九龙坡区、南岸区存在内环以外的大规模区域，因此并不能确切反映出内环内人口密度的变化情况。故将全部位于内环以内的渝中区作为参考对象。此外，笔者所选择的街道为重庆传统意义上母城区域，主要集中在渝中区和江北区鱼嘴部分。
资料来源：根据第五、六次人口普查（街道层面）数据计算绘制。

　　再以上海为例，经历了近 20 年的城市更新，截止到 2012 年，上海城市更新总共涉及超过 100 万户家庭，其中大部分搬迁出城市中心区。具体到上海第五次和第六次人口普查数据可知，上海核心区人口，如黄埔、静安和卢湾区，下降了 59 万，与此同时，其他 6 个区，徐汇、普陀、浦东、闵行、宝山和嘉定区，人口则上涨了 140 万。表 3.6 显示上海多次人口普查人口变化数据，展示了 5 次人口普查以来，上海不同区域人口分布和变化的情况，一定程度上可以反映出城市更新下人口和空间之间的演化趋势。

除了 1982—1990 年之间内城人口所呈现的略微上升，其他阶段内城都表现出了明显的人口下降，特别是第五次和第六次人口普查之间尤为明显，城市核心，如黄埔、卢湾、静安区，人口占比下降到 10% 以下，内城区域的人口比例也下降到了 40% 以下，同时外围区域则人口则占到总人口的 50% 以上（表 3.6）。

1982—2010 年上海 4 次人口普查不同区域人口变化趋势（单位：百万、%）　　表 3.6
Changes of population in Shanghai different areas in four censuses，1982—2010　　Table 3.6

	1982 年第三次人口普查		1990 年第四次人口普查		2000 年第五次人口普查		2010 年第六次人口普查	
	人口	比例	人口	比例	人口	比例	人口	比例
内城	5.89	49.7	13.34	51.4	6.68	42.9	6.99	30.3
核心	2.11	17.8	6.86	14.8	1.18	7.6	0.93	4.02
外围	5.97	50.3	1.97	48.6	8.89	57.1	16.03	69.5
总计	11.86	100	13.34	100	15.57	100	23.02	100

注：采用 Wu（2007）P187 中对内城、核心、外围区域的划分方式。内城包括黄埔、卢湾、静安、长宁、徐汇、普陀、闸北、虹口、杨浦；核心区包括黄埔、卢湾、静安三区；外围区域包括以上全部区域和浦东新区。
资料来源：数据整理采用上海市第四、五、六次人口普查数据（区级）整理绘制。

3.1.3　城市更新中绅士化倾向突显

西方学术界倾向于将城市更新作为一种社会空间重构的过程，还牵涉到城市中政治、社会、文化、经济多方面的交叠。因此，对城市更新研究的一个关键视角是更新的绅士化特征。1970 年代以来，全球范围的城市经历了一系列政治、经济以及地理空间上的重构。绅士化和城市更新之间的界线变得越来越模糊，这个边界也越来越不重要（Smith，1996）。但与城市更新不同，绅士化通常被作为一个批判性现象来分析城市更新中人口变化和社会空间重构，它反映了是城市更新破坏了街区原有的秩序，并且驱逐了当地居民，推动了社会阶层的进一步替换和隔离。

如上所述，现有研究已经指出我国城市更新所表现了明显的阶层替换情况，笔者在对重庆渝中区旧改的实证调研中也发现了相似的规律。笔者选取了经历更新的商品楼盘和传统邻里作为研究对象，通过问卷调查的方式，针对这两个居住邻里内部人口社会构成进行实证统计和对比，总结内城邻里在经历城市更新之后所产生社会阶层变迁和演替的情况（表 3.7）。具体调研的对象和数据情况：经历更新再开发的商品楼盘为渝中区化龙桥的雍江苑社区，通过问卷调查、房屋中介公司以及物管公司数据整理；传统内城邻里则为笔者对渝中区十八梯、较场口、储奇门等已拆迁区域的安置住房中居民的问卷调查情况。

更新前后居住邻里社会构成变化　　　　　　　　　　　　　　　　　　　表 3.7
Changes of social composition in neighborhood before and after redevelopment　Table 3.7

		再开发商品楼盘（%）	更新前邻里（%）
年龄	20~30	19	17
	30~40	33	26
	40~60	41	48
	60 以上	7	9
文化程度	小学及以下	15	21
	中学	24	41
	大学	58	38
	研究生及以上	3	0
职业情况	白领	52	15
	准白领	37	36
	蓝领	11	47
家庭月收入	< 3000	—	59
	3000~5000	37	32
	5000~10000	43	2
	> 10000	11	—
	不想说	9	7
住房产权	私有产权	100	66
	单位公房	—	14
	房管局公房	—	20

注：1. 白领职业者包括国家机关、党群组织、企事业单位负责人与各类专业技术人员；准白领人口为办事人员和有关人员的总和；蓝领人口涵盖了生产工人、运输工人及有关人员、商业工作人员和服务性工作人员等。
2. 此处更新前邻里的数据为对安置房源中居民的问卷数据整理，可详见微观社会效应部分的论述。
3. 私有产权包括公房私有化以及商品房购买两种方式。
资料来源：笔者根据问卷数据、房屋中介公司以及物管公司整理。

由表 3.7 可知，与内城邻里居民属性相比较，经过再开发的商品房邻里在社会阶层属性方面，表现出巨大的差异。换言之，城市更新已经在很大程度上改变了以前内城中居民所呈现的社会经济结构。就受教育情况来看，前者受到大学以上教育的人口比例占到 38%，而后者这个比例则高达 61%。从职业情况上看，笔者为了方便统计，将职业类型进行整合处理，分为白领、准白领、蓝领。其中白领职业者包括国家机关、党群组织、企事业单位负责人与各类专业技术人员；准白领人口为办事人员和有关人员的总和；蓝领人口涵盖了生产工人、运输工人及有关人员、商业工作人员和服务性工作人员等。根据这个划分可以发现经过更新开发后的商品房中白领人数占到了 50% 以上，相反，这个比例仅有 15% 在传统内城邻里中，说明经过更新的之后内城居民整体职业档次有很大的提高，其职业类型都集中在机关、企事业单位负责人与各类专业技术人员，相比之下，传统内城邻里其职业类型则主要是办事人员、生产工人、运输工人及有关人员、商业工作人员和服务性工作人员。从家庭收入看，两者之间也存在较大的差距，从家庭月收入上看，经过再开发的邻里 50% 以上居民超过 5000 元，而在传统邻里中则不到 5%[1]，并且很多居民的平均低收入还要低于重庆城镇职业居民的平均收入（图 3.3）。

从住房所有制上看，传统内城居住邻里中也具有较高的私有化产权。但是，这些私有化产权主要源自对原有单位公房的私有化过程，同时，根据深度访谈，笔者还发现其中还存在少量商品房性质的住房，即外来居民在住房市场中购买那些经济条件较好的居民手中的私有化公房。此外，传统居住邻里中还存在 30% 以上公产房或单位产权住房。相对于更新后的商品住区，住房的私有化产权比例在 100%，且所有住房获取方式都是通过住房商品化购买形式。换言之，较之前者具有很强的商品化性质，并且居住条件和小区档次远高于改造之前（图 3.4）。

图 3.3　更新后邻里居民受教育、月收入、职业状况
Fig 3.3　Residents' education level, monthly income, occupation status
资料来源：笔者自绘

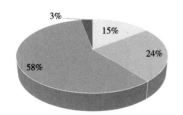

小学及以下　■ 中学　■ 大学　■ 研究生及以上

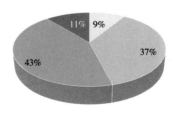

不回答　■ 3000~5000　■ 5000~10000　■ 大于10000

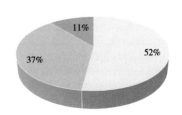

白领　■ 准白领　■ 蓝领

❶　由于牵涉到家庭隐私情况，关于家庭收入方面的数据，很多居民在填写问卷表格当中存在一定的隐瞒。

图 3.4　化龙桥更新前后居住环境对比
（2007 年、2014 年）
Fig 3.4　Comparison of residential environment in Hualongqiao before and after redevelopment（2007, 2014）
资料来源：笔者自摄

通过这些分析可以看出，经过更新之后的居住邻里中居民具有更好的社会经济属性，特别是在家庭收入和住房所有方面。相反，传统邻里的居民则具有较低社会经济地位。换言之，经历了城市更新，具有高社会空间属性的阶层已经置换了原有社会经济地位较低的居民。

相对于作者从微观调研来论证城市更新的社会阶层置换现象。有学者从城市宏观角度对社会阶层替换进行了定量论证。He（2010）采用区位熵❶（Location Quotient）的方法，定量分析了上海市在经历十年大规模城市更新，是否带来社会阶层的空间绅士化现象。她在研究中将上海划分为城市中心城区和郊区，前者包括黄埔、卢湾、徐汇、长宁、静安、闸北、虹口、杨浦；后者包括除此之外的其他城区，采用第四次和第五次人口普查

❶　区位熵在衡量某一区域要素的空间分布情况，反映某一产业部门的专业化程度，以及某一区域在高层次区域的地位和作用等方面，是一个很有意义的指标。在产业结构研究中，运用区位熵指标主要是分析区域主导专业化部门的状况。它是由哈盖特所提出的概念，其反映某一产业部门的专业化程度，以及某一区域在高层次区域的地位和作用。区位熵的值越高，地区产业集聚水平就越高。

数据，选择居民职业情况作为划分社会经济属性的主要标准[1]，将机关、企事业负责人、专业技术人员作为社会经济属性较好的阶层（中产阶层），通过研究这些阶层的区位熵，发现上海在经历几次大规模城市更新之后已经出现了中心城区人口社会经济属性上升的情况，并且集中反映在中心区（表 3.8），即论证了上海大规模城市更新实际上带来了绅士化的阶层替换。

两次人口普查上海社会经济属性高的居民分布和区位熵   表 3.8
Distribution and LQ of high socio-economic attributes residents in Shanghai   Table 3.8

	人口		区位熵			人口		区位熵	
	1990 年	2000 年	1990 年	2000 年		1990 年	2000 年	1990 年	2000 年
全市	1835991	2331813	1	1	外部城区	526269	1050930	0.64	0.77
中心城区	1309722	1280883	1.29	1.32	浦东区	49960	325670	0.58	0.9
黄浦区	246397	83755	1.16	1.1	闵行区	65209	162930	0.76	0.82
卢湾区	83525	61227	1.33	1.39	宝山区	74378	146840	0.79	0.77
徐汇区	175380	222056	1.59	1.45	嘉定区	52281	84370	0.71	0.94
长宁区	112538	137402	1.37	1.38	南汇区	54012	62220	0.57	0.57
静安区	96906	63431	1.51	1.56	奉贤区	43102	58950	0.6	0.66
普陀区	133071	205585	1.2	1.37	松江区	43570	56380	0.62	0.62
闸北区	107143	129459	1.1	1.17	金山区	53006	60320	0.69	0.74
虹口区	165151	174894	1.39	1.47	青浦区	36999	56430	0.57	0.65
杨浦区	189611	203074	1.19	1.15	崇明区	53752	36820	0.55	0.43

资料来源：根据参考文献（He，2010），P350 修改后绘制。

由此可见，虽然伴随着中心城区人口密度的不断下降，但内城邻里的社会经济属性发生了很大变化。就现有数据来看，中心城区中整体社会经济地位较高（受过高等教育和高收入）的人口逐年呈现增加的趋势。换言之，国内大城市在经历了大规模的城市更新后，已经在一定程度上重构了城市内部社会空间结构，以拆除旧房屋、新建高档消费场所、高档住区的再开发为主导的城市更新模式下，基于市场价格机制的筛选作用，必然会引入大量的中高社会地位人群，从而导致社会构成的新旧更替。内城也逐渐被社会经济属性好的居民所占用。具有绅士化倾向的城市更新已经表现出来，虽然它有效地改善了内城物质空间环境，甚至一定程

---

[1]　受教育程度和从业情况影响居民收入，http://www.people.com.cn/GB/paper53/14178/1263319.html.

度上改善了原居住民的居住条件（居住面积、居住环境），但是，它其实正在逐渐演变成社会阶层的入侵和替换过程，加之部分高社会经济地位居住邻里的兴起，以及原有传统和单位居住邻里的衰败，都将增加社会区域之间的差异性。这种差异性还将受到强化，并将持续作用于未来城市社会阶层和住房分化，并且将对我国社会可持续带来影响。

3.2　成本转嫁

市场体制转轨以后，城市增长联盟推动着中国几乎所有城市都经历了大规模快速的城市更新，自 2000 年以来，上海、南京、重庆等国内大城市中心城区每年均维持大体量旧城更新改造。当然，在强调空间的交换价值大于使用价值的增长主义的更新思路下，绝大部分拆迁家庭不得不迁移，或者搬移到政府的安置社区，仅有少部分家庭有经济能力继续留居于内城。目前，很多学者关注城市更新对原居住民所产生的负面影响。比如，有学者指出，虽然原居住民的住房条件和居住环境获得了比较大的改善和提升，但是更新所需要承担的安置无疑将其推向了市场化弱势再次边缘化之下，包括经济地位和地理空间的双重层面（Wang，Murie，2000；Ding，Song，2005）。

当前城市更新，往往会实现增长和资本积累，那么原居住民则需要为这种增长目标承担一定的社会成本，其中最直接的表现方式即通过异地安置和货币补偿，原居住民被重新通过政府和个人条件在城市居住空间上进行再分配。而他们在新安置区域上则需要承担比以前更多的生活成本。从另一个方面来说，这种成本转嫁的本身强化了对原居住民的进一步损害，薄弱的交通、设施配套使得他们对城市公共物品、公共设施的使用，就业情况较之前有明显的下降。

在这个背景下，笔者下文将针对重庆 2008 年以来推进大规模危旧房改造所带来社会影响进行微观研究（参见第 1 章研究方法），通过对具体案例进行问卷调查和访谈，对因拆迁改造而被迫动迁至安置住房的居民社区满意度进行研究，以了解城市更新是否对内城原居住民的社会和空间需求产生影响。笔者经过问卷调研发现，尽管更新补偿在很大程度上改善了居民的住房条件和居住环境，但是对原居住民生活产生了负面影响，特别是那些低收入居民，将逐渐边缘化他们的生活，直接反映在社会成本的增加方面。下文笔者从生活成本、就业、通勤、获取公共服务几个方面的问卷调查来具体阐述城市更新对原居住民的具体影响。

3.2.1   原居住民生活成本增加

潘海啸，王晓博，Day（2010）将居民迁移分为三种类型——主动搬迁、选择搬迁、被动搬迁，他们认为主动搬迁是自主选择居住场所；选择搬迁指由于城市改造不得不搬迁，但是可自主选择新的居住地；被动搬迁是指因为城市更新改造，选择空间更小，不得不搬迁至政府指定的住处。他们研究发现，与主动搬迁居民相比，选择搬迁居民和被动安置居民，特别是被动迁居对居民的影响最为明显，而其中主要反映在生活成本增加方面。根据现状调研显示，拆迁安置对居民生活成本影响的问题，59% 的居民认为存在影响，其中 22% 的居民认为存在明显的影响，而感觉差不多的仅为 19%（图 3.5）。

具体到成本增加方面，笔者针对居民访谈可知，主要表现为如下几方面：物业费用、交通费用、教育开支、饮食开支。物业费用方面，拆迁前大部分原居住民的住房基本不用缴纳物业管理费，而搬迁到调研小区之后，每个小区都设有物管公司，物业管理费成为一项新的生活开支。笔者询问了安置小区的物管费情况，如云湖绿岛为 1.1 元 /m²、光华可乐小镇 1.2 元 /m²、华渝怡景苑 1.3 元 /m²、渝高同心家园 1 元 /m²、临江家园 1.1 元 /m²、东海岸 1.3 元 /m²。按照建筑面积的乘积来计算，安置楼盘面积多为 50~70m²，加上小区的公摊费用，居民每月最少需要支付 100 元左右的物业管理费用。

访谈（可乐小镇，左先生，退休）：拆迁之前的住房是从单位那里私有化购买的，但是我们以前根本不用负担物管费这一项内容。现在我居住在可乐小镇，一套 70m² 的住房，每月需要交物管费 84 元，加上电梯维修、小区用电、用水的公摊费用，每月需要交接近 100 元。

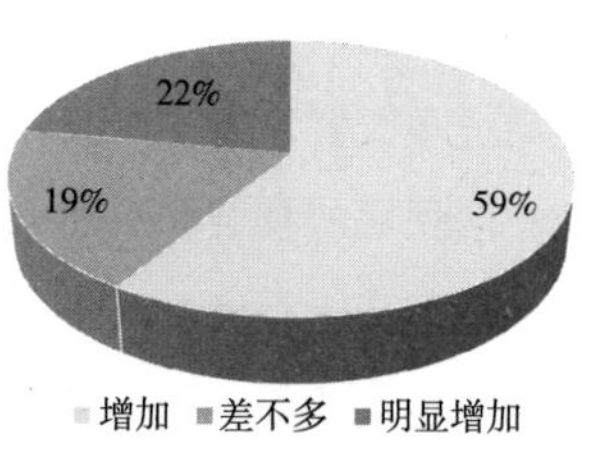

在交通费用方面，多数居民表示交通不仅需要增加通勤费用，还需要增加通勤时间。

图 3.5   居民生活成本影响情况
Fig 3.5   Influence in residents' loving cost
资料来源：笔者自绘

■增加 ■差不多 ■明显增加

由于居住在较场口、储奇门、凯旋门区域临近解放碑，平时购物、就业基本不需要通过交通工具，仅通过步行就能达到日常生活区域。

访谈（临江佳园，王大妈，商场服务员）：交通成本增加太明显了，以前住在储奇门那里，我在王府井工作，平时上班走过去就行了，根本不需要公交。这次拆迁安置的区域有很多，江北、渝北、九龙坡区都有。因为我工作在解放碑，所以选了渝中区临江佳园，但是还是不方便，每天都要公交上班，并且还要倒车，一天算下来怎么也要4元，平时有点事要回家，那就不止了。反正怎么算下来一个月起码也要多拿出100元当交通费。

在饮食开支方面，根据访谈可知，相比以前解放碑那些大型超市和卖场相比，居民日常生活用品供给存在垄断经营现象，加上物价上涨等外在因素，被动迁居后原居住民的日常饮食开支上涨明显。此外，还有教育支出方面，根据渝中区政府规定，原居住民的小孩仍可选择原来户口所在地学校上学，考虑到教育质量，居民往往选择仍在渝中区上学，因此需要增加小孩的出行费用和饮食支出。换言之，原居住民在经过搬迁以后，生活成本发生一定程度的增长。

此外，通过访谈还发现，有些原居住民认为搬迁后的安置房源不方便，不仅增加出行成本和时间，还对工作岗位产生影响，因此，部分居民会选择在原地附近租房子居住，而将安置房源用来出租，或者直接出售。比如，笔者在去可乐小镇调研的路上经过一个房地产中介，发现很多可乐小镇住房出售的信息。

访谈（可乐小镇，张女士，超市）：我以前一些家庭条件稍微好点的邻居，领了安置房，但并不在该小区居住。他们以前工作就在渝中区，现在安置房搬到了江北南桥寺这边，上班距离太远，交通时间花费太长，她们就干脆在渝中区，我们拆迁那附近租房子居住，而将安置房用来出租。

3.2.2 原居住民就业机会减少

从就业情况来看，以前居民居住在渝中区核心，主要在渝中区解放碑一带从事个体、私营工作。比如，访谈发现，很多居民在新华路从事家电燃具、服饰销售、小商品批发，还有部分居民在解放碑商圈从事服务员和销售等。而城市更新改变了他们原来从事的工作，或需要他们承担搬迁后为工作所多花费的时间和费用。作者针对光华可乐小镇、华渝怡景苑、渝高同心家园、临江家园、叠彩城安置楼盘都进行了实地走访。比如位于江北区和渝北区的可乐小镇、华渝怡景苑、叠彩城周边还属于新开发的区域，距离江北区中心观音桥还需要 1 个小时，并且公交线路数量较少。此外，笔者对位于化龙桥区域的临江佳园以及位于二郎的同心家园进行调研，也发现周边缺少集中就业设施。

当问及城市更新对就业是否会产生影响，其中 64% 的居民认为存在影响，主要反映在就业方面需要增加成本，有 19% 的居民认为存在明显的影响，主要认为由于更新改变了他们原来的工作，仅有 17% 居民认为影响不大（图 3.6）。总之，安置居民由于居住和就业的重新安排，需要作出两种选择：其一，继续原来的就业岗位，通勤出行将受到影响。其二，如果居民想扭转通勤时间过长的不利局面，只有改变自己的工作地点，寻找离家更近的工作，但这又限制了寻找合适工作的机会。因为交通不便被迫更换工作，虽然可以减少交通出行的时间，但收入水平可能会受到影响。这将直接影响到这些居民的生活质量。

访谈（同心家园，赵先生，个体）：以前我在新华路那边羊绒市场开服装店，一月还有几千块钱。现在搬到九龙坡区后，住的地方离店远了，当时解决的方法只有两种：一种是将店盘出去，亏点钱，再到杨家坪找个店面；另一种就是每天多花时间和钱在路上。最后考虑还是等店面租期到了后，再到附近找个店面。

另一方面，对就业影响最大的是以前从事个体私营业主，以及从事兼职工作的居民。由于更新后区域整体就业环境和商业氛围的影响，导致搬迁后的原居住民在从事经营和兼职的比重大幅度下降。拆迁之前居民多从事餐饮、批发、零售和其他服务性行业的经营，而这些行业的就业机会主要集中于具有良好区位、市场活跃的内城。作者在和居民访谈中发现，现在安置小区根本没有价值从事个体经营和兼职，由于周边环境没有商业环境，从事零售和杂货店的对象仅为小区居民。特别是原来从事小商品零售的居民和从事非正规行业的居民经过搬迁都需要重新寻找出路，或者仍然去拆迁前的区域做小生意。比如，笔者在 2014 年再次前往十八梯发现，

图 3.6　居民就业影响情况
Fig 3.6　Influence in residents' employment
资料来源：笔者自绘

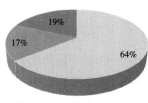

■ 有影响　■ 差不多　■ 影响明显

虽然经过两年的拆迁，大多数区域已经拆迁完成，但是仍有一些原居住民会回到这个区域来从事低端商品销售（摆地摊）（图 3.7）。多数居民认为他们社会经济地位并没有因搬迁而提升，而经济状况反比以前更加不容乐观。

图 3.7　十八梯拆迁后的就业行为
Fig 3.7　Residents' employment after Shibati housing demolition
资料来源：笔者自摄

　　访谈（同心家园，张先生，下岗职工）：以前居住在凯旋门那边，较场口这里位于商业中心，这么多办公楼，但是只要你勤快、肯干，还是能随便找到工作的。如果要摆个地摊也可以，出来卖点水果、油炸摊或烧烤摊，怎么每月都有 1000~2000 元的收入吧。现在搬到二郎来了，周边都是搞物流的，没有商业气氛，根本摆不成地摊，也做不成什么小生意。

　　访谈（临江佳园，王女士，下岗职工）：十八梯已经全部安置了，现在在拆迁阶段，但我现在仍然会每天过去摆摊，那边摆摆摊还有点生意，不像这边做不了什么生意，没有收入。

3.2.3　原居住民通勤成本增加

　　一般而言，对通勤影响的研究，除了交通工具外，还包括道路状况。本节主要考察城市更新对原居住民的社会空间可能产生成本增加的问题。因此，只从对原居住民个人的交通通勤来考虑，而不考虑具体道路状况。主要通勤交通的影响主要从 4 个方面来考虑：通勤距离（就业和居住的距离）；通勤方式；通勤费用；通勤时间。

　　实证调研中发现，在通勤方面，安置居民受到了极大的影响。更新之前，老旧住区尽管物质设施、住房条件破旧，但是由于区位条件好，周边公共交通网络发达，就业通勤一般距离近、交通便利、耗时短。而拆迁后的安置楼盘分布在九龙坡区二郎、高九路；江北区南桥寺、冉家坝、大石坝、渝北区汽博中心等区域，这些区域距离城市就业中心远，同时，公共交通配套也相对滞后，将大大增加他们通勤时间和费用。

从通勤时间上看，搬迁之前，有34.8%的居民认为他们就业通勤的距离非常近，有28.3%的居民认为比较近，而认为一般和较远不到35%。相反，当他们搬迁之后，通勤距离发生了很大的改变，认为通勤较近的不到20%，而认为较远的则多达35%以上。

从通勤方式上看，调查显示，经过拆迁安置社区的原居住民日常出行主要依靠公交车、轨道交通等城市公共交通，如采用公共交通的比例占到了65%左右，还存在24%左右采用私家车通勤，而采用步行通勤的方式则仅为11%。而动迁前，排在前5位的通勤方式分别为步行、公交、轨道交通、公交+轨道、私家车，比例分别为34.8%、38.5%、13.9%、6.4%、6.4%（图3.8）。

此外，动迁后原居住民的通勤时间和经济成本均发生了显著增长，从通勤直达性来看，动迁后零换乘明显减少，一次换乘显著增加，通勤直达性整体下降。具体来说，反映在通勤费用和通勤时间的影响上，即一方面是增加了通勤经济成本，另一方面反映在通勤时间成本的增加上。从通勤经济成本上看，动迁后原居住民的通勤费用发生了显著增长。根据图3.9可见，多存在非直达性通勤交通，往往需要采用一次换乘，或公交和轨道交通的换乘方式，因此相较于以前近距离通勤出行，增加了整体的出行费用。如动迁之前，通勤交通出行2元或以下通勤，即步行或一次公交出行占到了近50%；相较于之后，通勤费用在2~5元及其以上的通勤花费占到

图3.8　通勤距离和通勤方式的影响
Fig 3.8　Influence in commuting distance and commuting traffic, before and after relocation
资料来源：笔者自绘

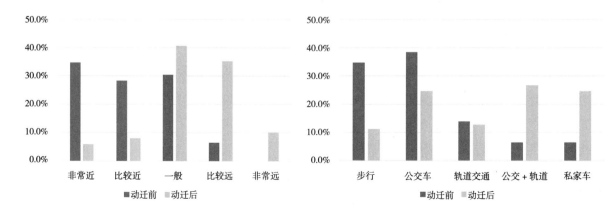

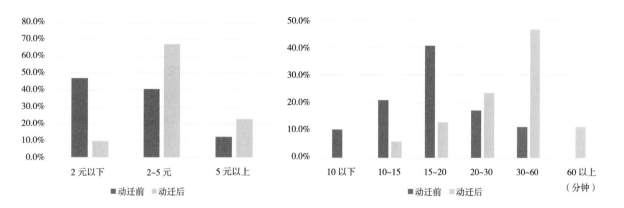

了 90%，换言之，居民出行的通勤直达性降低，另一方面也说明了出行距离的增加。

　　从通勤时间上看，由于存在了多次换乘和通勤距离的增加，必然导致对通勤整体时间的影响。按照调研统计可知，拆迁安置前，居民通勤时间大多在 30 分钟以内，15~20 分钟的通勤出行所占比例最大，占到 40% 左右，30~60 分钟的通勤比例仅为 10% 左右。而安置之后居民的整体通勤时间变为 30~60 分钟，占到总数的 45% 以上，并且 60 分钟以上的通勤出行也占到了 10% 以上。

　　另一方面，由于现状安置区域很多位于各区新发展的区域，现有公共交通远不如拆迁之前方便。笔者通过重庆主城区 2012 年所公布公交站点和轨道交通站点，将其反映到控规单元上，可见，相较于原居住民以前居住的渝中区，大多安置小区的周边公交站点和轨道站点分布频数要远小于拆迁之前。比如位于江北南桥寺的可乐小镇，周边仅有 1 个站点、3 条公交线路；临江佳园周边也仅有 1 个站点，3 条公交线。此外，大多安置房源的分布也远离轨道交通站点区域，多数安置房源所在区域并无轨道站点。因此，一定程度上增加了居民出行和通勤的方便性。

　　访谈（黄女士，同心家园，企业）：我女儿大学毕业后在渝中区私营企业工作，她现在上班比以前需要花费更多时间和费用。并且我们这边小区门口的公交站点少，通常去观音桥和渝中区上班的居民都需要到石桥铺转车过去。并且这附近也没有地铁，远不如以前居住的地方。现在出门基本上都需要转车，增加了出行时间，并且人多公交线路少，我女儿上班就需要大早挤公交。

图 3.9　对居民通勤成本影响（费用、时间）
Fig 3.9　Influence in commuting cost（expense and time）, before and after relocation
资料来源：笔者自绘

3.2.4　获取公共服务机会减少

马斯洛将人的需求区分为 5 个层次，构成一个有相对优势关系的等级体系，这 5 个层次具体指：生理需要，是指由生理决定的需要，如对食物和居所的需要；安全需要，包括生理上和心理上的安全；归属和爱的需要，指与其他人建立、维持、发展良好的关系的需要；尊重需要；自我实现的需要。马斯洛认为，较低层次的需要优先于高层次的社会需要和自我实现需要。笔者所指的公共服务主要是针对生理需要、安全需要而言，指满足生存、生活基本需求的服务，在此处所指主要是与居民存在直接相关的服务设施，包括教育（中小学）、医疗设施（大型医院）、购物设施（城市商业中心）。

从商业服务配套上看，根据对安置小区居民的访谈可知，搬迁前他们一般选择步行方式去大型超市购物，购物途中所需时间大多在 10~20 分钟。而现在每个安置房源由于分布在不同区，因此需要到各自行政区的商圈。比如笔者调查的同心家园则需要去杨家坪商圈；可乐小镇则需要去观音桥商圈；东海岸则通常需要去沙坪坝商圈。

访谈（临江佳园，李先生，铁路工作）：以前住在较场口边上，去个超市很方便，走过去就是重百（重庆百货），还能经常买到打折商品。现在出门没有大型超市，周边只有些小商店，东西少又贵，要去稍微好点的超市就需要坐车去解放碑那边。

在教育设施方面，居民搬迁前认为非常近和比较近的比例占到 75%以上，而搬迁之后教育设施的获取便捷度则转为一般，比较远的比例占到 70% 左右（图 3.10）。一方面，现行拆迁政策规定拆迁后居民的子女能

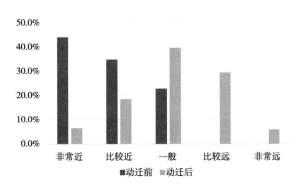

图 3.10　教育设施便捷评价
Fig 3.10　Access to education facilities, before and after
资料来源：笔者自绘

够继续在原地上学。根据《关于主城区危旧房拆迁补偿安置工作的指导意见》（渝府发〔2008〕37号）要求，"被拆迁居民迁出原地后的义务教育入学，拆迁之时可一次性选择六年内继续在原户籍所在地按原招生办法入学，或在迁入户籍所在地教育行政部门划片区招生的就近学校入学，凡区教育行政部门安排接收的学生，任何学校不得拒绝接收入学或变相收取捐助学费"❶；另一方面，相比安置后的房源，拆迁之前的区域多分布的是重庆市重点中小学，教学质量更好。因此，受访居民子女的受教育仍多集中于以前渝中区较场口、储奇门片区，也在一定程度上导致了居民在获取教育设施需要付出更多的时间和经济成本。

访谈（临江佳园，李先生，铁路工作）：较场口一带学校很好，都是重点，如解放西路小学、中华路小学、第二实验小学、民族小学；重庆二十九中学、复旦中学（凯旋路）、重庆25中学等。并且政府允许我们小孩上学回到原户口所在地上学。但是，比起以前，现在小孩上学都需要坐公交车，并且还要到解放碑转车，这附近也不是没有学校，只是肯定不如那些重点学校。

就医疗设施来说，有7所三甲医院分布在拆迁区域附近，如渝中区人民医院、市三院、市四院、市妇幼、中山医院、医大附一、医大附二等。对于原居住民来说，一般20分钟以内就能到达附近的大型综合医院。但经过搬迁以后，居民则需要至少45分钟甚至1小时以上才能达到大型综合医院。总之，相较于之前的居住区位，居民在一定程度上增加了获取公共服务设施的社会经济成本（图3.11）。

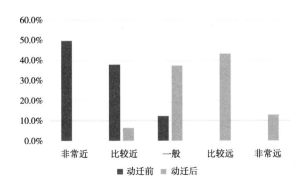

图 3.11　医疗设施便捷评价
Fig 3.11　Access to hospitals, before and after
资料来源：笔者自绘

---

❶　《主城区危旧房拆迁补偿安置工作指导意见》（渝府发〔2008〕37号）。

总之，从作者对居民拆迁前后的问卷调查和访谈发现，多数居民经过拆迁安置后都发生了社会成本的增加，而这种增加往往是政府出于快速更新推进和强调增长逻辑思路下，将更新成本由原居住民承担，使他们因为拆迁付出更多就业、出行、设施获取的生活成本。但从另一方面来说，这种生活成本的增加一定程度将影响机会获取即原居住民在获取资源过程中，由于区位条件的劣势和生活成本增加，使他们在城市公共物品、公共设施的使用上出现明显下降。

3.3　居住空间分异加剧

从城市地理学来看，城市空间除了自然属性外，更多是由人创造的社会人工环境，也带有社会特性。从社会空间辩证法的角度看，它反映了社会与城市空间的相互作用、彼此影响。居住空间是满足居民基本生活需要的载体，一般来说，社会阶层的属性将通过居住形式在空间反映出来。因此，居住空间可以理解为人们日常行为、生活、居住活动所整合的社会统一体，包括了物化了的建筑，同时又含有收入、职业、文化等一系列社会属性。由于不同阶层与群体享有的社会权力有高低之分，对社会资源的占有和支配能力就有强弱之分，于是对城市空间的占有和支配也就带有了强烈的社会分层特点，形成了城市社会空间分异的现象。

2000年以来，随着城市经济的快速发展，特别是房地产市场的建立，极大地推动了城市用地的功能置换和房地产开发的更新。国内大城市每年都以旧城更新、市政设施建设等形式维持着巨大的土地拆迁量，这些拆迁后的土地无疑给城市的功能置换和升级提供了宝贵的空间资源。然而，在市场经济体制下，一方面，土地开发商以利润最大化为目标，多选择区位优越、交通便捷、配套完善的地段修建商业办公设施和高档住宅；另一方面，出于成本等因素的考虑，政府兴建的拆迁安置房源等多位于城市区位环境不好，或者位于未完全发展成熟的区域。由此，城市更新过程不断强化了居住空间分异，反映了不同社会阶层（收入、职业）的城市居民的居住场所在地理空间上的隔离。具体来看，这个不断强化和加速居住分异的行为主要表现为以下几个方面：

3.3.1 边缘化安置空间加剧分异

具体来看，城市更新过程将导致城市建成环境的改变，首先是针对城市内部功能的更新，土地极差地租的形成，强调土地利用更具效率，内部的原有单位和低效功能用地都将出现调整，与城市其他功能进行置换。即市场化空间再生产过程促进城市居住空间结构的重构，具有良好环境的住宅小区或商业中心将替换那些原本内城单位片区，比如，重庆渝中区化龙桥片区瑞安集团通过商业、居住、文化的整体拆迁重建替代；以及万科和保利地产通过高档住区的建设对江北区天源造纸厂片区的再开发。此外，内城具有良好区位，在商业、公共服务设施等方面的高可达性，仍是最重要居住空间集中点，并且被不断进行高档化更新。城市中心区和滨水区往往也是城市更新的重点，比如，广州珠江御景壹号、上海中远两湾城。换言之，通过高端商业或高档住房建设的内城更新方式，一方面，刺激了城市高技术人群、高管以及跨国公司员工对内城住房和消费的需求，使内城开始出现了绅士化倾向。另一方面，这使得绝大多数被拆迁居民难以依靠现有拆迁补偿标准购买市中心的高价房，更多只能被迫外迁或者居住在政府安置房源中。

由于国家明确了危旧住房改造的安置房属于保障性住房性质，并且土地供应采用划拨形式，由政府提供土地及税费减免，开发商建造并赚取不超过3%的利润。但是，实际建设情况受到资金的限制以及"突击补课"。前者主要受制于中央对地方保障性住房建设中补贴影响，仅占总投资的30%，即地方需要配套70%的经费；后者则是源自"十二五"规划中要求地方在规划期末完成20%的保障性住房覆盖率（于一凡，李继军，2013）。因此，到具体建设方面，保障性住房不仅挤压了可供出让的商品住宅出让量，而且建设资金来源通常需要占用了土地出让收益，因此，在没有宏观政策控制下，市场化的结果只能使得保障性住区空间边缘化的命运在劫难逃。以南京为例，更新前分散布局于新街口、宁海路等38个内城居住邻里，在更新之后都被安置于绕城公路周围36个保障性住区当中，如银龙花园、汇景佳园、景明佳园等。同样，笔者在对重庆的实地调研也发现相似问题，其本质都是选取边远区位或者存在内在缺陷的用地来布置安置房源。

可以说，边缘化的安置空间在很大程度上加速了空间分异。一方面，大量集中建设的更新安置住房使得中低收入群体居住相对集中，造成"低收入者聚集区"，强化甚至固化了居住在此的居民角色，制约了社会流动，加剧了社会隔离。

3.3.2　传统衰败邻里更新强化高档化分异

与内城原居住民安置空间相对的是，传统街区邻里和衰败邻里在经过更新之后，形成具有现代属性的商业综合体、高档住宅区，来承载高社会经济属性人群的消费和居住，以此重塑内城居住空间。最明显的表现则是通过高档化的标签来突出这种居住隔离，其中通过住房价格的准入门槛很明显地反映这种高档化分异倾向。

比如，笔者通过对比重庆近十年的居住空间结构变化，可以明显反映这个具体特征。首先，笔者采用 2012 年城市房地产住房市场价格来反映城市居住空间结构 ❶，针对重庆主城 443 个新开盘楼盘的房价数据，进行克里金插值（Kringing），得出 2012 年重庆主城核心区的房价空间分异图；其次，基于第五次人口普查（街道）得出 2000 年的重庆主城核心区社会空间结构，将两者进行空间对比来反映城市更新是如何加剧居住空间分异的。

根据 2000 年重庆主城区社会空间结构可知，重庆传统意义上的旧城街道，江北城、朝天门、南纪门、望龙门、弹子石街道都属于居住条件较差的老城区，形成和解放碑城市中心相邻并置的拼贴式空间分异。但是，随着房地产的建立和完善，住宅需求的急速膨胀，内城可开发的用地被逐渐消耗，城市更新成为一种最为合理的方式。因此，2008 年以来所推进的大规模城市更新强化了对内城危旧住房的更新和拆迁。由于极差地租、单位地价和容积率等因素的作用，重庆危旧住房改造主要以渝中区为中心，使这些区域开发呈现新建住房的高档化倾向。在高额土地出让金限制下，为了保证房地产的巨额利润，高密度、高容积率的开发方式成为城市更新的主要方式。为了推进高地价区的改造进程，政府鼓励再开发和危旧改造

---

❶　在城市人口统计数据不足的情况下，有学者提出的住房市场的证据可以代为描述社会空间所反映的图景，即通过城市住房市场价格的空间的变化将在很大程度上反映城市居住空间分异特征。

相结合，充分发挥市场的调节作用，因此形成以开发商为主导的改造方式。更新后的住房多为面向高收入阶层的高档住宅。

　　作者对渝中区新开盘的 38 个楼盘进行了统计，发现均价都在 1.1 万元 /m² 左右，这与重庆市主城九区 2013 年新建商品住房成交均价 6803 元 /m² 相比，达到近 2 倍的房价差距❶。并且其中一些楼盘，特别是那些 2000 年曾经是居住条件差的邻里，在更新之后无一不成为高档化住宅，比如，寰宇天下（图 3.12）、紫御江山、大唐诺亚、皇冠国际、珊瑚水岸、日月光解放碑 1 号、天奇渝中世纪等，住房售价也都在 15000 元 /m² 以上，即经过整理和再开发的旧城更新地区的地价和房价将出现飞涨的趋势，形成了通过商业、居住等空间形式和阶层置换的绅士化格局。简言之，内城传统邻里的更新，其实质上是在通过高档化住宅的不断植入强化了内城居住空间的分异格局。

案例一：寰宇天下

　　寰宇天下是吸引外资进行旧城更新的较为典型案例，由中海地产、香港九龙仓地产筹建。它位于江北嘴 CBD 中心地段，东临长江、嘉陵

图 3.12　寰宇天下规划和建筑效果图
Fig 3.12　The perspective pictures of Huanyutianxia
资料来源：寰宇天下宣传楼书

---

❶　重庆市国土资源与房管局，http://www.cqgtfw.gov.cn/ztgz/fdcszt/201401/t20140103_220499.html.

江两江交汇处，距离重庆大剧院，科技馆，江北嘴 CBD 中央公园约 100m。改造前该片区都是重庆单位邻里和传统邻里的，比如重庆造船厂，该区域更新前建筑破旧，环境质量低下。该项目经过再开发已经成为集超高层、高层全精装豪宅，一线观江别墅等为一体的城市顶级豪宅项目，项目总占地约 9.4hm²，总建筑面积约 43 万 m²，满足 2400 户居民居住。工程于 2011 年开始实施，2014 年房交会公布的均价为 15000 元 /m² 以上。

案例二：大唐诺亚

渝中区的大唐诺亚，位于长滨路太平门码头（湖广会馆旁）。改造前为南纪门传统居住邻里，原有居住全部动迁到其他地区。更新之后的市场定位为高标准、高层公寓，主要以 40m² 左右的小户型为主，销售单价在 15000 元 /m² 左右。该项目总占地 0.5 公顷，总建筑面积 4.8 万 m²，满足 750 户居民居住。由于该项目的地理位置和景观条件，所有主要销售对象的定位即为在解放碑 CBD 工作的白领精英和国际高级经理人。

3.3.3　原有居住空间分异格局获得强化

另一方面，从各类新建住房的供给来看，还表现出了居住区域在继承原有社会空间属性的基础上，具有日渐同质化的趋向。换言之，本来属于较高社会经济地位的街道，在经历城市更新之后，仍然延续和强化这种社会空间趋势，即通过高档住宅的再开发强化城市原有居住空间分异格局。比如，根据 2000 年重庆主城核心区社会空间结构可知，原有高社会经济属性集聚的街道——渝中区的大溪沟、两路口、上清寺街道；江北的华新街、观音桥街道；南岸的南坪街道、海棠溪街道，它们在经过更新再开发之后的楼盘仍为高档住房。新开发的楼盘为协信公馆、重庆公馆、书香苑、名流公馆、国兴北岸江山、绿地海外滩的住房售价都在 9000 元 /m² 以上。总之，新建和再开发的高档住房在不断强化原来以高社会经济地位群体集中的居住特征。

案例三：协信公馆（图 3.13）

协信公馆由重庆本地著名地产公司协信地产开发在 2010 年开始实施建设，位于渝中区大溪沟街道庆市渝中区胜利路 132 号，黄花园大桥南桥头。项目定位为高端豪宅社区，同时也是渝中区域唯一的超高层住宅建筑群，项目由 3 栋 47 层，建筑高度为 250m 的超高层建筑组成，占地面积为 2.5 公顷，共 982 户住宅，总建筑面积为 15.6 万 m²。由于地块考虑到市政设施配套和动迁补偿成本，建成后住房单价为 18000 元 /m² 以上，精装修每套房屋售价在 140 万 ~550 万元，清水房每套均价为 110 万 ~310 万元。此外，景观环境（嘉陵江与长江两江交汇、遥望江北嘴中央商务区、邻接解放碑 CBD、社区内中央花园、高点俯瞰南山风景）、良好的设施配套，以及临近解放碑 CBD 区域，使其成为高品质楼盘的象征。因此，该项目的目标人群主要为重庆市高收入阶层，以及解放碑工作的商业精英、国际白领。

换言之，在双向更新方式下，衰败邻里更新的高档化分异和原有高社会属性邻里的更新都进一步强化了分异格局，将原有内城多表现为拼贴的分异格局进一步表现出集中化分异趋势，使得整体居住空间分异格局表现得更为单中心化和圈层化，即内城在住房价格的表征下，出现了明显的内外分异格局。此外，边缘化的安置空间进一步加剧了这个过程。从 2000 年重庆社会空间结构可以看出，重庆主城居住空间仍然是一种碎片化拼贴的方式，这和大多数城市具有相似的特点。而到 2012 年，重庆主城通过

图 3.13　协信公馆模型照片
Fig 3.13　Modle pictures of Xiexin-
gongguan
资料来源：笔者自摄

住房价格所呈现的居住空间格局已经表现出了明显的中心集聚式分异格局，这个过程反映在空间的社会属性或者空间的价格表征上，并且还将通过这种空间分异加速社会极化的结果。

3.4　小结

城市更新引发的社会公平问题及其他相关现象是学者们研究的持续热点。本章研究了我国城市更新所引发的社会矛盾和突出问题。

其一，笔者通过调研和统计数据研究发现城市更新在重塑内城物质环境的同时，也进一步重塑了原居住民在空间的分布，使其出现空间漂移特征；与此同时，不仅局限于空间漂移的出现，这个过程还伴随着社会阶层的替换，就具体案例上看，相应的定量研究已经表明了这种绅士化现象。

其二，笔者通过对重庆 2008 年以来渝中区拆迁项目进行了问卷调研和实地访谈，研究城市更新对原居住民的社会影响。相比于更新之前，他们往往需要承担城市更新所带来的社会成本增加的问题，主要反映在就业、出行、设施获取等方面。调研和问卷结果表明，原居住民并不是城市更新红利的主要分享者，相反，城市更新在本质上并没有提升他们生活质量，更多是反映在居住条件的改善。

其三，城市更新本身还加剧了居住空间分异。一方面，通过人为的安置空间，加剧对弱势群体的空间分异；另一方面是原有衰败的传统邻里和单位邻里被高档居住邻里所替换，加速了内城居住空间的高档化替换；此外，原有高社会属性邻里仍然在不断强化其居住空间特征，即通过更新延续这种同质性居住空间格局。这三个方面相互强化，使得更新结果进一步加剧了居住空间隔离，并以此通过物质空间的营造重构社会阶层，强化社会阶层的极化。

面对上述种种问题和矛盾，不可否认城市更新作为一种公共政策，其本身是政府通过制度安排和规划行为来引导和改造旧城空间环境和居民居住条件，它的本质是一种满足公共利益的行政行为。但是，在具体城市更新规划中受到来自宏观制度层面的影响，比如，在具有增长性的更新政策影响下，使得更新的实施结果已经部分地偏离了规划方案和政策目标。虽然，有学者认为城市更新确实在改善物质环境和改善旧城危旧住房，以及居民生活条件方面取得了很好的成效，是一种服务于公共利益的民生计划。但是，针对以上更新改造的实证研究和定量分析也可以看出，当前城市更新的实践作用和城市更新本身的公共政策之间也存在相悖性。

当前市场经济驱动下的经济增长使得当前城市更新的运作机制存在与居民再分配利益失意之间的矛盾。因此，笔者不禁需要思考，是什么会导致目前城市更新问题和矛盾？即当前城市更新规划机制存在什么问题？而解决之道为何？

4

解析：对当前城市更新问题和矛盾的制度性剖析

包容性城市更新理论建构和实现途径

综上可见，当前城市更新的问题和矛盾实际上源于增长目标逻辑下对利益主体（原居住民）分配的价值困境。具体来说，它反映了现有城市更新在增长的价值理性下不能公正处理更新过程中政治权利安排和社会经济分配，即在更新运作机制中没有合理确定更新过程中居民、政府、市场的基本权利和义务，决定更新过程和结果的利益在不同主体之间不同的划分方式。

本章结合我国城市更新机制的伦理特征，形成对当前更新运作机制的解析框架，以此来针对当前我国城市更新问题和矛盾的制度性解析。在这里，本书结合当前我国城市更新运作机制特征，来剖析当前城市更新运作机制的问题，以此找到导致当前城市更新问题和矛盾的内在因素。

本章笔者是这样安排的：首先，认知城市更新规划机制的核心矛盾和困境，理解当前城市更新的本质和核心矛盾所在，主要是城市更新反映了内在的制度伦理的目的论的特点。其次，笔者通过透视困境，从制度伦理的目的论角度形成对当前更新机制的解析框架。最后一节，笔者从功利主义目的论的解析逻辑对当前城市更新的运作机制进行剖析。

4.1 当前城市更新困境的深层次透视

4.1.1 城市更新的内在矛盾：权益的分配

上文提到的种种矛盾，无论是来自大规模拆迁下的空间漂移和绅士化，抑或是居民安置后的成本转移，从现象上看，这些矛盾和问题都反映了城市更新导致的空间不合理分配的结果。但是，其内在矛盾主要来自更新过程中制度决定的社会生活中权利和利益分配不均衡的结果。

由于更新中利益划分和所属情况远较新区开发复杂，会直接或间接导致利益关系的重构。这也是为什么在城市更新中矛盾表现得更为明显，具体来说，城市更新的权益分配主要发生在拆迁、安置、补偿方面。

其一，更新组织中的权利安排。政府是旧城更新的制定者，开发商是实施者，旧城居民较少有直接的参与平台，在整个利益重新分配的过程中常常被边缘化，得不到平等权利的交换机会。关于利益的分配过程程序不公正，信息不透明公开，这也是导致了利益冲突的焦点所在。

其二，拆迁和补偿的具体实施中。当前更新补偿安置方式主要有：

货币补偿与实物补偿。但这两种方式都是对于现状损失的一次性补偿，并没有对未来发展的不确定性给予考虑——土地再开发利益没办法衡量和测算，这是开发行为在时间上产生的利益。同时补偿的内容也主要集中在居住的权益上，忽视了被拆迁居民在所享有的就业、交通、教育等空间权益。总的来说，存在对补偿范围界定和价值的分异，这也就是我们通常所说的补偿标准差异。比如，补偿主体希望按照当前被拆建筑以及有关法规与政策制定的标准来测算，降低更新的成本；而拆迁客体则以其再购置能力来衡量，认为按照市场价格制定的标准来补偿。特别是当公权 ❶ 的界定并不明确之时，对私权的拆迁安置如果不能保证居民利益，则会形成较多的更新矛盾。

其三，更新利益再分配的价值归属。由于城市更新针对的主体是空间的改善，而空间具有土地的区位和再投入的增值效应，因此，旧城更新之后的空间价值将获得其极大的极差地租，同时也将受到空间资本再投入的升值。这其中存在开发前更新补偿的巨大差额利益，当然，这个部分在很大程度上被开发商垄断。相反，居民在整个更新再分配的过程中并不能获得价值增加的权利分配，这样导致了旧城更新中利益分配的归属不明确以及不平等的局面出现。

总而言之，城市更新内在矛盾来源，反映的是当前更新机制在权益分配上的组织问题。也就是说，在制度层面上忽视对政治、社会经济的合理分配，而仅仅注重于实现经济增长和物质改善的更新结果。因此，往往呈现出当前更新的诸多矛盾和问题。我们甚至可以将其直接表述为更新机制局限于结果的安排，而在权益分配过程的失效。

4.1.2 困境的根源：更新价值伦理的目的论正义

城市规划是通过空间安排实现对市场干预和利益再分配的重要手段之

---

❶ 2011 年颁布的《国有土地上房屋征收与补偿条例》确定了公权的范围，包括 6 个方面：国防和外交的需要；由政府组织实施的能源、交通、水利等基础设施建设的需要；由政府组织实施的科技、教育、文化、卫生、体育、环境和资源保护、防灾减灾、文物保护、社会福利、市政公用等公共事业的需要；由政府组织实施的保障性安居工程建设的需要；由政府依照城乡规划法有关规定组织实施的对危房集中、基础设施落后等地段进行旧城区改建的需要；法律、行政法规规定的其他公共利益的需要。但其中涉及危旧房的标准界定和规定的公共利益的范围并不明确。

一。然而，当前城市更新中众多突出的问题与矛盾，表明更新规划的实施成效已经步履维艰。具体来看，它未能认清市场和经济增长目标下城市更新的核心矛盾所在，没有从本质上去思考问题。

长期以来，规划的本质在于具体社会（价值）伦理影响下所形成的对空间和社会再分配的过程。特别是更新规划，它涉及城市更新中利益关系的重构：继承、调整、转让、重组，具有更强的社会基本政治和经济制度的分配考虑。因此，城市更新规划的核心问题是在公共利益的界定和落实过程中，公平公正地维护各方面的权益。如果从西方民主社会来看，我们不难看出，规划机制反映了政府所掌控的一项工具——通过配置空间资源来对市场失灵进行干预的公共政策，具有平衡市场与社会利益的作用，主要调控市场机制所带来的利益分配不公平的问题，它所反映的是"社会理性"伦理逻辑下对规划行为的公正性和正当性的安排（孙施文，2006）。但在当前我国转型背景下，规划并不能充分承担起维护空间正义的职能——在市场化环境下，由于其自身在目标导向、价值逻辑等方面一定程度的市场化，因而在很长一段时期内成为协助城市政府与市场获取利益的技术工具，它的主要职责是服务于经济增长的结果。

从伦理学的角度上看，判断一种制度的道德与否（即制度的善或正义）有不同的理据立场，也反映的是公共政策的基本价值特点。这些不同的理据立场大致可以分为两类：目的论与义务论。目的论是一种认为人们对事物的道德判断应该根据事物的内在机制和他们结果的价值（提高社会福利最大化）——评价政策和制度即他们结果的价值。义务论则是从政策和制度自身的价值和行为逻辑作为道德判断的标准，而不是通过结果价值作为判断。具体来说，前者主要关心这种制度能否带来一种预设的、好的结果，那么这种确定"好"为最根本的结果和目的，为最高或最终的价值，甚至说是对"正义"判断的主要依据；那么也就可以根据这个"好"的价值来规范制度层面的行为，来确定什么行为是正当的，什么行为是不正当的。在它看来结果的最大化效果是关键。相反，后者则着重于对制度本身的合理性，它就是将制度行为作为伦理判断的基本和优先。也就是说，这个制度好坏的本质在于它这个制度本身所固有的特征或者行为准则的性质，而不是从制度所带来的结果作为判断的。在它看来，履行公共责任和义务是公共政策行为的价值观的首要标准。

　　城市规划的公共干预实际是一项重要的政府职能，是基于制度层面的具体公共政策安排。它提供有组织的信息作为市场中经济行为者决策的背景和基础，保护社会公共利益不受到市场运作消极面的冲击，通过社会资源的配置并提供公共物品以保障社会的有序发展。因此，从根本上说，城市规划是一种资源配置的方式（孙施文，2006）。其本质在于对利益的再分配，即是通过对城市土地使用和空间安排，实现社会公共资源的配置，当然，这个过程将直接导致与之相关的土地、空间的价值，以及由此带来的财产和利益。从这个意义上说，城市规划的管理行为，都可以总结为由政府生产和分配的一种公共服务或者公共物品，所以，它完全可以被抽象为干预城市建设活动的一种具体制度或一组规范。因此，它本身就具有伦理逻辑的判断。

　　具体转到对城市更新机制的伦理认识，我们可以将前者理解为，只关注增长的结果，以此来作为判断更新机制好坏的依据。而后者则需要合理、公正的安排更新过程在权益上的分配，以此作为更新机制伦理的判断依据。但是，当前更新机制的价值判断已经很明显地落脚于市场化当中，其本质都是服务于经济增长的要求。增长的结果已经成为衡量城市更新运作机制价值判断标准，而在这个逻辑下，所带来的不平等则可以由整体社会价值提升下被弥补。那么，我们可以这样理解，实现增长目的本身就是一种"善"或"好"的判断，而这种善更加优先于更新运作机制的正当。更激进一点的观点则可以认为：只要实现经济增长的目的和结果，那么更新过程中具体运作机制也就是合理的，也即是具有伦理意义的。在这个逻辑下，我们就能清晰地看出当前城市更新的价值伦理所理据于目的论的认识。换言之，具有增长特性的更新价值伦理成为影响当前更新机制运作的根源，而这种影响将直接反映在更新过程对社会基本权利和社会经济利益分配的权益安排当中。

　　从这个意义上看，当前以增长为目的的更新伦理下，经济增长"好"的价值判断成为规范更新机制的基本逻辑，也就是说，城市更新的运行机制是为了实现经济增长为价值判断，那么，它也就偏离了作为服务于社会公共利益的"社会理性"，以及在社会基本政治和经济方面的公正分配的本质要求。社会伦理反映的是制度的道德逻辑，是一系列公共政策的行动指南。新形势下的城市更新的核心问题已经发生了变化，已经不仅仅是从空间层面来考虑更新规划的具体技术方法。因此，更新规划所处的困境很大一部分是源于对更新规划其内在的制度伦理思考的忽视，可以说，以传统思想去指导规划的编制和解决现实问题，往往会南辕北辙，再做多大的努力和工作也只能是徒劳，而只有意识到在更新价值伦理的基本判断，才能从根本上去探讨具体制度，或者从更新机制方面提出问题的应对。

4.1.3　城市更新价值

各种城市规划编制和决策的都不可避免地包含了市场条件下对经济增长的需求。正如张兵教授所认为，城市规划的技术理性是从设立目标到追求目标的每一个环节，各种利益主体，特别是政府决策者的价值，都直接影响规划的价值判断（张兵，1998）。当前展开的大规模城市更新就是在制度转型背景下，伴随经济、社会结构的根本性重构，城市更新的过程往往更注重于对效率的重视。

功利主义的逻辑观点是服务于社会福利最大化观点，仅考虑增长总量和结果的公正性，并不考虑增长过程和增长的分配公正性。因此，采用以盈利为目的的房地产开发商进行大规模城市更新在这个逻辑下被广泛运用。

因此，我国 1990 年代以来所表现的城市更新政策（城市规划）可以归结为以经济发展为价值判断，这也成为当前我国城市更新的生动写照（陈浩，张京祥，吴启焰，2010；张京祥，赵丹，陈浩，2013）。正如很多社会学者理解的，正是由于在开发中涉及多个社会阶层利益的差异性和不调和导致了矛盾的产生，如果城市更新的价值判断偏离了对社会公正的考虑，作出片面的更新政策，将造成对其他阶层的利益损害，使增长的收益分配更加不均，使阶层之间的既有利益不相容性转化为现实的矛盾。

城市更新作为社会公共计划安排，其内在本质是强调更新所带来的公共利益目的：其一，改善城市物质环境，满足对防灾、美观、卫生，公共空间的考虑；其二，服务于居民对住宅的需求，特别是满足低收入居民的居住；其三，社会公共服务条件的提升以及对就业机会增加的满足、文化和社会网络保护等要求。由此，物质环境改善仅仅是城市更新主导发展目标下的一个方面。

但是，当前处于价值判断迷误下的城市更新，服务于综合性公共利益目标的改善演变为对物质空间的重视。同理，那些对社区就业、弱势群体的关注等提升社会整体福利水平的发展目标则被弱化。换言之，强调经济的增长、关注物质空间提升的思维充斥于当前城市更新当中。

城市空间不止本身具有资本积累的效应，对空间营销也是推动增长的主要手段。李和平，章征涛，王一波（2012）从新自由主义分析框架下，认为城市空间（再）开发的资本积累和城市之间竞争是新自由主义视角的主要特点，都要求充分利用城市空间的作用。从资本积累角度上看，是上文所提到获取土地的交换价值，实现土地增值效应；而从竞争角度上看，则反映的是地方政府之间获取资源和资本投资的最主要手段，通过内城的更新行为，在城市中心创造具有标志性地景和奇观，以及为外来投资者提供的高档住房等，使之在外来资本的竞争中获胜。同时，也正是因为地方政府之间不断的竞争，使"成功者"不敢利用垄断地位，降低产品质量和服务水平（赵燕菁，刘昭吟，庄淑亭，2009）。甚至有很多学者认为其实是地方政府对空间的"经营"行为。

因此，城市更新的物质环境改造开始不断上演一系列城市奇观。城市更新所表现的图景是：通过大规模再开发，重新形成内城大尺度的城市奇观——一系列商业和办公建筑。比如，重庆渝中区朝天门的再开发，则是由凯德集团打造一座坐拥重庆无敌江景的综合性地标项目，涵盖总建筑面积约为 113 万 m^2 的高端住宅、写字楼、购物中心、五星级酒店、高端公寓（图 4.1）。可以说，它形成了类似 Friedmann（2005）所描述的征服外国记者的中心区闪烁的办公高楼和奢华旅馆图景。

与此同时，这种再开发还会形成充满历史和符号化的绅士化消费场所，以及内城高档的门禁社区。比如，重庆化龙桥片区在我国香港瑞安整体再开发下，复制上海新天地的模式，以创造具有重庆民国气息的绅士化

图 4.1　重庆来福士广场
Fig 4.1　Raffle city in Chongqing
资料来源：http://www.rafflescity.com.cn/inchina_chongqing.aspx

图 4.2　重庆化龙桥再开发
Fig 4.2　Hualongqiao area redeve-
lopment in Chongqing
资料来源：笔者自摄

消费场所和高档办公、居住场所（图 4.2）。而这些图景实现了地方政府空间开发——收益资本循环和城市间的竞争作用（外来投资）。自城市空间（土地）成为可以流通的商品之后，空间本身的使用价值被日渐忽视，资本的空间生产本质上关心的是空间的交换价值，这也是资本生产模式自我维系的一种方式。城市更新正是通过城市空间功能的"交换"实现了价值的增值，交换价值在资本作用下压倒了使用价值，通过城市更新实现向空间交换价值的转变。

　　当然，近年来一些西方学者对于强调这种注重物质空间的更新行为提出了质疑。哈维认为，高度竞争环境下的物质空间的营销实际上是依赖外部资本、追求短期效应，容易带来对城市空间的低效开发、造成社会失衡。其本质是增长主义的城市发展模式，由于全球化的挑战，社会传统利益均一的格局已被打破，产生了利益分化和利益主体多元化的现象，并导致了社会目标的分异。就如笔者前面所提到重庆化龙桥的改造，在 2011 年新开盘的重庆天地雍江悦庭的住房销售价格的套内起价 13000 元 /m^2，均价 16000 元 /m^2[1]。明显高于 2011 年重庆市主城九区新建商品住房成交均价的 6390 元 /m^2[2]。换言之，具有享受物质空间改善的居民已经不再是那些原来的所居住的居民，相反，他们大多被安置拆迁安置房中。因此，这个物质重建的发展目标从本质上来看，更强化了更新中社会阶层的绅士化替换，以及居住空间分异。

---

[1]　重庆搜房网，www.newhouse.cq.fang.com.

[2]　2009—2011 年重庆市主城九区新建商品住房成交建筑面积均价分别为 4179 元 /m^2、5762 元 /m^2、6390 元 /m^2。资料来源：重庆市国土资源和房屋管理局，http://www.cqgtfw.gov.cn.

可见，对物质空间的营销思路，已经弱化了城市更新作为服务公共利益的目标。而空间营销的本质具有典型的商业属性，于是不可避免地掺杂了对经济增长的回报。比如，文中所指出的无论是重庆天地，还是上海新天地，其本质都是对城市传统街区的全面拆除和重建，前者是对重庆化龙桥街区的拆除，后者是对上海太平桥街区的拆除。可以说，一方面忽视原居住民的生活空间（就业、社会网络），另一方面则是源自文化价值的破坏。虽然两者都试图重建历史街区，但其中的社会结构、消费模式等方面都已经转变为绅士化模式。

4.2　透视困境：　当前城市更新困境的价值剖析

从伦理学来看，功利主义从古至今其基本理据和不断进行的理论修复，是目的论最典型的代表。功利主义理据立场注重效率和社会整体福利的总和，并以此作为"善"的制度的基本判断依据。它强调整体社会福利地提升才能进行结果再分配，实现公正。功利主义理据立场以自己的方式合理地揭示了一个"善"的制度应当是有效率的，其结果的"善"要优于制度行为的正当。下文将对功利主义的目的论进行详细的阐述，并将其作为理解和透视当前更新困境的主要依据。

4.2.1　功利原则的效用最大化

功利主义是由 19 世纪著名思想家边沁所提出，其后在密尔和西季维克那里得到系统的提出和阐述。它虽然和快乐主义有着承继关系，但是功利主义消除了利己快乐主义那种强烈的个人性和主观性。功利主义不再满足个人的幸福，而是社会普遍利益。同时，它也消除了伊壁鸠鲁快乐主义 ❶ 中那种个人消极退出的因素，而是积极地主张社会改造（何怀宏，

---

❶　伊壁鸠鲁认为最大的善来自快乐，没有快乐，就不可能有善。快乐包括肉体上的快乐，也包括精神上的快乐。伊壁鸠鲁区分了积极的快乐和消极的快乐，并认为消极的快乐拥有优先的地位，它是"一种厌足状态中的麻醉般的狂喜"。同时，伊壁鸠鲁强调，在我们考量一个行动是否有趣时，我们必须同时考虑它所带来的副作用。在追求短暂快乐的同时，也必须考虑是否可能获得更大、更持久、更强烈的快乐。他还强调，肉体的快乐大部分是强加于我们的，而精神的快乐则可以被我们所支配，因此交朋友、欣赏艺术等也是一种乐趣。自我的欲望必须节制，平和的心境可以帮助我们忍受痛苦。

1996）。其中由边沁所提出的功利主义目的在于最大化"多数人的最大幸福"，成为功利主义最具代表性的道德准则。其后，密尔在边沁的指导下，在《功利主义》一书中强调追求快乐最大化的功利性理论，并且将快乐的概念替代了边沁幸福的概念（奈杰尔·沃伯顿，2010）。同时，密尔还进一步弥补了边沁对于幸福没有层次、一视同仁的模糊界定，将快乐进行划分为：高级快乐和低级快乐❶。总的来看，无论其后学者如何对功利主义进行补充和完善，其核心道德原则：最大化多数人的最大幸福的观点并没有改变。并且，在之后的发展中，功利主义不仅被认为是一种强调效用最大化的个人道德原则，同时，它也被认为是一种社会原则、一种制度本身的伦理原则，成为衡量社会伦理社会正义的重要标准之一。

功利主义的大多数人最大利益——效用最大化观点，可以说，这成为功利主义的一个基本信条，凡能最大程度促进这种利益的社会制度，就是正义的制度，反之，就是不正义制度。换言之，功利主义是把行为（公共政策行为）的"善"与否建立在其行为结果是否能提高整体福利的学说。因此，功利主义的本质即是从社会分配的结果出发，来衡量政策或者增长所带来的效果。它认为社会公正来自于全社会福利总和的大小，它是对分配总和，或者是全社会个人效用之和的最大化的考虑，也被称为"目的论""效果论"。

按照以上关于功利主义的论述，我们可以发现其核心观点在于，满足福利的最大化才是功利主义的重点，也即是强调结果，而手段的利用和再分配都不重要。功利主义者相信，正像最大限度满足个人的欲望体系对他来说是合理的一样，最大限度增加社会所有成员满足的净福利，对这个社会也是正当的。因此，通过功利主义的福利最大化思维，也就使得整体社会应该采取个人适用的合理选择原则。但是，功利主义观点的突出特征是：它直接设计一个人怎样在不同时间里分配他的满足，但除此之外，就不再关心（除了间接：涓滴效应❷）总量怎样在个人之间进行分配。因此，

---

❶　密尔认为高级快乐是那些精神上的快乐，而低级的快乐则是肉体上的快乐。在密尔看来，人类不仅能享受没有理性的肉体快乐，更能享受精神的快乐；猪不能享受精神的快乐，因此，对比两者，已经感觉到两者快乐的人当然会倾向于精神的快乐。

❷　涓滴效应又译作渗漏效应、滴漏效应、滴入论、垂滴说，也称作"涓滴理论"（又译作利益均沾论、渗漏理论、滴漏理论），指在经济发展过程中并不给与贫困阶层、弱势群体或贫困地区特别的优待，而是由优先发展起来的群体或地区通过消费、就业等方面惠及贫困阶层或地区，带动其发展和富裕，或认为政府财政津贴可经过大企业再陆续流入小企业和消费者之手，从而更好地促进经济增长的理论。

就功利主义的实质来说，并没有考虑全社会的欲望满足之下对个人存在的再分配问题，即它只注重总体福利（公正）而不关心具体的分配，即不在意是否所有人都能共享社会财富和福利。因此，在这种框架之下，原则上就没有理由否认，用一些人的较大收益或者幸福以补偿另一些人的较小损失——也就是我们所说的让一些人先富起来带动其他人再富起来的涓滴效应，或者更严重些，可以为了获得最大社会收益（福利）而舍弃少数人的权益。因此，在这种总量和结果的逻辑下，功利主义所强调的最大化效用的获得有可能会允许以社会整体或多数人利益的名义去侵犯少数人的权利。阿马蒂亚·森（Amartya Sen）在此基础上将功利主义总结为三大特点：①福利主义，它是评价事务和设定价值的正确方法，它的基础是福利、满意、人们得到他们喜欢的东西；②结果主义，基于结果上的、进行事务选择的正确行动理论；③强调总量（孙君恒，2004）。

可以说，功利主义制度伦理成为增长主义的主要逻辑和理论依据，即仅仅强调增长的内容，而不需要考虑贫困和社会不平等矛盾。比如，作为应对西方社会经济矛盾尖锐化的结果，功利主义（福利最大化）逻辑在第二次世界大战后的西方国家获得了很好的推广。同时，也形成了增长主义的经济发展轨迹——强调经济增长带来的福利最大化普惠全社会，实现社会公正的假想。

当然，功利原则所考虑的效用最大化逻辑还容易陷入平均主义的泥沼中。由于它忽视个体而重视整体效用的逻辑，也就会得出这样的结论——穷人的一美元和富人的一美元其实对社会的作用是相同。因此，在这个社会整体中个体效应已经不重要了，而社会总体效用更重要。于是，它也容易落入另一个认识当中，即个人的效用函数的地位是相等的，那么就陷入了平均主义的目的论中。比如，平均主义和功利原则具有一定的相似特征，都是源自从结果和目的层面来考虑社会伦理，即结果所表现的"善"要优先于行为的"善"。同时，它的核心逻辑与功利原则相同，都是认为个人的需要应该在更大的范围内服从社会的需要，集体主义主张加强政府的力量，反对分散和削弱政府的权利。按照平均主义思想，政府在社会安排的全过程中通过一系列干涉来实现对社会公正的体现。

总之，我们不仅需要注意功利原则注重总体效应而可能对个体的侵害，它还会对个体政治和经济权利造成影响；同时，还需要警惕这种注重总体效用的过度化会沦落成为平均主义至善论 ❶ 对结果和目的过度重视的逻辑悖论。

4.2.2 功利原则的效用衡量方式

功利原则——政策本身的有效和好坏与否的衡量标准来自于其作用的结果，比如，功利主义认为最多人的最大幸福就是"好坏"的衡量标准，那么这种幸福的衡量，也就需要转向可以具体测算标准中。当然，大多数学者认为，可以通过经济总量的增长与否，或者是具体的金钱计算方面来衡量。简言之，功利主义的目的论最后往往被赋予了效率或者经济增长的评判。也就是我们通常所说的，如果要衡量规划机制的成效与否，那只要衡量其能否带来更多的经济增长结果。

根据功利主义的观点，评价制度伦理，西方形成了成本 - 效益分析方法，用来衡量功利的价值所在。这种方法能较好分析功利主义的观点，制度能否形成最大功利。意大利经济学家维弗雷多·帕累托（Pareto）提出帕累托最优（Pareto Optimality）。它指的是资源分配的一种理想状态，假定固有的一群人和可分配的资源，从一种分配状态到另一种状态的变化中，在没有使任何人境况变坏的前提下，使得至少一个人变得更好。其实质即强调效率的最优化，同时并没有破坏公平的格局，而达到社会福利的最大化。其后，英国经济学家卡尔多和希克斯（Karldor & Hicks）认为帕累托最优仅仅是一种理想的情况，在此基础上提出了卡尔多 - 希克斯改进（Karldor Hicks Priciple），把社会得益者的利益增加总额大于利益受损者的利益减少总额的状态作为最优状态（图 4.3）。与帕累托标准相比，卡尔多 - 希克斯标准的条件更宽。按照前者的标准，只要有任何一个人受损，整个社会变革就无法进行。但是按照后者的标准，如果能使整个社会的收益增

---

❶ 至善论有个体至善论和直觉至善论两类。个体至善论先验地用"尽善尽美"确定人类的义务和责任，个体至善论强调"最好"的优先性，认为"最好"反映了人类的优越性，为了所谓的人类优越性，现实社会中可以通过牺牲少数人的权利和机会去增加，忽视或者基本否定了弱势群体、最不利者的根本利益，在这一点上个体至善论与功利主义走到了一起。直觉至善论认为，一个社会在满足了最不利者的基本要求后，应该将文化或人类的优越性放在优先发展的地位。如果不对人们的行为方式作必要的限制，他们就会干预其他人的基本自由，或者侵犯其他人的责任和自然义务。总的来说，至善论因其可能的霸权主义的倾向而对自由构成严重威胁。因此，至善论无论是个体的，还是直觉的，都存在致命的缺陷：标准的多样性、忽视弱势群体、可能的价值霸权。

大，变革也可以进行，无非是如何
确定补偿方案的问题。可以说，卡
尔多 – 希克斯改进在很大程度上为
里根政府的富人免税，补偿穷人的
涓滴政策提供了理论支撑。

　　在这种效率观的指导下，发展
出了公共政策价值的成本 – 效益分
析方法，这种分析方法基于将政策
实施过程中耗费的资源货币化或对
象化表现作为成本，将政策实施后

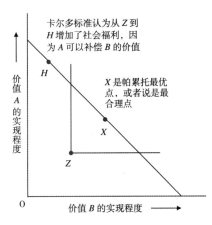

卡尔多标准认为从 Z 到
H 增加了社会福利，因
为 A 可以补偿 B 的价值

X 是帕累托最优
点，或者说是最
合理点

价值 A 的实现程度

价值 B 的实现程度

图 4.3　卡尔多和希克斯最优标准逻辑
Fig 4.3　The Logic of Karldor Hicks Priciple
资料来源：笔者自绘

社会整体的福利作为效益进行分析。迈克尔·桑德尔（2012）对这种货币
化整体收益的分析通过两个案例阐述如何来衡量功利原则的效用。其一，
捷克有一个增加香烟消费税减少吸烟人口的提案。其中捷克最大的烟草公
司菲利普·莫里斯，为了阻挡烟草税增加而做了一个成本和效益分析，结
果显示，如果让捷克的人民吸烟，能让政府获利，虽然吸烟会给人们造成
疾病，随之会增加医疗支出，但另一方面，销售香烟则会给政府带来各项
税收，并且因为吸烟造成的早逝同样可以给政府节约医疗支出，减负养老
金，减少人们的住房开支。根据这一研究，如果将吸烟的积极效果——包
括烟草税的财政收入和烟民早死而节省下来的钱——计算在内，那么国库
每年净收入将达到 1.47 亿美元。其二，福特平托汽车（Ford Pinto）的案
例。由于该车油箱安装在车尾部，如果发生追尾时油箱就会发生爆炸，造
成严重的伤亡。而福特公司早就发现这个缺陷，同时进行了成本 – 效益分
析，决定是否值得安装防护措施。如果不安装这种防护会导致 180 人死亡
和 180 人烧伤。然后，它给每一个丧失的生命和所遭受的伤害定价：生命
20 万美元，受伤 67 万美元。它将这些数目以及可能着火的汽车的价值相加，
计算得出，这一安全性改进的总收益将是 4950 万美元。而给 1250 万辆车
逐一增加一个价值 11 美元的防护装置，将会花费 1.375 亿美元。因此，该
公司最后得出结论，对生命和伤害进行保护的价值更低。

　　通过这样的成本效益分析，实质就是衡量成本和效益之间的得失关系。
其实，从这个意义上看，通过功利原则衡量下的制度道德，往往可以直接
理解为，只要在实现结果收益情况下，那么所采用的方式也就不重要。

从城市更新的角度来理解，通过成本和效益的分析，如果城市更新能带来更好、更高的效用，比如对经济增长抑或是物质空间提升，当然，这个过程中所产生的一部分社会成本，也就变得合理。例如，一个普通居民与一个房地产开发商的个人效用如何比较？对于普通居民来说，一套位于旧城的住房是其生活的场所，而在房地产商中可能可以通过多种经营方式，创造更多经济价值而获得更多的收益。按照功利原则的逻辑来说，则应当将这套住房从普通居民手中转移给地产开发商，而他获得相应的补偿，包括货币或者是产权的置换。换言之，居民在更新中的利益减少和更新开发中市场主体的利益获得在本质上就是相同的概念——无论这种利益分配给谁，只要总的效益增加，那么这个分配制度都是"善"的，同理，那么规划机制作为典型制度行为也就满足这种所谓"善"的意义。

从 1990 年代开始我国经济社会发展的规律表现出提升社会总体福利的轨迹。比如，以经济建设为中心的价值逻辑下，地方政府强调效率优先，先增长、后分配的主张其实就是寄希望于通过全社会福利最大化来实现公平。虽然，它有力地推动了经济的持续快速增长。但是，由于其只在乎社会幸福的最大化，就会出现社会经济投入转向高收益部门和人群手中，而一部分居民的利益则没有照顾到的情况，特别是对一些社会弱势群体的关注。比如，在城市更新中拆迁的主要矛盾点在于原住居民的产权补偿与房地产开发的高收益。换言之，城市更新作为促进社会幸福最大化的一种方式，在关注物质空间提升和经济增长的效率视角，会出现部分私人群体权益受损情况。

4.2.3　功利原则的解析框架

功利主义通过个人与社会的类比，来达到的功利原则即是个人伦理，又是社会伦理。它作为社会伦理的功利原则是在个人原则的基础上进行了扩大和延伸，从而使得社会主要制度安排被赋予了效率和结果的优先性。当然，它在西方，比如，里根和撒切尔时代的新自由主义的政策，甚至在市场经济转型后，强调经济优先性的我国都具有很强的适用性。可以说，其制度评价没有过多追求道德的崇高感，而是直接追求具体的目标和结果。另外，它具有很强的衡量标准和可计量的手段。在功利原则看来，从成本和效益的角度，最后能获得最大增长和效率即是满足社会制度安排"善"的要求。

当然，功利原则下的制度逻辑也受到来自义务论的批判。这些要点也将成为我们解析当前城市更新运作机制的主要框架。

1）功利原则允许对个人权利的侵害

功利原则关键在于其是将个人伦理向社会伦理的扩大化（约翰·罗尔斯，何怀宏等，2001），那么里面就涉及运用个人伦理的逻辑去解析社会的问题。比如，个人可以恰当的调整自己的利益，为了长远的较大利益而牺牲自己眼前较小的利益，以达到个人最大的利益。换言之，社会也可以采用这种逻辑去满足其最大化效益的要求。因此，功利主义涵盖了承认一种标准就是接受一个可能导致较少的宗教自由或其他自由的原则——由部分价值主导的个人至善，因而是一种权威性而使其他人的自由处于危险之中，即来自个人原则扩展到社会的逻辑，允许以社会整体或多数人利益的名义去侵犯少数人的自由。简言之，功利主义实际上反映的是对个体自由的霸权主义和对个体内外的人格的双重扭曲。

虽然，边沁、密尔和西季维克都可以说是公民自由和政治自由的坚强捍卫者，比如，密尔指出功利主义要求行为者和他人的幸福都需要严格、公平对待，就像一个与此事无关的仁慈的旁观者一样（何怀宏，1996）。但是，由于它没有区分社会伦理和个人道德的界线，于是它所提到的功利原则仍然成为涵盖一切领域的最高道德原则，自然也包括制度的领域。换言之，满足最大化多数人的最大化幸福仍是重要的衡量标准。

从城市更新角度上看，整体更新的制度伦理是一个宏观的价值认识，并且这个制度的实施还需要通过一系列具体的运行机制来使之具体化。因此，抛开对当前更新的目的性认识的价值取向，具体层面上我们可以将这种对个人权利的忽视，理解为城市更新在实施过程中忽略了对个人话语权的重视，降低了原居住民在更新过程项目决策和实施的参与。

2）功利原则允许对个人利益的侵害

按照上面所提到的功利原则，不仅局限于对少数人自由权利的侵害，还表现出对少数人经济利益的侵害。前者我们可以理解为是社会权利，比如话语权或者参与等方面的权利；后者则表现为对经济权利的认识，包括经济利益的分配权利等。

由于功利原则所发展的成本－效益原则，即是从结果总量层面考虑社会或制度的公正与否。因此，它很难在制度过程、或者说是社会经济分配当中来考虑个人利益的分配情况，它只注重总体效用而不关心获得总体效用最大化的过程。同时，它具有牺牲少数人利益而满足多数人愿望，以求达到总体上看的最大利益和满足的净余额的特点，如上文所提到捷克香烟税和福特汽车的案例。总之，功利原则只关心根据社会资源（包括人的资源），考察怎么通过有效管理和分配它们而达到最大利益的观点，仅仅反映的是对社会资源有效利用的结果总数，并没有考虑这个结果的获得方式，以及如何对结果分配的问题。因此，整个制度的原则就像一个人如何做出合理选择。现实情况是我们通常会遵循这样的利益分配的过程——道德价值与现实利益之间的冲突，功利原则将会允许部分群体通过损害少数人利益的手段增加全体福利。当然，从这个角度上看，功利原则一方面会对个人经济利益产生影响，同时还可能对个人获得利益的机会或者权利产生影响。

从城市更新的角度上看，功利原则将直接从社会福利最大化的角度来（成本和效益）考虑更新过程中所采取分配机制。当这个过程能实现最大化的经济效益，那么这个再分配过程则允许对部分城市原居住民的利益带来负面影响，同时，包括他们所具有的经济利益分配的机会和手段。

3）功利原则允许分配结果的悬殊

功利原则可以允许对个人利益的侵害，那么，它也就允许满足社会福利最大化之后所产生不平等的分配结果，因为，功利原则对个人利益侵害本来就是一种不平等的分配过程。从功利主义的公平观察者逻辑视角下，它在结果如何分配问题中，仅仅是通过公平和同情的观察者想象，将所有人融合为一个人，不再对单独个体做出严格的区分，它考虑的是这一个人的最大利益和幸福，至于这些人中，这些利益怎么分配——谁多谁少都是被允许的。因此，它并不对人与人之间做出严格的区分，换言之，允许经济利益分配下的严重差别，甚至贫富悬殊。按照这种制度伦理的认识，我们可以很明显的发现功利原则的制度原则不在意所有人能否共享社会创造的财富和福利（具体的分配）。因此，它可能会导致对社会居民分配的不平等结果。

比如，不同分配标准中，甲、乙、丙三者在社会资源的管理中获得了120元利润，由于功利原则只在乎这个总利润额，因而它并不关心不同分配标准下的差别。换言之，它甚至可以接受第一种分配最为悬殊的差别，即它允许一种经济利益分配上的严重差别，造成贫富悬殊的结果（表4.1）。当然，在经济增长的功利原则观点之下，其实很难实现公平问题，即使实现了所预想的效率，增加了整体的福利，还是有可能造成不平等的加剧，并且这个不平等造成的原因可能来自于一开始在社会政治权利上，也可能是在社会经济分配过程中存在的机会，或者程序上的不平等。

功利主义不同主体的分配对比（单位：元）　　　　　　　　　　　　表 4.1
Comparison of different subject sallocation　　　　　　　　　　Table 4.1

序号	主体	分配	主体	分配	主体	分配	总计
1	甲	80	乙	30	丙	10	120
2	甲	60	乙	40	丙	20	120
3	甲	40	乙	40	丙	40	120

资料来源：笔者自绘。

对城市更新的机制来说，功利原则由于允许对个人政治和经济利益的侵害，以及追求总量的最大化。那么，在城市更新的结果会出现的情况是，只要服务于城市更新的目的——经济增长，出现最大化情况，那么在更新结果中允许开发商被分配到更新中更多的利益；相反，那些原居住民在其中则表现得弱势。换言之，在这种可以侵害和允许悬殊差距的逻辑下，功利原则其本质反映的目的性优先于行为的正当，赋予了更新机制并不会去考虑如何进一步补偿和改善这种不利分配结果的理论依据。从这个角度上看，城市更新结果所表现的贫富对比都成为该原则下可以预计到的结果。最直接表现就是，高收入阶层替代原居住民出现在城市旧城，形成高档消费和居住场所；而这些原居住民则要么通过自己经济能力购买外围居住场所，要么出现在安置房源中。

4.3　当前城市更新困境的运作机制解析

笔者通过对功利原则的目的论进行解析，从它存在的三个方面问题，形成解析框架。具体包括：允许对个人自由权利侵害、对个人利益的侵害，以及允许分配结果的悬殊化。在此基础上，笔者将在该分析框架下对当前城市更新机制进行解析，指出当前更新困境的机制矛盾。

4.3.1 更新组织不完善

按照上文的分析，功利原则允许对个人自由权利的侵害，当然这个自由权利包括的内容很多，但是从城市更新的规划机制来看，这种侵害就主要反映在更新规划中组织安排下会限制少数个人参与和话语表达。

1）参与机制不完善

虽然我国进入以市场经济为依托的社会转型期，但是计划经济时代的思维逻辑惯性依然左右着城市决策者、规划执行者。在这种制度惯性下，我国城市更新的组织和决策始终体现着这种"垄断性"特征。如前所述，旧城更新中不同利益群体具有不同的利益诉求，但目前效率和增长的目标成为决定地方政府在城市建设决策的重要前提，即实际上政府的全面主导、市场配合的方式，作用于城市更新的立项、组织、规划、决策的全过程中。政府和开发商对于项目范围、规模大小，是否实施以及如何实施起决定作用。

一方面，地方政府具有城市更新决策的主导权，因此，在面对旧城更新中涉及广泛的问题和矛盾时，往往采用"一刀切"的手段。比如，上海在进行城市更新中曾经在 2003 年颁布《上海市城市规划管理技术规定》要求更新的减量增绿（绿地、公共空间），因此对地块更新通过容积率进行刚性控制，对居住建筑要求低于 2.5，对商业建筑要求低于 4.0。其直接的后果是造成中心区改造成本暴涨，而这些成本理所当然的转嫁到房价上（图 4.4），造成被拆迁居民在高房价中的安置问题。再如，广州在 2003 年为了应对开发商更新所带来的矛盾，提出更新需要严格执行"拆一建一"的原则，甚至还提出了"让开发商走开"的口号。导致脱离社会经济实际下政府在更新中单方面的难以为继。

图 4.4　2004—2012 年上海新建商品住房房价走势
Fig 4.4　Trend of new commodity housing price in Shanghai, 2004—2012
资料来源：根据上海统计局资料绘制

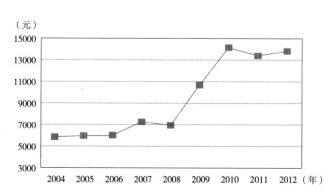

　　另一方面，地方政府在更新安排中对开发商提供优惠条件。比如，重庆在化龙桥的更新中，重庆市政府通过相应优惠政策引入我国香港瑞安集团，对化龙桥采用上海新天地式的绅士化开发。而城市更新项目中最直接、最重要的当事人之一——原居住民，由于不在项目决策和立项阶段介入和参与，在项目前期阶段往往获得较少"话语"权。

　　笔者在对重庆渝中区安置居民的访谈中发现，当问及是否知道整个更新程序，此处将要建什么，规划的安排、拆迁补偿的标准是怎么制定，有4位受访居民都给予相似的回答：

　　访谈（4 位居民）："我们不知道这个地方要做什么，我们只知道这个地方将要被拆除，只是通知我们要搬走，提供了几处安置房源和补偿标准。至于规划做什么，方案怎么定下来的，我们都不知道。我们唯一能做的就是多让算点面积，多获得点补偿。"

　　当问及整个拆迁安置过程中有没有利益表达的渠道，是否愿意参与到整个再开发的过程中，对规划方案和安置发表意见等。受访的居民都表示并没有相关组织，或者也没有通知他们有这个权利来决定拆迁安置的事项。

　　访谈（渝高佳园，王女士，47 岁，企业单位）："当时很多人都有回迁的想法，私下都在谈能不能参与到更新之后的开发之中，给点钱都行，但是没有组织，没有安排，没有规划来实现这个过程。并且拆迁人员和街道方面都明确告诉我们没有原地回迁的可能性。"

　　广州三旧改造中，荔湾区恩宁路的拆迁工作在 2009 年 7 月就已经开始推进，但一直受到来自拆迁范围划分，以及居民没有获得对等信息的阻力。比如，2010 年《恩宁路更新改造项目社会评估报告》调研报告显示有28.6% 的调查对象表示从未有工作人员来上门解释拆迁与补偿事情（吴祖泉，2014）。再加上规划方案迟迟未出，导致社会舆论对其进行不断施压。于是，新快报更是针对恩宁路的更新专门指出恩宁路改造规划不能偷偷摸摸进行❶。

　　从更新的程序安排上看更能反映这种话语表达局限的情况。笔者根据对重庆城市更新项目的访谈和相关资料的查阅，将整个更新流程进行了总

---

❶　恩宁路改造规划不能偷偷摸摸进行，http://epaper.xkb.com.cn/view/463635.

结（图4.5）。我们可以发现，在项目立项阶段是政府和开发商的商讨过程，确定项目如何开发；在规划方案阶段，由政府、开发机构、专家评审的方式实现；在项目拆迁的补偿阶段，形成听证阶段，安排的要么是专家、学者，要么就是规划管理者；仅在具体开始执行拆迁才通知居民具体的拆迁安排和补偿标准。当社区居民仅仅拥有有限的参与空间，在关系切身利益的事务上并不能给予话语权，尤其当居民缺乏可靠的组织和渠道来表达他们意愿，其实就是削弱了居民的利益表达。

2）居民利益表达不充分

早在2007年，我国新颁布的《城乡规划法》就明确了公众参与的原则，即将公众参与纳入各层次规划的制定和修改之中：它强调了公众的知情权、明确了公众表达意见的方法和途径、并着重指出了需要按公众意愿进行规划。这说明规划的参与机制已经被纳入法律层面上的考量。但是，具体到规划参与的实施和组织层面，公众参与仍是一种公开的原则性规定。

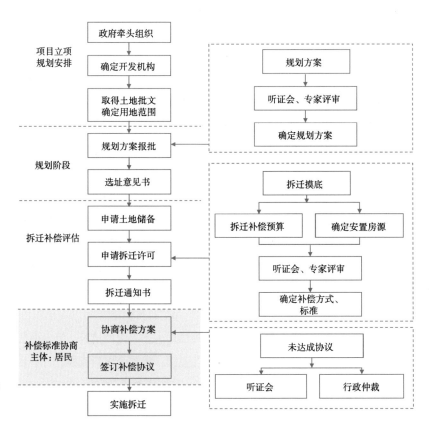

图4.5　重庆城市更新项目执行流程
Fig 4.5　Execution process of urban redevelopment in Chongqing
资料来源：笔者自绘

因此，通常会出现以下参与安排：在一些流程方面设置参与和话语权表达的环节，比如，上文中所说的立项安排和补偿标准的听证环节；但是居民参与的话语权并不能影响项目的决策和推进。

此外，参与的组织方式往往沦为有话语权的公民或商界精英狭义利益的表达。实际上，当前的公众参与方式实质仍是政府所主导的决策体系，他们往往认为目前公众的参与意识和素质还未到达实质性开展公众参与的要求，只能给决策提供一些建议，关键性和最终的决策权仍然集中在少数决策者手中。虽然所提倡的平等性规划可以有效促进不同权利主体的参与机会，但常出现"狭义参与"的情形，即仅仅部分有话语权的公民的参与（表4.2）。笔者很赞同陈锋（2009）的观点，认为在现行政治体制和社会权利结构上，既存在前民主权利不足的问题，也存在民主缺失的问题：在经济和社会体制上，政府对经济社会生活的过多干预与在公共服务领域和再分配职能的缺位并存。正如张庭伟（2004）的观点，在当代中国，政府仍然是一切城市事务的真正决策者，无论是以市场力为主导的"公私伙伴"关系形式的政体，还是有社会力参加的以公众参与介入的政体，都是不现实的。

目前我国公众参与城市规划的主要形式及其局限性　　　　　　　　　　　　　　　　　　表 4.2
The main form and limitations of public participation in urban planning　　　　Table 4.2

规划阶段	参与形式	局限性
立项准备阶段	无	—
初步草案阶段	公开宣布规划决定；向公众详细介绍规划地域区位、规划项目名称、性质；深入群众中间调查和收集资料	未能向公众公开介绍基本的城市规划理论、方法和参与形式未能组织好各级城市规划公众参与组织
方案形成阶段	了解与此次规划相关的各方面意愿；协调各集团的利益要求	未能有效反应弱势群体的利益要求
方案及初步成果完成阶段	将方案向社会公开展示；组织市民评议委员会，由市代表直接参加方案的讨论	当公众的意愿与政府的设想相左时，无法有效落实公众的意见
成果审查阶段	召开公众听证会	规划的评审队伍往往不是专家、学者，就是规划管理者，规划评审结果，往往对广大城市居民缺乏公平性与公开性
成果完成阶段	规划成果公开展示	—
规划实施阶段	公众舆论监督	缺乏相应法律保障，公众意见容易流于形式

资料来源：根据（黄瑛，龙国英 2003）改绘。

3）非政府组织发展较弱

因此，平衡市民、政府和市场的博弈关系，实现三者的话语权对等，成为城市更新中空间正义的关键所在。具体而言，就是市民权利表达、采纳和反馈机制的建立和有效运行。处于快速转型期的中国，愈来愈面临着市民对城市更新及相关空间运动的参与热潮，但是由于其表达参与机制的不完善，往往个体居民无法将自身的话语权作用于已经形成增长联盟的决策之上。因此，通过第三方组织的介入，来合理表达和组织居民的参与和平等协商的权利成为关键所在。

从 1970 年代美国开始推进社会更新计划（CAP）、社区发展基金计划（CDBG），就形成了一大批非政府机构，形成更新项目推进的相对完善和行之有效的政策和执行机制。如美国 LISC 机构（Local Initiatives Support Corporation），作为全国 900 多个社区合作和基金会的协调人，积极组织技术、资金以协助各地的社区开发合作社（Community Development Corporations，CDCs）推动低收入社区开发和持续更新计划。

从西方经验来看，欧美民间组织是推进社区参与和权利表达的关键，它是在市场经济体系下，保障居民参与得以推进的一个重要条件。没有这类组织权利传达和组织，单个居民的权利的表达将受到很大的限制，同时也能形成多元合作的格局。张庭伟（1998）通过中美政府、市场、社区三元关系的对比说明，政府将生活活动的管理权限交给社区的做法，是符合市场经济条件下政府运作的一般规律（图 4.6）；但是迄今我国城市所实行的政府下放管理权，只是局限在政府内部的上下级之间，而没有将权利权限交给非政府组织；此外，具有非组织性质的居民委员会其本质并不是真正意义的社区自治，而是政府派出机构。因此，强调社区第三方组织推动居民参与或规划是推进居民利益表达的关键步骤之一。

图 4.6　市场经济国家的社会管理体制
（以美国为例）
Fig 4.6　Social management system
of marketing countries
资料来源：张庭伟，1998

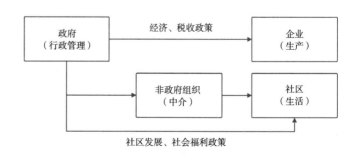

4.3.2　更新实施手段弱化居民产权价值

从上文对城市更新的开发实施特征论述可以发现，主要表现为这样几个特点：其一，当前城市更新在具体开发实施中采用土地储备再开发的方式；其二，在具体更新开始实施中，为了对土地进行整合和整理，在此过程中需要一次性买断原居住民的全部产权，用于土地拆迁；其三，在更新过程中，通过土地出让制度的实施，房地产开发商获得土地唯一开发权，其本质即是收购了原居住民的产权价值，而开发商成为主要土地增值的最大获利者，同时地方政府也能通过土地出让金获取利益分配。换言之，当前城市更新的实施手段，通过购买和征收原住居民手中的产权，采用土地再开发方式和房地产的单一开发主体，实施地产开发行为。当然，这个过程中并不能将城市更新所带来的红利和成本实现公平分配。

1）城市更新实施阶段的土地垄断性再开发

1990 年代后期，伴随着增长内涵、城市经营理念而出现的土地储备制度，成为地方政府土地储备和供应，促进城市高效率发展的重要政策工具。2002 年起，全国主要大城市逐步建立起土地储备机制，即将土地整理和供应渠道集中到地方政府手里，以此禁止居民之间、居民和企业的协议转让和私下交易，以及实现国有土地高效利用。虽然，这种结构使城市更新实现了高效土地利用，但另一方面也反映了政府实际掌握了城市更新中土地的升值收益。比如，地方政府为了开展更新改造，首先需要把之前划拨出去的分散土地使用权重新集中起来，以便通过一级市场统一向开发主体转让。而后，政府以土地招标出让或协议出让的方式，将集中成片的土地使用权转让给开发商。开发商和地方政府博弈谈判，在规划设计的协调下获取土地发展权的配置（规划指标）——获取改变土地用途、提高土地利用集约度以及增加对土地的投入等方式而产生的发展性利益。城市更新中开发实施的流程如图 4.7 所示。旧城地价的上涨成定局，它就像一种过滤筛，排斥原先中低收入居民的回迁，造成内城人口构成的绅士化和居住空间分异。伴随人口单一化而来的功能单一化——旧城原先多样化的内涵将趋于消失，取而代之的是单一的高档商业或者高档居住功能。

总而言之，当前城市更新的开发实施方式即是在资本运作的优势下，依赖房地产开发商，通过政府出让、开发商开发的更新模式获取城市更

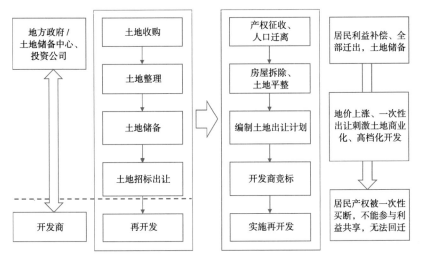

图 4.7　城市更新中开发实施的流程
Fig 4.7　The process of land redevel-
opment in urban redevelopment
资料来源：笔者根据（郭湘闽 2008）改绘

新中的交换价值。因此，在这种视角下，旧城土地被归为纯粹的商品，而政府和开发商则成为左右其交换和盈利的两极力量（郭湘闽，2008）。同时，城市更新所表现出的土地产权增值过程最后大部分被政府和开发商获得，正是这种成本和制度上的转移，使得原居住民在土地增值的收益方面相对较小，同时还需要承担因为拆迁和安置所带来的社会成本增加的问题。

2）单向度开发实施排斥居民产权

如前文所述，根据当前城市更新开发实施的流程来看，一般是由地方政府制定城市更新的宏观计划及征收拆迁、补偿安置的标准和方案，然后通过具有政府背景的土地开发公司或者投资公司进行拆迁安排❶和实施拆迁工作，最后进行土地整理、储备、出让。可以说，当前城市更新开发实施的模式实际上是依托政府自上而下，通过土地产权经营，完成对原居住民产权价值的征收买断，再通过土地出让转让给开发商进行更新开发，它导致了整个更新开发和实施的收益仅在政府和市场之间进行分配。其中这些土地增值收益反映在：其一，内城土地极差地租的回归——土地现有的以及潜在的价值，内城土地地租租隙价值出现（Smith，1979）。其二，其

---

❶　最开始开发商可以参与到拆迁过程中，但是随着 2004 年以来国务院出台一系列政策解决当年的拆迁矛盾，政府开始上收拆迁权利，开发商不再允许直接进行拆迁。特别是 2011 年新出台的征收条例更是从法律层面排除开发商参与到拆迁当中。

后政府在公共服务设施、交通设施的投入。其三，开发商在文化和商业消费上的投入所带来的综合产权价值增值。

通过"政府和开发商"的单向度土地开发模式——政府负责土地征收和出让，开发商负责开发和实施。正是由于这种更新开发实施方式，旧城建筑与土地使用权一起被转换。在经济利益最大化的驱动下，开发商对土地的偏好使得他们更喜欢采取相对简单，且效率较高的更新方式——推倒重建，实现居民产权价值的彻底置换。虽然，有些项目在更新构思上尝试考虑居民利益问题，采用渐进性更新的方式来实现对传统街区和居民利益的保护，但在没有意识到居民产权价值实现的更新实施方式下，最后更新都将沦为拆迁、安置、置换的行为过程。

以重庆湖广会馆及东水门街区为例，它是重庆第一批历史文化传统街区，但随着渝中区旧城更新与城市开发建设的有序推进，湖广会馆及东水门历史文化街区已不再符合渝中区当前城市发展趋势和城市发展定位，导致了自身环境的衰败和社会变迁。除湖广会馆及文保单位已修复外，其余传统民居均有不同程度的破坏。因此，拯救传统民居、恢复街区活力，成为该街区保护规划的重点。

从现状情况上看，该片区内共有 9 条历史街巷，总面积 7.27hm^2，现有国家级文保单位 2 个，市级文保单位 3 个；登记不可移动文物规模 1.4 万 m^2，不可移动文物完好率 80%；已公布历史建筑规模 868.63m^2，历史建筑完好率 80%，其中已修缮历史建筑 4 栋，属于重庆最具历史风貌的传统街区（图 4.8）。

出于对项目重视，该项目设计方——重庆大学建筑城规学院，希望通过规划来切实保护和改善整个片区居民的生活环境和居住条件。因此，在规划思想中明确了恢复街区的活力，提高街区的历史、文化、环境及社会的综合效益，在保护街区的历史环境的同时，提高街区公共服务、市政消防等设施的质量。在具体方法上，则采用循序渐进、小规模更新的改造方式，对保护区内建筑按文保单位、历史建筑、传统风貌建筑进行分级分类保护，维护街区传统格局和风貌，维护现有生态环境。根据这一思路，在保护现有文保单位的前提下（2.75hm^2，1.90 万 m^2），对控制地带建筑尽量考虑不影响原居住民的拆迁外移，而是采用保护修缮、维修改善、整治维修、整治更新等手段，仅对少部分建筑采用异地重建（表 4.3）。由此，更新片区

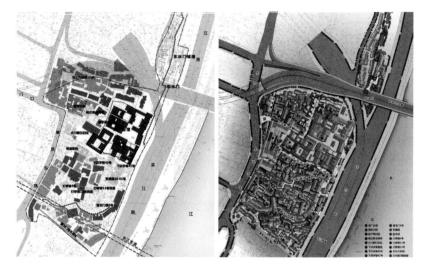

图 4.8　湖广会馆及东水门街区现状
（左图）和规划方案（右图）
Fig 4.8　Current situation（left）and
planning（right）in Huguanghuiguan
资料来源：重庆大学建筑城规学院

中大部分现状建筑将受到妥善保留和保护。整体上，规划在充分维护传统
街区风貌和居民生活，组织安排规划方案。

湖广会馆及东水门街区规划建设情况　　　　　　　　　　　　　　　　　　表 4.3
The construction and demolition in Huguanghuiguan from planning　　　　Table 4.3

具体建设类型		面积（万 m²）	
		规划	现状
建筑总面积		7.89	8.33
其中	保护修缮建筑面积	0.95	0.95
	维修改善建筑面积	0.45	0.45
	整治维修建筑面积	2.51	2.51
	异地重建建筑面积	0.25	0.11
	整治更新建筑面积	3.73	4.31

资料来源：重庆大学建筑城规学院《重庆湖广会馆及东水门历史文化街区保护规划》。

　　当前，该片区中建筑控制范围内的建筑已经基本拆除，土地则交由土
地储备部门作为商业出让用地进行地产开发。随着项目的具体实施，该片
区原有居民 2144 户，约 6500 人，随着片区大规模的重建式开发模式，陆
续被安置在巴南区、渝北区、九龙坡区等安置区域中。截至目前，已完成
拆迁约 90%，未搬迁的住户仅剩 200 余户（图 4.9）。可以说，从更新实施
的伦理上看，它忽视了居民的产权价值，并且仅仅依赖这种由开发商进行

综合开发的方式，并不能很好保障原居住民利益，且对历史文化产生一定程度的影响。

上面所提到的更新开发实施并不是个案。北京南池子传统街区的更新中也出现类似情况。该街区更新规划中就根据《北京市人民政府关于北京旧城历史文化保护区内房屋修缮和改建的有关规定（试行）》，明确了其中25片历史文化保护区坚持以保护更新为原则。根据规划要求按照院落来确定更新方案，不能采用大规模危改的方式成片拆除重建。于是，政府提出承担减免部分改造成本，同时吸引单位和居民共同参与和负担；在去留问题上由居民协商决定，对外迁居民给予安置和补偿。另一方面，在针对更新片区中大量政府公房的产权处理中，给予承租人公房私有化的优惠。由此可见，在整个片区的具体实施中都希望摆脱以往大规模拆迁安置的情况，并且还充分考虑了拆迁补偿、低收入居民、公房私有化、更新的合作方式等。但是，在具体的拆迁安置和更新实施中，并没有出现前期所预期的保护更新的结果，而是直接转向危改"短频快"的拆迁方式。主要表现在几个方面：①政府公房的产权直接通过出售的方式，首先进行私有化，之后再按照补偿标准进行安置补偿；②在更新后住房的购买政策中，也没有对当地居民就地安置给予优惠政策，而是通过高昂的回迁价格促使居民外迁；③之前预期居民参与更新方式并没有实施，仍然是直接引入开发商的开发方式。可见，原定的更新思路被彻底颠覆，原有的181个院落只保留了9个。因改造而消失的传统街区包括：东银丝沟胡同、大苏州胡同、

图4.9　湖广会馆及东水门街区的拆迁现状
Fig 4.9　The demolition situation in Huguanghuiguan
资料来源：重庆湖广会馆及东水门历史文化街区保护规划项目组

西银丝沟胡同、小苏州胡同，居民的回迁率仅为 26%，回迁户数仅为 290户，另外的 786 户则被外迁（张杰，2010）。

可以说，在没有具体制度安排承认居民产权的更新中，居民利益不能获得很好的安排。如上，这两个在规划层面获得充分考虑的案例，最后都沦为房地产开发。特别是在拆迁过程中缺乏深入的多元协商，导致在方案具体实施过程中，不可避免地出现了很多矛盾。

3）市场更新模式忽视更新利益分配

从《国有土地上房屋征收与补偿条例》来看，房屋征收的关键在于保障国家安全、促进国民经济和社会发展等公共利益的需要。换言之，城市更新的产权征收是从公共利益的角度出发，比如，针对危旧房改造，就是改善居民生活环境。然而，现实中旧城房屋拆迁却与之存在一定差异。首先，拆迁的组织主体角色混沌不清。地方政府在城市经济增长、改变城市面貌的目标诉求下，常与开发商合作，共同推动城市更新的进程。而这个过程中，政府常以国家土地所有人的"代理人"身份，通过土地整理、储备、出让，高效完成城市更新工作。其次，在这种逻辑下，拆迁往往对土地使用权过分看重，而忽视传统街区独有的文化内涵。在拆迁过程中，财产所有权被转换的实质是，房屋产权与土地使用权一起被转换。由于房屋随着时间向量的增大，以及级差地租、区位因子的共同作用，导致了房屋的经济价值低于土地价值，由此，使得开发商在获得产权后，往往抛弃了建筑本身，而将一切利润倾注于土地之中。

同时，当前协调利益的实现方式主要包括货币和实物。但是货币和实物补偿都是对现状真实的补偿，对于未来的不确定性，土地再开发的收益与价值并没有纳入考量当中，这就是为什么很多居民在拆迁安置当中不希望外迁、希望回迁的根本原因，原有土地价值和区位都是最重要的评价内容。于是，更新再开发后的土地产权以出让方式被开发商所拥有，收益也将主要由开发商独享。居民一旦接受拆迁，这就意味着他们需要离开原有社会网络和生存基础，通过获得一次性拆迁的买断性补偿。同时也将在更新红利分配过程中无法享受土地增值带来的收益。这种依赖于"单一政府出让＋市场开发实施"的更新实施手段难以摆脱依赖房地产开发的固有模式，相应地，这将持续扩大城市更新在社会收益分配的不平等，由此进一步弱化原居住民的利益。相反，原来居住此地居民则大部分被重新安置，并不能分享该区域再开发所带来的红利。比如，在恩宁路改造的意见统计当中[1]，其中居民主要关注：房屋拆迁和保留、传统街区的保护、居民原地安置（保留原居住民）的问题（图4.10）。其中的众多居民表达对迁出和异

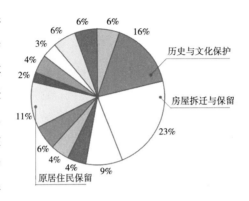

图4.10　广州恩宁路居民意见统计
Fig 4.10　Opinion statistics in Enninglu, Guangzhou
资料来源：华南理工大学建筑设计研究院

地安置的不满，认为没有原居住民的恩宁路将丧失广州西关文化（紧邻广州上下九商业街）。因此，很多居民对更新方式和更新模式方面提出一些"自下而上"的合作式更新。

从现代产权伦理的维度来看，产权的道德（善的表现）或者说是如何实现产权是"善"的，罗能生（2004）认为是实现产权的公平性，主要可以归纳为这样几个方面：其一，各类财产权利平等；其二，获得和使用产权公平；三是以共同富裕为最高目的。这些意味着各种产权的地位是平等的，所有居民都可以平等地获取。换言之，产权伦理的关键在于意识产权的价值，以及注重产权价值实现。所有居民首先可以平等获得旧城产权价值认识；其次，产权机会应该向所有人开放，居民的回迁权利也应该获得尊重；再次，不同利益主体可以获得平等分享财产的权利。

按照这个逻辑分析，对于居住在拆迁区域的原居住民来说，他们有权利通过自身产权共享参与到城市更新中，而不仅仅是局限在政府和开发商的更新模式下。

总之，开发实施依赖于开发商的方式，可能会忽视了居民产权的价值，出于出让方便性和盈利性目的，最后的更新则变成了——达到一次性改造经济平衡，不仅要通过提高回迁门槛增加外迁量，还要降低外迁的货币补偿，都是一种产权开发不向居民开放的方式。此外，在没有利益参与和表达的情况和排斥居民产权价值的开发条件下，仅仅通过产权买断式的补偿和开发，这种空间利益再分配的逻辑还将在对居民的拆迁补偿和安排中伴随着冲突和矛盾，以及对之后空间分配的微观和宏观带来影响。

---

[1]　广州荔湾区恩宁路旧城更新规划，2010年10月。

4.3.3　更新补偿方式忽视居民分配差别

从上文的阐述来看，功利原则的一个特点是在满足最大化效率时可以允许不平等的结果安排。换言之，它并不会去考虑如何进一步补偿和改善这种不利的分配结果，也就是说，城市更新中居民虽然获得的补偿并没有很好缩小或者降低这种由于更新再分配的差别。可以说，当前城市更新所形成了利益进一步分化和差别的结果，是对结果分配中可能存在的悬殊差别并没有形成适当的补偿机制。因此，本节需要分析当前城市更新的补偿机制。主要包括两个方面认识，其一，通过发展增量住房的拆迁安置方式；其二，发展区位条件较差的增量住房满足更新补偿。就当前更新主体来看，由于存在大量弱势群体，因此，在没有适当更新补偿方案下，将进一步扩大再分配的结果差距。

1）更新中存在大量弱势群体

具体到更新区域中的社会经济属性分析中，有学者通过调研和定量分析，指出内城传统街区中贫困发生率和区位熵要高于其他容易导致弱势群体的发生区域（袁媛，2011），此外，一些学者在对南京、广州传统街区更新的问卷调查中也指出旧城传统街区中存在大量弱势群体（何深静，刘臻，2013；张京祥，李阿萌，2013；夏永久，朱喜钢，2014）。就笔者对重庆渝中区传统街区的问卷调查，也可以发现类似的问题。具体来说，包括居民社会经济条件和住房状态两个方面的弱势。也就是说，更新打破了他们赖以生存的空间和就业方式，而在没有合理更新补偿和保障他们根本利益的情况下，将容易进一步边缘化他们的生存环境。

（1）居民社会经济状况

从人口构成来看，居民平均年龄主要为分布在 30~50 岁之间的中青年，占到总数的 56%，其中 30~40 岁的人数占到统计数量的 26%，40~50 岁的人群为 30%，此外 50 岁以上人群占到 27%。

从受教育水平上看，整体表现为受教育程度较低。其中 62% 的居民仅有中学和小学文化水平，分别占到 41% 和 21%，而专科以上的文化程度仅为 38%。

从收入情况来看，由于牵涉到了具体收入情况，部分居民选择不回答，仅有 93% 的居民作出了选择。根据问卷可知，两个社区中 18% 居民月收入为 1000~2000 元，41% 的居民月收入为 2000~3000 元，换言之，样本统计上月收入在 3000 元以下的户主收入占到总样本的 60% 左右。

根据 2012 年重庆市统计年鉴可知，2011 年重庆城镇非私营单位职工平均工资为 40042 元 [1]，即笔者所调研的 2 个安置小区中多数户主年收入都处于重庆平均工资水平以下。就笔者所调研的安置小区看，居民的社会经济状况属于城市中等和偏下的情况（图 4.11）。

从就业情况来看，2 个安置小区的居民整体失业率较高，达到 17% 以上，此外还存在 19% 的居民为退休，就业的居民仅占到 64%，从这个侧面也反映出居民的经济地位较低。

从就业类型看，大多居民都是以前国有单位的职工，并且也有部分居民从事个体私营行业，总的来说并不能反映他们相对弱势的情况。但从职业构成来看，笔者采用第六次人口普查中统计居民职业划分的标准，结果表明原居住民的职业构成大多为从事商业、服务业，生产、运输设备的蓝领职业，所占比重在 50% 以上，从中则可以表明安置房源中居民从事低层次行业工作的人口比重大。

综上所述，我们可以发现所调研的居民表现出社会经济地位普遍较低的情况：受访者以 50 岁左右的中年为主，文化水平偏低、失业率高、职业地位不高、收入偏低等。

（2）居民住房状况

从住房产权所有情况看，笔者根据调研发现，拆迁前的居民住房私有化程度较高，达到 66% 的私有化产权。其中私有化方式都是通过 1998 年

图 4.11　受访者年龄、受教育程度、月收入状况
Fig 4.11　Residents'age, education level, monthly income
资料来源：笔者自绘

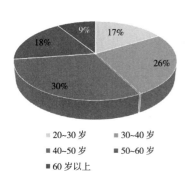
■ 20~30 岁　　■ 30~40 岁
■ 40~50 岁　　■ 50~60 岁
■ 60 岁以上

■ 小学及以下　　■ 中学
■ 专科　　■ 本科
■ 研究生及以上

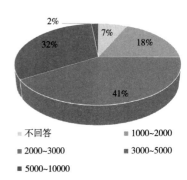
■ 不回答　　■ 1000~2000
■ 2000~3000　　■ 3000~5000
■ 5000~10000

---

[1] 　重庆市统计年鉴，2012。

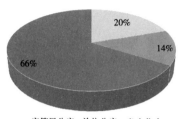

以后的单位公房私有化，从购买年份看都集中在 1998—2005 年，并且购买的价格也远低于市场价。当然，其中也有少量居民通过市场化方式购买已经私有化的公房。此外，拆迁之前还有部分居民没有获得私有化住房产权，占到 34%，其中，属于房管局公房的比例为 20%，而属于单位公房的比例为 14%（图 4.12）。

从拆迁前住房面积上看，其中住房面积多集中在 40~50m^2，占到总比例的 62%，其他住房面积则分布在 50~70m^2，占到 33%，存在少量比例 5% 居民的住房面积在 70~90m^2。笔者根据户均人口数量进行了统计，对所统计住房面积的区间取中间值，计算人均住房面积，发现拆迁前的人均住房面积仅为 14.2m^2。

从拆迁前住房居住条件看，笔者主要通过统计是否具有独立客厅、卧室、厨房、卫生间，以及安装空调、煤气、宽带来衡量居住条件。具体来说，仅有 71% 和 52% 的居民拥有独立厨房和卫生间，在独立客厅和卧室的比例上也仅为 49% 和 56%。而在煤气使用方面，仅有 27% 的住房通了煤气，其余家庭则需要采用灌装煤气。在空调和宽带的使用上，使用的比例也仅为 64% 和 44%（表 4.4）。

总之，从这一系列调研数据中可以发现，居住在内城传统街区居民，其中很大一部分都属于城市弱势群体，他们不仅在社会经济收入方面表现了弱势，同时在住房产权、面积、条件上都没有达到平均水平。从另一个角度上看，这些居民由于其社会经济属性的限制，没有能力主动改变自身的生活状况。因此，到具体城市更新的结果安排，比如在具体的拆迁补偿、甚至政府保障方面，不合适的安排都将对他们的生活产生明显的影响，甚至更弱化他们的生活条件。

2）增量住房的拆迁安置方式难以满足居民需求

早在 1980 年代，各地政府开始对内城进行更新。由于受到拆迁资金短缺的影响，城市更新所涉及的区域相对较少。但是在具体更新中，由于其福利性特征，在具体更新的结果安排（补偿）方面，都是采用原地安置方式。换言之，经过更新之后的居民在居住环境和条件方面都获得很大提

安置前后建成环境和产权比较　　　　　　　　　　　　　　　　　　　　　　表 4.4
Built environment and property rights before and after relocation　　　Table 4.4

建筑类型		安置前内城住宅
人均住房面积（人 /m²）		14.2
居住条件（%）	客厅	49
	厨房	71
	卧室	56
	卫生间	52
	空调	64
	煤气	27
	宽带	44
住房产权（%）	私有产权	66
	单位公房	14
	房管局公房	20

资料来源：笔者根据调研数据整理。

升，因此，这个阶段的更新具有很高的满意度。

　　而进入 1990 年代，市场化改革的推进，特别是住房改革对房地产的释放，使得房地产开始被大量引入城市更新当中。比如 1992 年 2 月，广州市政府办公厅印发《关于加快东风、金花小区旧城改造的通知》（穗府办 [1992]9 号），利用市场力量快速推进解决两个小区的开发建设任务。同样，越秀和荔湾区则将"以地引资"作为突破口，大大推进了历时多年未能完成的改造项目（叶林，2013）。就具体拆迁补偿和安排来看，原地实物补偿的方式由于受到时间和经济成本的影响逐渐被抛弃。因此，在具体执行方面，开始执行异地补偿的方式。比如，上海 1991 年颁布了地方性拆迁补偿条例，鼓励在拆迁安置中采用异地安置的方式。可以说，这个方式为上海市 1990 年代快速推进 365 工程——365 万 m² 危棚简屋改造提供了基础条件。因此，在上海太平桥的更新中，大多数居民都被异地安置在外围片区，承担更多生活成本，虽然他们获得了更好居住面积和居住环境。

　　到 2001 年以后，货币补偿被逐渐用来替代实物补偿的方式。但是，由于货币补偿是基于对旧住房评估的基础上得出的，所反映的土地和区位价值并没有纳入评估当中，因此，拆迁评估价值往往要远低于市场的价值。换言之，由于土地的公有性质，居民并不能获得土地使用权价值，即不可能享受到土地升值所带来的好处。可以说，2001 年的货币补偿在很大程度释放了城市更新的最后枷锁。由实物安置的方式转变为货币安置的方式，本质上加速了城市更新的过程，使大规模、高强度、快速的拆迁过程成为可能。但是，另一方面，在拆迁政策的转变下，居民往往所获取的住房拆迁补偿不足以在原来位置再购买一套住房，因此，大多数人会通过市场行为在郊区购买住房。比如，北京东城区新中街的更新中，原有 550 户居民，经过货币补偿之后，仅有 4% 的居民，20 户居民具有经济条件重新回迁至原地（Shin，2007）。再如，上海在中远两湾城的建设中，一共搬迁了 10500 户居民，其中大多数居民只能通过货币补偿在浦东、宝山、嘉定等外围区域组团购房。这个阶段中仅仅只有那些被政府确认为重点建设项目或者基础设施建设项目的拆迁补偿，才会提供实物补偿。

　　笔者整理了重庆近 20 年的拆迁安置政策（表 4.5）。从表中可知，2008 年以后，重庆政府开始重新执行实物补偿和货币补偿的形式，一方面开始拓宽产权调换房的渠道和提高货币补偿标准。同时，还加大了对相应安置房源的供给力度。从 2008 年开始重庆市主城各区政府提出从市场上收购中低价位的商品房，用于安置危旧房改造中的拆迁户。重庆主城九区政府已经投入了 29.63 亿元，购买了 49 个楼盘的商品住房 14931 套、建筑

重庆市房屋拆迁安置管理办法　　　　　　　　　　　　　　　　　　　　表 4.5
Management measures of housing relocation in Chongqing　　　　　　　　Table 4.5

时间	安置方式	政策特点
1992	实物	无偿分配到有偿安置
1999	实物、货币	实物安置和货币安置并举，突破安置方式单一性
2001	实物、货币	实施最低实物补偿标准
2002	实物、货币	提高货币安置标准
2003	货币	提出"市场 + 保障"的补偿原则，实施最低单价补偿标准和最低总额补偿标准
2008	实物、货币	加大对被拆迁人的政策优惠力度，鼓励被拆迁人积极搬迁
2011	实物、货币	对原办法进行了重大修订，主要提高了拆迁安置补偿费用、产权调换和拆迁中的公平性

资料来源：笔者根据重庆市相关拆迁（征收）管理条例整理。

面积 98.92 万 m² [1]。

从对安置居民的访谈发现，重庆当前的补偿操作方式，是通过市场评估给予货币补偿的方式，同时也提供安置住房，但并不直接提供实物补偿，而是允许被拆迁居民作出选择，要么通过货币补偿购买市场商品住房，要么用于购买政府提供的安置房源（当然安置住房的价格要远低于市场价格）。但是货币补偿的评估价格也要低于市场价格 [2]。换言之，我们可以清晰地发现，地方政府给出了多样化的拆迁补偿方式，但更多都是通过住房价格杠杆和补偿标准的限制，使一部分原居住民离开原来的居住区域，搬入之前准备的安置房源中。

从以上可以发现，虽然我国城市更新补偿出现过多种方式，但无论是货币补偿、还是当前多种模式的补偿方式，从根本上看，都是通过增量住房安置来满足居民拆迁的结果的安排，都需要进行空间的再分配。

3）安置住房区位条件强化再分配的差距

上文已经提到当前更新补偿都是采用增量住房的方式来满足更新补偿要求。另一方面来看，那么增量住房安置区位也就成为反映补偿结果的重要因素。具体来说，增量住房安置包含两种方式，一种是通过增量商品房；另一种则是增量保障性住房。前者由于和市场直接挂钩，区位条件的相对优越，甚至是原地，但是需较好的经济条件；另一种则是政府提供保障性住房。

前者由于在拆迁中的征收补偿估价偏低，使得依赖于原地增量商品住房方式并不易现实。现有的拆迁补偿是针对被拆迁的建筑产权，并没有考虑到旧城的土地使用权价值。举例来说，2009 年，重庆市瑞达房地产评估有限公司公布了弹子石正街片区危旧房一期拆迁评估价格，住宅拆迁补偿金额是以同地段同用途的房地产市场价格进行评估，其公布的公示住宅评估价为 3120~3480 元 /m²。而弹子石拆迁区域同路段的阳光 100 的房价最高已达 1.8 万元 /m²，均价在 1.3 万元 /m²。就这个意义上看，原居住民通过货币衡量的补偿金额是很难在原居住地购买住房，而仅能用于购买政府所提供的安置房源。

---

[1]　政府买商品房安置拆迁户两头不落好？ http://jjckb.xinhuanet.com/gnyw/2009-01/08/content_137271.htm。
[2]　笔者对渝中区更新改造安置后居民深度访谈得知。

另一方面由于传统城区中住房面积普遍较小，比如笔者在对重庆的调研发现，从拆迁前住房面积上看，有62%的住房面积在40~50m²，仅有5%的住房面积70m²以上。可见，由于面积小，且人口密度高，使得人均补偿标准较低。虽然，重庆市政府为进一步保障拆迁中弱势群体的基本利益，对那些原来居住面积很低的居民给予了最低保障。2011年重庆新颁布的《重庆市国有土地上房屋征收与补偿办法（暂行）（渝办发〔2011〕123号》中确定了以产权户为单位，家庭人口在2人及以下，被征收住房建筑面积不足30m²，按建筑面积30m²给予补偿；家庭人口在3人以上，住房建筑面积不足45m²，按建筑面积45m²给予补偿（第二十六条）。显然，该补偿方法增加了弱势群体的面积补偿，但是从本质上并没有改变居民的更新结果。比如，居住弹子石的居民可以按照45m²进行补偿，每平方米按照评估单价为3500元/m²计算，居民仅能获得16万元的补偿金，而这些补偿金则完全不够购买弹子石正街周边的商品房，而仅能购买为拆迁居民提供单价为3000元/m²左右的安置住房（当然这个价格要远低于周边普通商品住房的单价）。

此外，通过重庆的几个更新案例的调研，发现安置房源往往成为拆迁居民意见的重灾区。在没有合理、公平的博弈环境下，安置房源要么位于区位条件较差的区域（远离内城繁华区域），或者存在内生性缺陷（自身区位的明显缺陷）。比如，渝中区较场口、十八梯、凯旋门等区域的更新，有2200户安置在沿嘉陵江的临江佳园，按理来说区位条件较好，位于渝中区嘉陵江滨江岸线周围。但是，笔者在对小区的调研发现，该小区四面被滨江路、跨江大桥（嘉华大桥）、互通立交所包围，形成名副其实的交通"环岛"（图4.13）。

可以说，就拆迁安置的具体安排上来说，拆迁政策虽然在不断进行调整，比如更加关注被拆迁者的利益保障。但是，如果不对更新补偿的两个方面进行考虑，更新再分配的结果悬殊还将继续。其一，不能仅依赖于通过货币和异地安置的补偿方式，可以允许他们参与到再开发进行补偿，或者配建的方式中；其二，还需要考虑增量安置房源的区位安排，需要给予定量评估和分级来确定安置的区位范围。

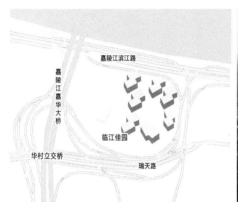

图4.13　临江佳园安置房源的区位条件
（四周高架环绕）
Fig 4.13　Location of relocation housing, Linjiangjiayuan
资料来源：笔者自绘、自摄

4.4　小结

本章作为本书剖析更新问题的部分。首先，明确当前城市更新反映出宏观和微观的影响，但是究其内在矛盾则主要可以概括为更新机制在权利和利益分配不均衡的结果。其次，究其困境根源，则可以通过伦理学理论来进行解释，它反映出了作为制度层面的目的论特点，它通过从结果和目的的层面来规范制度本身的行为。具体在更新规划角度，具有增长特性的目的伦理成为当前更新运作机制出现偏差的根源，而这种影响将直接反映在更新过程中对政治权利和经济利益分配的权益安排上。再次，笔者通过对目的论的代表理论——功利主义的梳理，作为透视更新困境和分析当前更新机制的基础。笔者认为功利原则的目的论所反映的对结果和目的的要求和所理据的对"好"的认识，会存在对个人权利、利益的尊重和合理分配的不重视，同时，它所具有对分配差距的安排也进一步导致结果差异。这些从更新机制上分别可以对应于更新组织决策在个人话语权和参与的缺位，在更新实施手段上容易造成对利益分配和划分的影响以及更新结果层面上的分配差距。

总之，本章对城市更新问题和矛盾进行了制度伦理层面上的剖析，认为功利主义依赖于结果"善"价值判断下的更新机制是导致更新权益分配不均衡的根源。简言之，功利原则下的更新运作机制在权利和利益分配方面的矛盾直接导致了城市更新的主要困境。

5

探索：
西方城市更新的
价值理念和案例启示

包容性城市更新
理论建构和
实现途径

作为本书的借鉴部分，本章结合西方发达国家的经验，从他们城市更新发展理念和具体案例实践来介绍他们如何在经历增长导向的更新之后，走向更为包容的城市更新趋势。很多国外案例提供了城市更新发展思路转变和具体规划机制的引导，提升社会活力、可持续性，从而为城市更新提供了更具有包容性增长的成功经验。在经济仍然处于快速增长，经济增量要求仍居主导地位的我国城市，借鉴这些更新经验和方式，可以促进我国城市更新跳出前文所指出功利性目的论的特点，形成更为持续、包容、和谐的更新规划机制。

首先，针对西方国家城市更新的历程进行总结，提炼出阶段性更新的理念和特征。其次，从美国两个城市旧金山 Yerba Buena Gardens 更新和罗利 Fayetteville 街区更新，研究这些项目的经过更新在出现过强调经济增长的更新逻辑后，如何转变更新思路，如何在更新机制方面进行转变，使之更新结果获得成功。

5.1 西方城市更新理念的转变

从上文概念界定可知，西方针对城市更新在不同阶段上具有不同内涵，并且其中政府在不同阶段形成不同更新理念。比如在新自由主义思潮的影响下，城市更新理念具有强调增长特征，政府的管治思想也强调逐利动机和增长联盟。尽管西方国家在社会经济发展和历史背景方面存在一定的差异性，但就其城市更新的基本发展路径和趋势则具有一定的相似性。具体来说，西方城市更新从时间上可以分为 4 个阶段，每个阶段分别对应了重建、复兴、再开发、再生的理念（表 5.1、图 5.1）。这些概念在内涵上的差异性实际上是不同时期下城市更新理念在实践中的反映。因此，首先有必要对城市更新的发展理念与实践进行整理和总结。

西方城市更新模式和特征 表 5.1
Mode and characteristics of western city renewal Table 5.1

时代	1960 年代以前	1960—1970 年代	1980—1990 年代	1990 年代以来
经济背景	战后繁荣期	普遍的经济增长	普遍性滞涨	人本主义和包容性
制度环境	凯恩斯主义	凯恩斯主义、社会民主主义	新自由主义	后新自由主义

续表

时代	1960 年代以前	1960—1970 年代	1980—1990 年代	1990 年代以来
更新理念	战后城市复苏下的物质空间重建	政府凯恩斯主义色彩的空间投资行为	经济增长主导下公私合作式的物质环境再开发	走向包容性增长的多目标、可持续的综合更新方式
管治特点	自上而下，注重物质环境更新	自上而下，综合视角来分析社区发展问题	政府与私人部门成为增长联盟	自上而下和自下而上结合，多维度城市更新
战略目标	清理贫民窟，快速清理城市中破旧建筑，提升城市形象	提升物质环境的同时，增加社会服务功能，关注弱势群体	市场导向的旧城再开发，最重要的手段是通过资本引入强化绅士化行为对内城的更新	高度重视人居环境，提倡城市多样性，强调社区邻里复兴
更新影响	大规模搬迁，破坏了现有的社区，加重了种族隔离	被更新的区域物质环境提升，但是社区并未复兴，同时造成政府巨大财政压力	绅士化和居民置换、社会隔离强化，形成二元城市	不仅考虑物质空间改善，还关注社会环境的改善，从根本上提升了社区品质实现社区可持续

注：张庭伟教授对后新自由主义内涵进行了界定，认为这个时期更需要考虑社会公平和增长的包容性，有针对性地提出适应当前经济导向和增长目标的城市规划和城市发展政策的理论转变。

资料来源：笔者根据相关文献（Harvey，1989；张更立，2004；Harvey，2005；Rohe，2009；董玛力，陈田，王丽艳，2009；翟斌庆，伍美琴，2009）整理绘制。

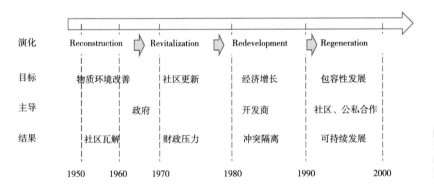

图 5.1　西方城市更新的 4 个阶段
Fig 5.1　Four period of urban renewal in western country
资料来源：笔者自绘

5.1.1　物质环境改善的推倒重建

西方大规模城市更新始于第二次世界大战以后，这与工业产品的危机和战争的物质结构衰败有着直接关系。城市更新实践由政府公权主导，以大规模贫民窟清理为手段，其出发点是基于美学效果和提高城市环境与居住质量。就美国来看，伊利诺伊、密歇根和纽约在内的几个州早在 1940 年代就通过法案来促进城市更新计划。特别是 1949 年通过联邦的《住房法案》（Housing Act），赋予了地方政府征用土地的权利。换言之，自从

图 5.2　芝加哥通过公共住房置换贫民区
Fig 5.2　Public housing built to replace slums in Chicago
资料来源:（Rohe 2009），P215

1940 年以来到 1973 年，临近尼克松执政时期终结时，城市更新计划已经支持了全美将近 2800 个地方更新计划；涉及美国境内总共约 25.3 万 km² 的土地，并且安置了将近 30 万个家庭（Rohe，2009），其主要目的就是对内城衰败区域推倒重建，提升城市环境（图 5.2）。可以说，大规模城市重建行为成为凯恩斯国家政府职能对公共福利的积极反应。但是，城市更新计划中拆除的住宅数量远远大于重建的数量，每建一个新住房就需要拆除四个已有的低收入家庭住房，且新建住房多为中低收入家庭所不能支付的高品质住房。此外，还有部分腾出的土地被用于商业再开发，如商业、购物中心、文化娱乐设施等，由此直接导致了公共住房供给不足。因此，内城贫民的境遇非但没改善，反而有恶化的迹象，可以说，城市更新计划其实质强化了贫民（多数是黑人）的空间集中和再度边缘化。

　　当然这个阶段具有推土机式的重建行为受到了广泛的批评。例如有观点指出它忽视了各个项目的多重目标性、随着时间变化的演进性，以及在不同城市中实施时需要注重的地域性特征等。其最主要的批评在于更新工程破坏了现有社区，将居民和地方商业外迁却没有提供足够的补偿，并且加重了种族隔离（Jacobs，1961；Hartman，1964）。在 Hartman（1964）看来，由于大量的更新工程发生在黑人社区中，城市更新计划主要背上了"黑人清除"的恶名。根据统计重建计划中导致大约 58% 的非裔居民从内城中被驱赶出去（Sanders，1980）。

5.1.2　注重社区更新的城市复兴

1960年代西方国家针对之前采取重建方式的城市更新进行了反思——虽然居民在居住环境上获得了较大改善，但并没有根本上脱离贫困。同时，这个阶段西方开始了郊区逃逸现象，具有购买力的中上层阶级追求良好的环境资源，逃往郊区，缺乏购买力的下层阶级滞留于旧城。因此，内城仍然还是贫困的延续，以及社会问题的多发区域。使得西方政府推出了多种社会项目，注重从邻里角度推动更新。比如美国推进了社区行动计划（Community Action Program，CAP），以及建立了很多社区发展公司（Community Development Corporations，CDCs），旨在关注社区或者城区的物质和经济改善问题，通过大量联邦资金（联邦资金占80%，地方资金占20%）用于教育、医疗、培训、公共安全等社会项目。该阶段更新重新强调了城市社区的综合问题，以此反思城市重建计划的不足。其次，1950~1960年代的民权法案（Civil Rights），赋予了市民广泛参与到社区设计和实施的依据，也突出了居民参与社区行动的重要性。

尽管CDCs宣称了社区居民共同参与管理和控制（图5.3），但是由于大部分资源基础源于社区外部，因此地方性居民对CDCs的控制能力有限。总之，该阶段的更新具有以下特点：没有过于强调物质形态层面，而是通过社会、政治、经济和空间发展的综合方法（Rohe，2009），但是城市更新过程仍处于社区居民干预之外（Rohe，Bratt，2003）。

图5.3　1965年纽约社区行动中居住邻里的参与活动
Fig 5.3　Neighborhood residents at a New York City CAP meeting in 1965
资料来源：（Rohe 2009），P217

总之，这两个阶段的城市更新都是处于凯恩斯国家的监管体系下，其行为更具有福利主义特征：大规模、高强度物质重建行为；以凯恩斯的政府权力主导方式；强调内城环境、居民居住环境改善，对城市特别社区进行了大规模的摧毁，形成较大的社会问题。虽然第二阶段已经在前一阶段的基础上有所调整，但是其本质并没有改变作为物质更新的特点，对应社会经济环境也没有获得很好的改善。比如美国的"模范城市项目"实施了七年，共投入 23 亿美元用于城市社区改善，但是由于资助项目过多、资金分散、过于理论化等原因，并没有彻底地解决内城的矛盾（Frieden，Kaplan，1990）。

5.1.3　刺激经济增长的城市再开发

从城市更新的背景上看，西方在 1980 年代长期受困于经济滞涨的问题，英国撒切尔政府和美国里根政府分别采用了当时哈耶克等强调市场自由经济的发展思路，采用新自由主义的经济和城市发展政策——进一步降低政府的管制行为，强调市场导向的作用，鼓励私人部门在城市建设方面的投资。因此，这个阶段西方城市更新由镶嵌的凯恩斯主义转向强调积累、增长的城市更新行为，构成了 1980 年代英美城市更新政策体系的基石（Harvey，2005）。在这个背景下，强调市场化运作的空间再开发理念和实践应运而生，在美国自由市场体制下，私人发展商积极投入城市更新和建设活动中，联邦政府进一步退出城市更新项目。

以刺激经济增长为目的的房地产开发导向（Property-led）的城市更新成为主流。其显著特点是政府与私人部门的深入合作，政府出台刺激性政策为私人部门投资提供宽松和良好的环境，私人部门提供资金在市中心修建标志性建筑、豪华娱乐设施，借以吸引中产阶级在内城的回归，并作为催化剂刺激内城经济增长。比如，1980 年英国颁布了《地方政府、规划和土地法案》（Local Government，Planning and Land Act）赋予了中央政府建立新的中央政府机构——城市开发公司（UDCs），其后又先后成立了两家城市开发公司，伦敦道克兰开发公司（London Docklands Development Corporation，LDDC）和利物浦默西塞特开发公司（Merseyside Development Corporation），以采用"更加商业化的城市更新手段来取代地方政府的官僚主义管理模式"。这些开发公司都是由中央政府拨款成立的企业型机构，拥有原本属于地方政府持有和管理的部分城市土地及其规划许可权限，因此，它们往往会过度依赖市场主导的房地产开发活动，对这些地区的物质环境进行重建改造，实现土地价值最大化。在城市开发公司的操作下，大量旧城土地被征用并用作经济用途。可以说，1980年代，整个英美都充斥着各种地产开发项目，商业、办公及会展中心、贸易中心等旗舰项目成为地方主要更新模式（图5.4）。私有部门被奉为拯救城市衰退的首要力量，公共部门则逐渐成为城市次要角色，其任务是为私人部门的投资和资本引入提供良好的投资环境和为经济增长创造宽松的政策条件。

但是，无论西方政府主导福利性质的更新，还是商业导向的城市更新，其基本思想就是试图通过物质更新的方式来刺激城市环境，以此达到对社区复兴的目的。特别是新自由主义下为了满足城市资本积累，政府和私人部门宣称市场化的城市更新可以通过"涓滴效应"令社区民众分享到经济及物质环境改善的成果，从而解决社区的各种社会问题。虽然此模式在引进私人资金方面取得了一定成就，城市更新的发展速度和发展规模也日趋加大，但过度依赖市场主导的更新行为实际是房地产开发活动，并未让内城社区居民感受到"涓滴效应"的存在，相反却因为"溢出效应"被排挤到新的边缘地带，未实现社区大众的实际意愿和需求。然而比如1980年代后期，房地产导向的城市更新对美国旧城产生的效果显著：通过大规模房地产开发，衰落地区高楼林立、租金上升、新兴服务业发达；城市更新未能惠及当地社区居民，他们的收入没能得到提升，失业情况依旧严峻。

图5.4 巴尔的摩滨水区域城市更新
Fig 5.4 Urban redevelopment at waterfront area in Baltimore
资料来源：笔者自摄

5.1.4　走向包容性增长的城市再生

以市场为主导，强调增长为目标的房地产模式下的城市更新方式转变了城市更新实践的本质，增加了地方税收和城市美誉度。其本质应该说是一种经济逐利性、依赖于增长联盟的建设方式来实现城市空间再开发和资本积累过程。Oc，Tiesdell（1991）针对当时 1980 年代以来的以市场为导向，强调经济增长的物质空间更新行为提出了反对意见，认为这种新模式缺乏战略性思维，忽视城市更新对更广范围的影响，未能形成财富涓滴效应，在泛似海洋般的衰落中，它只能营造出寥若孤岛式的繁荣。

基于以上背景，西方国家对城市更新的增长动机（依赖房地产模式）进行反思。1990 年代以来西方城市更新被植入了新的内涵，无论是从参与主体、参与主体间的关系、还是更新运作机制上都迎来了综合多元化的更新趋势——强调"理性包容"的包容性增长思维。这种强调包容性的更新理念，也深受到了 1980 年代末可持续发展观的影响。比如，1990 年代以来美国城市规划开始转向用生活品质作为考量城市形态的重要指标（Song，Quercia，2008；Miles，Song，2009），城市更新逐渐转向社区层面（Neighborhood）的再生，并认为城市形态的作用是通过间接影响社区形态改善人们的生活品质，换言之，房地产更新下的物质环境并不是更新的主题，而社会环境的综合改善则受到重视。Bright（2003）、Zielenbach（2000）等学者提出美国城市更新行动中要致力于社区再生（Regeneration），即除了物质环境改善以外，更要注重引导居民自助更新和参与规划。相似的，英国城市更新也出现了转变，英国政府通过了"城市挑战（City Challenge）""综合开发预算（SRB）"等计划，使得被忽视的弱势社区居民被纳入城市政策的主流，使他们有机会在更新决策过程中行使自己的权利，表达自己的观点，参与方案的制定和实施。

因此，可以说，在整体可持续框架下强调城市包容性增长的城市发展和更新思路在西方国家获得了很强的共识。2007 年在欧盟部长级会议（EU Ministers for Urban Development）上，各国就可持续发展的欧洲城市（Sustainable European Cities）发表了莱比锡宪章（Leipzig Charter），即是强调包括改善物质环境，提供可持续的交通、地方经济发展、教育和贫困地区培训等一揽子战略。此外，在 2010 年欧盟部长级会议还通过了"托莱多宣言（Toledo Declaration）"，提出了 21 世纪建立欧洲社会市场经济目标：
①精明增长——发展知识经济和创新经济；②可持续增长——发展更有效
利用资源、更环保和更具竞争力的经济；③包容性增长——发展能促进就
业的经济和增强社会凝聚力；并且提出城市政策制定应该有利于实现"一
个更精明、更可持续和更具包容性的社会"❶。

　　总之，这个阶段英美国家城市更新理念和治理方式发生了本质的变化。
这些转变的核心价值取向强调了社会公正和包容，跳出城市更新作为经济
增长的手段，更加关注对居民，特别是低收入群体的包容和对城市更新结
果的共享。因此，从西方城市更新的案例来看，它们体现了对社会关怀、
维系而不是铲除社区纽带；帮助而不是阻碍社区发展和自我更新，而实现
这些目标的重要机制就是鼓励社区参与、创造机会公平、共享的更新环境，
让社会环境的可持续包容于经济增长的决策之中。

5.2　案例借鉴——强调包容性增长特征的城市更新

5.2.1　美国旧金山 Yerba Buena Gardens 更新项目

　　以美国旧金山 Yerba Buena Gardens 更新项目为例，Yerba Buena 中
心是美国加州旧金山（San Fransico，CA）市场街南区（South of Market）
的一个大型城市更新项目。Yerba Buena 中心用地北起市场街（Market
Street），南至哈瑞逊街（Harrison Street），东临第二街（Second Street），西
接第五街（Fifth Street），与东、西、北三面的中央金融区、市府中心和中
心商业区隔街相望，南侧为著名的 Mission Bay，中心与 80 号高速公路的
出入口相连，内部拥有多条公交线路，未来的城市轻轨也将沿第三街贯穿
东部城区 ❷（图 5.5）。Yerba Buena 中心占地 35hm²，街区由居住、文化设施、
商业和公共空间所组成。

　　Yerba Buena 靠近旧金山湾，长久以来一直是工业区、码头区，属于
蓝领劳工的活动圈。19 世纪，市场街南侧主要是与海运有关的工业用地和

---

❶　http://ec.europa.eu/atoz_en.htm.

❷　http://en.wikipedia.org/wiki/Yerba_Buena_Gardens.

图 5.5　Yerba Buena 区位情况
Fig 5.5　Location of Yerba Buena Gardens
资料来源：www.brunerfoundation.org

码头工人的简易住宅。1906 年的旧金山大地震以及震后的无序建设，加速了该地区低收入住宅的蔓延。第二次世界大战前后，大量工人的涌入使南区的状况更加恶化。仅仅相隔一条 30m 宽的街道，市场街南北两区的环境、地价和安全性截然不同，该区环境破败、犯罪率高，成为与之一路之隔的旧金山金融区旁的环境毒瘤。

自 1953 年 Yerba Buena 区域共 19.5 个街区首次被确定为城市更新区开始，引导城市跨越市场街向南发展从而振兴市场南侧，成为 50 年来历届市政府的工作重点。在这 50 年里，Yerba Buen 的更新规划历经 5 任市长之手，通过 3 次总体规划修订和无数发展商、规划师、建筑师参与，以及多次的公开参与，直至今日仍在修改完善之中。

但是，总的来说，该项目主要表现出了明显包容性增长的特点：

1）十分注重公众利益表达，公众的意见不仅能够左右规划的调整和决策，而且能够从根本上决定更新方案的确定和具体运作。比如，Yerba Buena 中心的整个更新过程，从早期采用重建式更新来自原居住民诉讼，到其后对公共设施的考虑，以及对低收入居民的住房安排，都反映了以社区组织和一些非政府组织一直在和旧金山重建局、开发机构的不断协商和博弈过程。从具体社区组织来看，主要有如下一些重要组织参与了规划设计过程，比如住户和业主发展公司、南市场联盟（the South of Market Alliance）、Yerba Buena 联盟（Yerba Buena Alliance）等。

此外，在 Yerba Buena 中心的日常维护中，住户和业主发展公司作为整个社区新旧居民的代表，处理日常事务、管理公共资产和参与都市生活。此外，还推动低收入住房建设；以及组织社区就业和教育培训。可以说，更新过程促进了原有邻里积极参与和自我组织的意识，都强化了地方邻里在更新过程的参与和实现社区认同。

2）更新超越了物质空间的目标。不同于简单的城市重建，城市更新已不能再停留于物质环境改善与审美的角度。而是通过共同治理的方式，限制政府和开发商的企业化行为，追求全面的城市功能和活力再生，活化城市的社会与文化，降低犯罪率，创造更多的就业机会，提高经济发展水平和城市活力。Yerba Buena 中心综合协调各方意见，在兼顾商业利益与社区文化权利的前提下，该地区采取混合开发方式，增加了地区经济的活力，也为当地居民造就了大量的商机与工作机会。比如，原有居住邻里能够享受到更多的文化参与和娱乐，以及改善所带来的交通设施，和更新的新面貌。此外，虽然就业仍然是一个关键挑战，但是对原居住民的就业培训为这个过程提供了一些帮助。

3）充分考虑了原居住民的利益，强调对弱势群体的保护，比如成立住户和业主发展公司（TODCO）和 SRO 项目在原地兴建住房提供给原居住民和低收入居民。前者被纳入旧金山保障性住房体系当中 ❶，后者则是通过多样化住房供给，一方面通过住房补贴的方式为低收入居民提供住房，另一方面，兴建中等和高档住房满足原居住民，或者外来高档居民的居住。但是，总的来说，通过对原居住民和低收入居民的保护，Yerba Buena 更新之后并没有发生明显阶层替换和居住分异现象，相反，通过多样化住房供给方式即充分照顾了原居住民和低收入人群的实际生活需求，还满足了 Yerba Buena 作为城市中心的多样化邻里需求，使之成为多样化混合邻里。

到目前为止，Yerba Buena 中心被认为是美国城市更新成功的案例之一。在 1999 年，该项目获得了 Rudy Bruner 年度金奖（Rudy Bruner Award for Urban Excellence）。该奖项着重奖励那些在政治、社区、环境等多方面为城市作出突出贡献的建设项目。Yerba Buena 的更新过程，创造了具有包容性的居住邻里环境，同时也提供了一个包容的决策过程。在整个更新决策中没有任何一个角色在其中是具有控制性或者主导性的，而是包容性的满足各个不同利益团体，其结果也是最后达到利益平衡。就如 Rudy Bruner 基金会的评审委员会对该项目的评价，Yerba Buena 具有混合用途

---

❶　旧金山市和郡住房管理局，http://affordablehousingonline.com/housing-search/California/San-Francisco/.

的发展，使文化、社会正义、经济发展协同共存；并且该项目的更新过程中所采用包容性和多元的参与模式 ❶ 。

5.2.2   美国罗利 Fayetteville 街区更新实践

罗利（Raleigh，NC）是美国北卡罗来纳州州府，早在 1788 年罗利便被选为州府所在地，从城市正式开始筹建到今天也就近 200 年多年的历史。2009 年，罗利大都市圈范围内共有 112.5 万人，中心城区为 40 万人左右。罗利城市形态基本上延续了 1972 年威廉克里斯规划模式（William Christmas Plan）中的方格网结构。与多数美国城市不同的是，罗利一开始就被州府按照规划来实施建设，因此它的方格网按照一英里的方式布局成方格网形式布局。

1）内城逐渐衰败

在罗利城中，位于城市中心轴线的 Fayetteville 街区具有非同寻常的地位。这条主街端点是州议会所在，另一端是新建的会议中心，街区两侧是大型购物中心、图书馆、档案馆和城市重要政府机构所在区域，附近还有很多商业设施。然而这条内城街区却在 1980 年代随着经济不景气面临着前所未有的衰败，与之相伴的是大量城市居民的外迁和治安的剧烈下降，到了夜晚 Fayetteville 街区则成为问题社区，治安问题严重。

其衰败的原因主要源于在北卡罗来纳州形成以杜克大学（Duke）、北卡罗来纳大学教堂山分校（UNC）、北卡罗来纳州立大学（NCSU）为科研基础的三角区工业区（Research Triangle Park）（图 5.6），规模居全美之首。园区拥有约 170 家公司和 39000 名全职员工，大部分都是高科技人才。此外，自 1970 年以来，三角研究园陆续吸引了 1800 家初创企业在此落户。由于三角研究中心吸引了大量就业人口，使得罗利城中主要就业部门，诸如生物、医疗、计算机等企业迁移到了三角区，造成内城整体吸引力下降。其次，由于内城的吸引力下降，导致内城公共设施建设滞后或缺乏维护。许多配套设施，如商店、公共空间都由于资金短缺没有及时得到维护和建设，比如 Glenwood South 缺少公共空间。同时，衰败又同时导致了公共空间的使

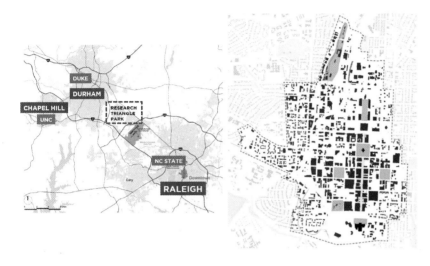

图 5.6　罗利区位和内城
Fig 5.6　Location of Raleigh and the downtown
资料来源：city of Raleigh，http://www.raleighnc.gov/

用人数开始下降，比如 Nash and Moore 广场利用率很低。再次，相对独立的区划单元（用地功能）也成为衰败的另一个原因。比如，居住部分主要集中于边缘区域，仅 Glenwood South 和 Nash and Moore 的居住功能集中于内城，政府机构位于中心，Fayetteville 街区则主要承担商业功能。位于内城的州际交通枢纽也成为了管理盲区，成为治安情况很严重的区域。最后，一些经济因素的变化，和受到内城衰败情况的影响，促进内城居住功能进一步衰退，而对应的则是边缘低密度居住的蔓延，如 Fayetteville 街区周边的 Glenwood、Boylan Heights、Oakwood 等邻里。总之，作为北卡罗来纳州的重要城市之一 ❶，在以上种种原因下导致了 Fayetteville 街区逐渐衰败，特别是位于街区南部公共住房区域，由于维护资金不到位，逐渐沦为贫民窟而引发附近出现治安问题。

2）具体更新策略

虽然从 1987 年开始，罗利市就开始推出更新方案，刺激该街区的复兴。更新的手段采用物质空间环境改善，即试图采用再开发的方式，对一些衰败的部分进行拆除重建，以此缓解整体存在的治安和安全问题。但是，总的来说，这种小规模的改造措施并没有获得很好的效果，根本问题并没有

---

❶　就北卡罗来纳州来说，州府罗利并不是全州的政治经济文化中心，其他城市如夏洛特（Charlotte）、达勒（Durham）都较罗利具有更大影响力。比如夏洛特是北卡最大城市，NBA 黄蜂队所在城市，同时是全美第二大银行业中心。

图 5.7 罗利内城社区更新规划
Fig 5.7 Plan of downtown neighbor-
hood redevelopment in Raleigh
资料来源: http://www.raleighnc.gov/

解决，罗利内城邻里仍然在不断衰退，城市周边不断出现郊区化的新建邻里，以此逃离该区域。这些措施被认为是关注物质性工作，而不是其中居民。因此内城更新要求从理念到结构方面的整体转变。

其后，为了应对内城衰败和治安问题，罗利在 2002 年推行了《宜居街区规划》❶ 来促进该街区的更新（图 5.7）。该规划本质上改变了依赖于单一物质环境改善的更新方式，转向更为包容性的综合、多元的更新目标上，并且在规划具体实施方面也强化了居民的认同性。具体来说，这个规划概括起来主要包括这样几个方面：

（1）规划将街区邻里作为整体进行考虑，物质空间的再开发仅是整个更新框架下的一部分，社会因素被给予了重点考虑。

（2）旨在促进罗利内城邻里的综合再生，建立社区、大学、交通之间的有机联系，维护关键基础设施，重新审视和评价过去的再开发活动。比如，曾经成为社区治安真空的州际交通枢纽，规划后通过结合游客服务中心、餐饮和便利店成为多功能门户地区。再如，在更新区域内提升就业机会、强化设施的可获得性。比如在 Glenwood South 居住邻里中设置更多的商业和宾馆，在 MOORE SQUARE 居住邻里中增加了更多休闲、画廊、零

❶   city of Raleigh，http://www.raleighnc.gov/.

图 5.8 罗利内城更新中提升就业机会和设施的可获得性
Fig 5.8 Enhance employment opport-
unitiesand facilities accessable in
downtown Raleigh after redevelopment
资料来源：罗利市政府，http://www.raleig-
hnc.gov/

售业等设施（图 5.8），以此满足原居住民在更新之后不会丧失工作，并且有效促进了更新后商业服务的多样性，从而不会增加原居住民的生活成本。

（3）更新过程中除了强调可持续性，即注意对社会、环境、经济的综合考虑，还注意对历史和文化的关注。比如，在更新过程不仅关注社会因素和物质因素，文化要素也被纳入更新规划当中进行重点考量。即通过历史文化保护方面整体提升更新效果的尝试。比如，保护塞利博瑞街（Salisbury St.）的传统风貌，鼓励其加入美国国家历史遗址保之列，以此维护其具有美国南方特质的小镇景观（图 5.9）。

（4）罗利 Fayetteville 街区更新的实质是通过本地化更新为主的公众参与和居民自主更新方式，将更新尺度纳入社区、邻里级别。基于居民更新的调整方案，是在非政府组织框架下进行，通过多主体人群属性，如政府部分（交通、规划）、低收入居民、开发商、社区组织等，形成参与和伙伴关系来共同制定更新方案。比如，在整个规划当中，非政府组织（Experience It）一直在其中引导和协调政府、市场、居民之间的关系，并且通过合理的组织和表达方式来形成符合多元主体之间意愿的方案

图 5.9 罗利内城更新中提升文化属性的目标
Fig 5.9 Enhance cultural attribute in
downtown Raleigh after redevelopment
资料来源：笔者自摄

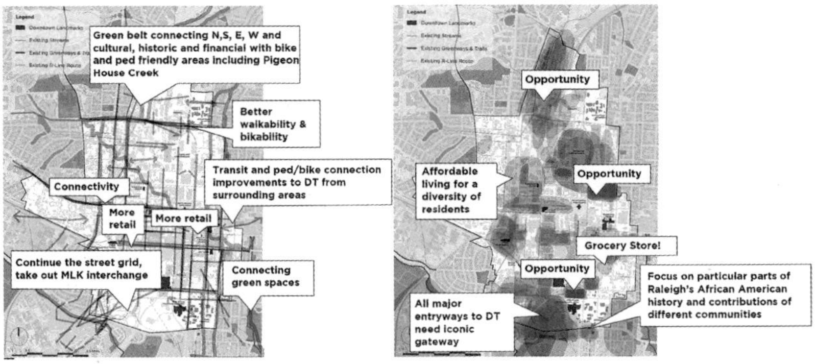

图 5.10　罗利内城更新中公众参与的表达
Fig 5.10　Expression from public participation in raleigh neighborhood redevelopment
资料来源：http://www.raleighnc.gov/

（图 5.10）。换言之，构建了全新更新治理的新思路和方法，跳出了传统意义上依赖于市场和政府的治理方式。

（5）更加关注居民生活问题，特别关注社区中低收入邻里更新情况。在更新规划中，在 Fayetteville 街区北部 Glenwood South 区域提供了更多公共住房以此增强该区域人群多样性。同时，结合联邦住房与城市发展部（HUD）的 HOPE Ⅵ计划建设可支付住房，提供给原来低收入居民，并设置面向低收入人群就业咨询、教育培训等方面的社区中心。

到目前为止，罗利内城街区更新总体上被认为是一个成功的案例。城市更新中通过关注以往最容易忽视的交通、低收入社区等被城市遗忘的角落，不仅使社区更具吸引力，也提升了整个城市的商业活力。在 2014年福特斯排行榜中，罗利被认为是美国最适宜开展工作和进行创业的城市 ❶。

总的来说，不同于传统的寄希望于物质环境更新的模式来重新提升城市环境和社会属性更新的方式，它更多关注生活在社区中的居民，特别是那些低收入住宅，以及破旧的后街和汽车站区域——社会环境的改善才能从本质上提升社区的生活品质，从而实现了社区的更新意义。由此，规划策略应强调物质空间与社会、经济、管理等多层面的协调和整合。与此同时，需要灵活的规划调整机制，应对社会参与和需求，反映他们的利益和需求，保证更新过程的有效、合理。

❶　2014 美国最适合经商和就业的地区，http://www.forbeschina.com/review/201407/0034557.shtml.

5.3　西方国家城市更新实践总结

西方发达国家的内城衰败并不是来自体制转型，更多反映的是全球化影响（Sassen，2001），主要表现为传统工业和制造业的衰退，特别是对传统"铁锈地带" ❶ 的影响更甚。此外，近年来的全球经济危机，使西方内城发生了明显转型，也由此促进了西方形成相对完善的更新策略。就目前来看，欧美城市规划已经将城市更新作为重要研究方向，并且已经积累了很多重要理论和实践经验（Grogan，Proscio，2000）。

总结起来，第二次世界大战后西方国家城市更新模式的每一次改进，都伴随着与之相应制度的推进。其中，模式方面的改进可大致归纳为三个方面：

5.3.1　以可持续的多元目标替代物质和经济增长目标

从西方城市更新的经验，我们可以看出，对于城市更新本质的认知经历了一个逐渐深化的过程。其中经历了第二次世界大战后着重于物质环境的更新，推倒式除旧换新的城市建设手段；1970 年代，面对物质衰败下的贫困、失业等社区问题，开始关注物质环境更新的同时关注社区复兴问题；1980 年代之后，新自由主义将城市更新当成经济范畴的问题，以追逐利润和经济增长为目标、房地产开发为主导的物质更新活动成为主流，同时，所产生的社会问题也被认为可以通过增长经济的涓滴效应来解决。总之，从西方整个更新历程来看，在很长时间段，物质环境更新和经济增长目标成为城市更新的关键，并且在撒切尔和里根时代发挥到最大。

到 1990 年代后，西方国家发现新自由主义时期虽然采用了诸如文化导向（Culture-led）、旗舰项目和重大活动导向（Event-led）等更新手段，虽然都可以在一定条件下促进旧城硬件设施改善和经济增长，却本质上仍是一种房地产的更新开发方式，其目的是推进经济增长，因此，出现以社区为基础而形成的各种人际网络及其价值观念的社会资产不断流失；同时，还发现经济和物质环境改善的同时，绅士化等社会隔离、分异现象更

---

❶　铁锈地带主要指欧美国家的传统（钢铁、机械、纺织）工业城市，如美国东北部的钢铁工业城市匹兹堡，汽车工业城市底特律。

加强化，而成为这个阶段诸多学者研究的重点（Atkinson，2000），使得西方规划界重新认识城市更新的目标。比如，Roberts（2000）指出物质环境的衰败只是多元化城市问题的症状而非根源，单维的更新并不能解决多种因素引起的城市衰落问题。因而，对于城市更新概念给予了全新的诠释：城市更新是用一种综合的、整体性的观念和行为来解决各种各样的城市问题；应该致力于在经济、社会、物质环境等各个方面对处于变化中的城市地区作出长远的、持续性的改善和提高。从上可知，西方针对城市更新的判断已经在1990年代获得了很大改观，不再局限于满足于经济增长的目标。总之，从上我们不难理解，西方对城市更新的目标和价值的理解已经远超出了对经济和物质目的的追求，而转向更综合、更全面的多维更新。比如，张更立（2004）将这种多维更新的理念界定为如下要点，包括：城市更新以物质环境改善为最低目标；以人为本，考虑社会需求，体现社会关怀；培育社区参与意识及自我更新能力，促进社区发展，增强社区凝聚力；促进衰落地区的经济复兴，并尽量做到财务上可行；环境以及地方文化的保护；强调长远的、战略的眼光。

5.3.2　以多元治理代替一元或公私合作的二元形式

就西方发达国家的更新转变看，从推倒重建到社区再生的思想，其本质是治理方式的转变——形成了一个包容、开放的决策过程，一个协调、合作的实施机制，以及有效的城市更新管治模式。就英美城市更新历程来说，政府经历了一个由管理（Management）转变为企业化管治（Governance）的过程（Harvey，1989）。其本质是突出了政府作为趋利性，与私人部门形成增长联盟来共同推动地方经济的发展，Logan将其形象总结为"增长机器"（Logan，Molotch，Harvey，1987）。因此，在这种双向增长选择的治理方式下，城市政府滋生了自身的利益诉求，它所代表的已经不完全是公共利益。可以说，1980年代的新自由主义的城市更新是一个明显由市场机制主导的时代，大力推动私有投资以及打造公私伙伴关系，使城市更新成为以地产开发为特征的商业性活动，效率优先，公平（如对弱势社区的扶助）被放在服从的地位，并假定公平可以通过效率的涓滴效应而衍生。比如，前文所指的英国城市开发公司（UDC），是由中央政府批准，向中央政府负责，其董事会由具有企业运作知识背景的人士组成。公司的主要任务是在划定地块内进行城市更新，它具有规划许可和实施规划的权利，通过对基础设施投资的杠杆作用，吸引私人资本投资到衰落地区，从而带来衰落地区的更新。这一做法很大程度上，架空了地方政府和居民在更新中的权利，但在效率和经济增长方面获得了很大的成效。

1990年代以来伴随着更新理念的转变，城市更新的管治模式也发生了显著变化。比如，英国取消了城市开发公司（UDC）拥有地方政府持有和管理的部分城市土地及其规划许可权限，而转向通过综合更新预算（SRB）的基金方式强化地方政府和居民的权利——从原来的中央控制和制定城市政策，变为地方政府和社区在政策制定中的权利逐渐增大，越来越多的社区开始在自身发展中承担了更大的责任。地方治理和赋权于社区促使了"社区领袖"的产生，并参与地方的决策制定，让社区和社会参与到城市更新当中，促进社会公平。

由此可见，城市更新的决策模式不再仅仅是原来的自上而下，更包涵了自下而上的新机制，令城市更新过程更加透明、民主，各方权力更加平衡，从而也就更加保证了多维更新目标的可实现性。更新过程的包容性，即多个角色的广泛参与；政府在更新组织中的协调及促进能力；吸引私有部门投入更新的创新机制；社区动员、参与及赋权；各方协调、合作的质量及实效（张更立，2004）。

5.3.3　以社区自主更新代替房地产导向的更新模式

伴随着市场逐渐成为城市发展的基础性调节机制，单一的商业行为自然会影响和干扰城市更新的利益分配情况。出于经济利益要求，通过无论是住宅开发更新，还是文化导向更新、甚至是大事件或旗舰活动的更新方式，其本质都是房地产导向模式下的城市更新，往往通过大规模、速度快的突发式改造。而这种方式的本质通常会不顾现实居住社区所存在社会网络、历史环境、居民生活就业等具体情况，一律采取推倒重建的简单化倾向。西方城市更新的发展规律表明，为了应对市场化更新方式所带来的一系列社会矛盾，强调社区自治更新方式的社区授权思想贯穿西方城市更新的具体实践。它通过社区资助计划和社区开发公司在资金、组织开发方面的帮助，赋予了社区居民自主更新的机会，以实现整体更新的社会目标。比如，在美国，从社区授权（Community Empowerment）到全国邻里委员会（National Commission on Neighborhoods）都强化了源自社区层面的自主更新，特别是社区发展整体资助计划（CDBG）通过联邦政府的更新补助计划，为社区自主更新计划实施提供了资金方面的支持。可以说，美国更新规划的提出和组织很大程度上已经交由社区，而后再交由规划部门负责提供技术和财政支持，最后由规划部门审批，帮助解决社区实施符合其自身的更新需要，解决居民实际关心的问题。同时，还明确了城市更新中的主要问题就是要解决社区中中低收入者、少数民族，老人居民的定居和邻里问题。

换言之，通过社区自主更新方式，让当地社区居民清楚了解自身的需要，才能明确更新计划是否会在开发之后，导致房租和赋税上涨，或是在大规模重建之后被迫迁离，形成城市更新中绅士化现象。正是依托社区自主更新模式，通过拥有社区产业的所有权，并设计、经营和管理由此展开的更新项目，最后将所有权转交给社区居民，以实现整体更新的社会目标。对于中低收入阶层来说，他们不仅在此过程加强了参与话语权，而且自主的拥有居住权利，能够实现社区更新与居民住房保障的共赢。总之，这一模式不仅很大程度上维护了传统社区的网络结构，保证了城市更新的具体目标，提升了社区生活质量，还反映了居民的需求和切身利益，体现了人本关怀和公平；同时，它还强化了对低收入家庭在社区更新中住房权利的保障，成为解决社区中低收入的新途径。

5.4　小结

本章对西方发达城市更新历程和案例进行了详细的梳理。西方发达国家的更新历程，则表现出西方城市更新所理据的判断依据已经开始发生转变：政府直接介入、私人投资占主导地位，强调对更新结果"好"的判断（物质空间、经济效益）作为更新机制实施的基本判断，而其后则强调了更新机制在过程的正当性安排，比如，通过相应的更新机制安排，推动社区居民参与的兴起。总的来说，它反映了西方在城市更新的规划机制安排当中，其所理据的价值伦理来自对社会理性的重视。其后，笔者针对美国两个城市更新案例（罗利内城 Fayetteville 街区更新、旧金山 Yerba Buena Gardens

更新项目）进行了梳理，发现它们表现出了如下特点：以可持续的多元目标替代物质和经济增长目标；以多元治理代替一元或公私合作的二元形式；以社区自主更新代替房地产导向的更新模式。

1990 年代以来，我国城市更新已经表现出了增长驱动特征和推倒重建的房地产开发方式，内城绅士化和社会极化特征已经表现出来。因此，我国城市更新应该吸取相应的教训，转向更为包容性的城市更新路径，将城市更新作为一种综合、整体性的观念和行为来解决各种各样的城市问题，致力于在经济社会物质环境等各个方面。

城市更新应该是对处于变化中的城市地区做出长远、持续改善和提高，综合考虑城市更新的模式和制度，跳出既有的思路束缚，重新构建一种新的城市更新机制，才有可能为我国城市更新找到合理的新出路。下文将在此基础上通过对包容性增长理念及其内涵进行梳理，为我国城市更新提供新的分析理论构建提供依据和理论支撑。

需要说明的是，国外城市更新价值理念和成功案例的背景有其自身的特征，比如，他们所内在的社会经济环境、土地开发政策、房屋产权制度。这些方面都具有和我国不同的情况，在具体更新思路方面的理论和案例借鉴也需要明确其不同点，并不能完全套用，以保证国外经验对我们城市更新实践的适用性和可操作性。

6

建构：
包容性城市更新
理论框架

既然当前城市更新的增长性目的论与社会经济可持续的内在矛盾对我国城市更新构成了如此巨大的负面影响，那么将如何解决这两者之间的冲突？这就要对城市更新机制的内在问题提出应对，即如何改善更新运作机制的问题。

本章在上文对城市更新困境认识和解析上，总结了城市更新路径转变内外推力，指出来自于社会（文化）经济要素的约束，对地方政府更新权利的制约，以及提出宏观增长转型的新思维。这些方面转变都要求重构当前城市更新的制度伦理。

接着提出了包容性增长理念，认识它的提出和演化。经济学在发展中针对功利主义增长行为注重总体福利而忽视社会公平，提出了包容性增长的概念，旨在解决社会经济快速发展下，经济增长与社会公正目标渐行渐远的问题。其后，梳理了包容性增长的基础理论和指向。从伦理学的认识来看，它反映的是一种对增长过程的"正当"考虑，而不是功利原则所注重的结果或目的。可以说，它的义务论伦理内涵将对当前关心经济增长的城市更新提供很好的视角和思路，并对传统功利主义目的论形成了强力的挑战，并在实践中形成了广泛影响。包容性增长所具有的反对当前更新的伦理判断是将提高整体福利（结果增长）的价值逻辑建立在更新机制之上，而忽视了更新运作机制本身的合理和正当性（正义特征）。它所具有如下特点：①对规划政策的价值判断不是建立在对社会福利最大化（经济增长效率）的判断基础上，而是认识到经济和社会的可持续；②在增长过程中，注重对个人政治权利的尊重；③在增长过程中，强调对个人利益的尊重，不仅包括一种"自然的自由"所具有机会平等的准入，还包括了"自然的平等"所具有的手段平等的可达；④此外，注重增长中再分配的结果补偿机制。

随后，在此理论逻辑下，笔者结合本书的基本研究对象和研究目的，提出包容性城市更新的概念和理论分析框架，并且在此基础上分别对包容性城市更新营建的四个维度进行了详述，作为构建完善的城市更新运作机制的基本逻辑。

6.1　当前城市更新路径转向的内外推力

6.1.1　社会经济要素对更新的约束

1）社会支撑要素的约束

中国社会、经济双重社会转型要求具有增长属性的城市更新向更为包容性的城市更新方式转变。从社会转型的角度上看，迟福林（2010）认为我国正在经历以满足人自身生存为主要目标的生存型社会向以追求人自身发展为主要目标的发展型社会转变。在强调增长内涵的城市更新中，社会阶层不断分化使得原来具有根本利益一致的政府逻辑，背后存在的社会矛盾已变得逐渐明显。换言之，这是一种具有功利主义逻辑的更新方式。功利主义核心逻辑即是提倡追求"最大幸福"（Maximum Happiness）。即强调评价社会分配好坏的标准只能是社会中个人福利（效用）总和的大小，只要总的收益大于成本支出就被认为是一种整体公平。

有学者对南京、上海、北京的城市更新社会影响的研究中，也指出了这种更新方式其实是忽略了居民的个人发展需求。比如，夏永久，朱喜钢（2013）在对南京的拆迁安置的居民问卷研究中指出，这其实是拆迁安置居民个人发展方面被"边缘"化，呈现地理空间与社会发展上的双重边缘化格局；在对上海的实证分析中，Wu（2007）认为随着拆迁补偿方式由以前的实物补偿转为货币补偿方式，将导致具有不同社会属性的居民被重新按照社会特征分配不同的居住空间；并且他们总结更新中四种导致居住分异的居住安置类型。Shin（2009）则通过对北京城市更新政策的研究，认为北京在城市更新方面仍然表现的是一种企业化的增长倾向，并没有出现更包容的方式。

另外，则是来自于对城市文化和历史街区的破坏。前文已经指出，房地产开发的浪潮中，在商业利益和土地财政的合力下，历史街区的传统风貌建筑被大量毁弃，不是被大量拆除就是被过度商业化。比如，前文提到的重庆的东水门街区、北京南池子街区。再如，以福州三坊七巷为例，在房地产的开发下，名为"衣锦华庭"的高层住宅项目拔地而起，由4座13层的商住楼组成，将所更新区域中除了几栋保护建筑外，坊巷内的其余建筑被全部拆掉，最后导致"三坊七巷"缩水成为"二坊五巷"（图6.1）。

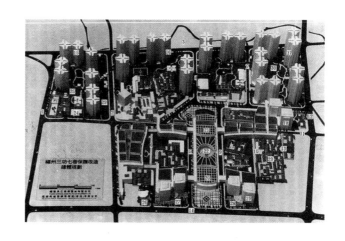

图 6.1　三坊七巷改造规划总体模型
Fig 6.1　planning of "San Fang Qi
Xiang" reconstruction
资料来源：http://www.fjsq.gov.cn/

由此可见，社会要素（拆迁、历史文化保护）引发的社会矛盾已经成为城市更新乃至整个城市建设中的常见问题。另外，针对城市更新中的社会舆论、监督的介入，社会力量联盟的构成，将进一步约束强调增长属性的城市更新方式。

2）经济支撑要素的约束

具有增长目的城市更新从一开始即是重构内城空间，通过商业娱乐、高档住房等物质空间重新创造来实现这个过程。其主要手段是在对土地控制下，通过土地拆迁、整理、再开发来完成整个过程。其实这种强调物质环境的重建，其经济后果将是不断强化的物质空间过度消费，可能存在资本的泡沫化。

其实西方发达国家在早期所经历的城市更新中已经表现出了这种特征。比如，美国巴尔的摩（Baltimore）滨水区域的城市更新，其目的旨在促进内城的复兴。笔者在对巴尔的摩滨水区域的实地走访发现，虽然巴尔的摩港口区在经历城市更新之后，物质环境获得了很好改善，并且受到国内外较好的评价，将其作为一个成功应对城市转型的更新案例。但是由于内城过多的物业开发，在与郊区化趋势的拉推力作用下，使其仍然表现出了资本存在泡沫化倾向，其物业的整体利用率并不高，沿滨水区域主要物业的入住率相对较低。此外，英国金丝雀码头（Canary Wharf）的更新，有学者也指出了相似的问题，认为它存在项目业态过于单一，抵御风险的能力差，同时整个项目缺少对公共利益的关注（Turok，1992）。特别是 1990 年代初，房地产泡沫破灭的影响席卷全球，使得金丝雀码头更新的业主奥林匹亚 & 约克（Olympia & York）公司破产，直到1993年以后该项目才由第二任业主接棒。简言之，过度强调空间再开发，通过过多物业形式来实现城市更新，虽然在经济繁荣之时，会带来城市环境重新繁荣，但是在经济下行，或者外围经济影响下将势必带来潜在的资本化泡沫危机。

更重要的方面，从经济转型角度上看，我国经济下行趋势已经明显，依赖以往粗放式城市增长的更新方式将受到经济环境的压力。从十八大以来中央政府开始意识到我国经济发展方式存在内在的问题和国际环境的双重压力，即提出以下调经济增长率来实现"新常态"模式下的深水区改革。因此，意图通过房地产行为，大规模商业住房的城市再开发的可行性需要进行再思考。同时，物质性超前的生产性泡沫化风险更为突出。据美国房地产信息服务机构"世邦魏理仕（CBRE）"统计认为中国没有买主的住宅楼林立，今后也有可能到处出现没有商户入驻的商业设施。

另一方面，一味单纯追求单一物业开发形式的城市更新其实在打破内城经济的多样化、自由化、活力性。同时却难以传递到消费者需求上，导致建设和需求其实不相匹配，换言之，这种城市更新其实是一种虚假经济的繁荣。总之，经济的新常态，以及强调经济发展方式粗放式向包容式经济增长的转型，将成为限制增长主义城市更新逻辑的另一个因素（图6.2）。

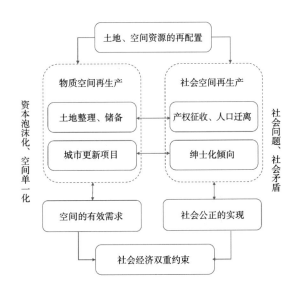

图6.2　双重支撑要素的约束
Fig 6.2　Restricted by social and spatial elements
资料来源：笔者自绘

6.1.2　对地方政府更新权力的制约

一方面，中央政府从制度层面为地方政府增长主义思路营造了制度环境。首先在分权和分税制之后，计划经济时期中央政府主导一切资源、项目、资金的方式已经被市场经济模式的自由、市场推进所取代。中央政府不再直接分配资金和资源，以此控制地方经济产业的发展。特别是在新自由主义的全球化的思潮下，政府去管制化、去福利化、商品化、私有化进程直接推动了地方政府参与到城市开发当中，中央政府则通过制定发展战略和政策来直接和帮助地方政府推进开发与更新进程。

另一方面，中央政府在促进经济快速增长的同时还需要维护社会稳定，即在城市更新中关注居民根本利益的居住空间安排和住房保障方面，制定一系列政策来满足社会对居住和住房的合理布局和保障安置，以缓和城市快速发展中的社会矛盾和社会公平问题。总之，中央政府对于城市居住空间的开发和再开发是保持着效率和公平平衡的发展态度。正如 Liew（2005）所认为，中央政府通过放松管制刺激经济发展，同时针对出现的社会矛盾对地方政府行为进行制约。

1991—2011 年，中央政府颁布了 3 个国有土地上房屋征收与补偿条例，分别是 1991 年、2001 年、2011 年。前两部补偿办法都规定了政府可以通过强拆的方式来实现城市更新的过程。面对当前我国城市更新中所产生的拆迁、安置等社会矛盾，近年来中央政府开始不断强化对于效率和公平发展思路的转化，旨在转变以前希望通过强调增长和效率，转向更为包容、公平的发展思路。2003 年以来，国务院办公厅发出 42 号《关于认真做好城镇房屋拆迁工作维护社会稳定》的紧急通知，又于 2004 年发布了《国务院办公厅关于控制城镇房屋拆迁规模严格拆迁管理的通知》（国发办 [2004] 46 号）等多个关于规范拆迁的文件。可以说，中央政府正在积极调整拆迁与补偿政策，从宏观层面控制地方政府的增长行为。并且为了协调《物权法》，2011 年中央政府通过了《国有土地上房屋征收（拆迁）与补偿条例》❶。它对地方政府、开发商以及他们所形成增长联盟在城市更新中拆迁行为进行了严格的限制，

---

❶ 2011 年开始执行《国有土地上房屋征收与补偿条例》采用 "征收" 字眼，替代 1991 年、2001 年《城市房屋拆迁管理条例》的 "拆迁" 字眼，禁止强拆行为。

并且对其中涉及的拆迁程序、主体、方式、评估、补偿等方面也进行了全面规定和限制。虽然有学者认为新条例在确定公共利益方面留给了地方政府自由裁量权（Ren，2014），但其能从宏观层面很好地制约地方政府城市更新行为。此外，中央政府还实施房地产调控政策，并通过扩大物业税试点等方式加强对房地产业的长效化、常态化的宏观控制。可以说，从更新中的拆迁安置问题、到再开发都对地方政府行为进行了相当的约束，也突显了中央政府已经采取制约增长倾向的城市更新取向（图 6.3）。

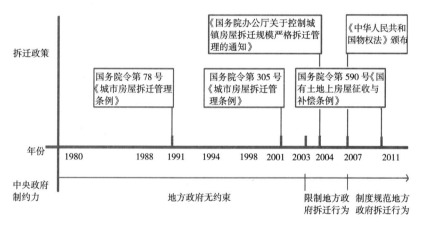

图 6.3　中央政府对地方政府更新的宏观制约
Fig 6.3　Restricted in local government demolition from central government
资料来源：笔者自绘

6.1.3　宏观增长转型的新思维提出

增长主义的发展方式源于 1990 年代以来的体制改革的产物，主要源自于制度设计下地方政府权力的释放，通过"强激励和弱约束"的制度环境；以及地方政府多角色和行为特征的内在取向，是一种具有"理性选择"的行为逻辑（刘雨平，2013）。并且迟福林（2012）认为我国"增长主义"政府倾向不仅已经形成，而且具有普遍性。

虽然，借助于政府行政力量、经济发展热情和公民社会，通过增长主义逻辑的城市更新促进了内城的壮丽诗篇的塑造。但是，一些城市更新所引发的社会问题，正在威胁着城市长远发展。因此，增长主义城市开发和更新思路已经受到不仅来自学界，甚至来自中央顶层设计的质疑。

比如，中国改革发展研究院院长迟福林教授 ❶ 近年来在（《中国第二次转型》《转型中国——中国未来发展大走向》）中明确提出我国持续改革的重要指向将是终结以 GDP 为中心的增长主义，转向走向公平与可持续发展的第二次转型（迟福林，2010；迟福林，傅治平，2010）。从顶层设计的智囊层面看，国务院发展研究中心和世界银行的新报告《中国：推进高效、包容、可持续的城镇化》、中国工程院重大咨询项目《中国特色新型城镇化发展战略研究》，都已经明确提出了需要加强顶层设计与"摸着石头过河"相结合，探索更为包容的城镇化。再如，城市规划学界的2014 年会，也将会议主题定位为"城乡治理与规划改革"，旨在从城市规划层面创新，讨论推进国家治理体系和治理能力现代化。由此可见，当前我国强调增长主义，实现资本积累、增值以及资源、财富的再分配的城市空间（再）开发，将在未来制度设计过程中被不断修正。具有渐进性特点的"持续改革""深化改革"，已经凝聚成共识。换言之，在今后的一段时间内，我国在进行顶层设计时，理顺政府与市场的关系、中央与地方及地方各级政府间财政分配关系、政府与公民和社会组织的关系 ❷ 成为下一步改革重点领域。这些都要求转变增长性质政府治理行为，转为更为包容性的治理方式。可见，就顶层治理思路而言，以前增长性质的城市更新的根本制度根基将发生全面的转向。

总之，以前通过强调增长，以此实现"涓滴效应"的方式，即认为经济增长将会实现消除城市贫困、实现社会公平、提高居民生活质量的增长主义发展思维已经受到了国内诸多学者质疑。同样，强调增长性的城市更新，虽然在一定程度上改善了居民的生活和居住条件，但是其带来的社会问题将在很长一段时间内对我国产生影响。增长主义的本质是针对空间资源的再分配，原来居民并没有获得再分配的收益。可以说，其内涵并没有解决社会公正的问题，相反则是加速这个矛盾，这个论断在国内外已经获得了证明（世界银行，2006；Ali，2007）。这就将要求城市更新的发展思路出现本质上的转变，应该注重城市发展红利共享，强调社会经济相协调的包容性，而非利于追求投资效益的资本逐利式更新。

---

❶ 全国政协委员、中国海南改革发展研究院院长、中国行政体制改革研究会副会长。

❷ 人民日报：任何人无法回避改革　重要领域重点突破，http://news.xinhuanet.com/politics/2012-03/29/c_122901809.htm.

6.2 理念导入：包容性增长对功利增长的挑战

6.2.1 增长理念的演进与包容性增长的提出

自 20 世纪中期以来，人们关于经济增长的认识在不断深化，经济增长理念经历了从"单纯经济增长"到"益贫式增长"再到"包容性增长"的演进过程。总的来说，这个过程反映了经济增长和社会公正之间的紧密的关系。

1）功利性经济增长

传统西方经济"增长主义"理念都认为符合库兹涅茨倒 U 形曲线（Kuznets，1955）的规律（图 6.4），即认为经济增长是解决社会公正的重要手段之一。该曲线是 Kuznets 通过对英国、德国、美国的社会不平等指数进行长时期观察而得到的一个实证分析和假设。库兹涅茨曲线强调了每个国家在经济发展之初不平等都会首先上升，然后随着自由经济的发展，不平等会逐渐下降。可以说，库兹涅茨倒 U 形曲线的经济规律是传统意义上从单纯强调涓滴增长实现社会整体公正的功利主义公正逻辑。

然而，目前大量的实证研究对该结论提出了质疑。其中最为著名的是 Deininger，Squire（1998）运用 108 个国家，682 份有关基尼系数（Gini Coefficient）和五等分法数据分析表明，以单个国家为基础进行检验时，数据分析上的收入和不平等所呈现的倒 U 形曲线关系很微弱——大约 90% 的被调查国家都不存在倒 U 形曲线关系。因此，有学者指出快速经济增长仅仅是解决社会不平等和贫困的必要条件，但并非充分条件。

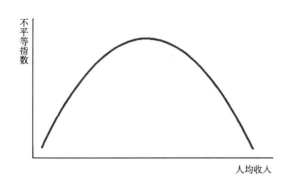

图 6.4 库兹涅茨倒 U 形曲线
Fig 6.4 Inverted U curve of Kuznets
资料来源：根据（Tierney 2009）改绘

类似于库兹涅茨倒 U 形曲线理论，1970~1980 年代，在新自由主义思潮的作用下，里根政府坚持采用涓滴经济原则，即是在经济发展过程中并不给予贫困阶层、弱势群体、贫困地区特别的优待，而是增加对优先发展起来的群体或地区进行再投资，希望通过优先发展区域的消费、就业等方面的发展惠及贫困阶层或地区，带动其发展和富裕，或认为政府财政津贴最后可经过大企业再陆续流入小企业和消费者之手，从而更好地促进经济增长的理论。我们甚至可以将其总结为是功利主义的增长，即是强调全社会经济总量的增加，可以不考虑或者侵害弱势群体的利益，因此，发展的全过程是对优势群体不断投入和津贴。但从结果来看，和库兹涅茨倒 U 形曲线的实际效应相似，在里根经济学思路下（应该通过经济增长使总财富增加，最终使穷人受益），那十年时间里，美国富人愈富，普通老百姓则愈穷，从富人那里"涓滴"不下什么东西来，社会不平等的趋势更为明显，甚至出现极化效应，其所设想的普惠和涓滴并没有达到预期的目标，反而逐渐加剧了社会矛盾的产生。

2）益贫式经济增长

其后，当意识到经济增长并不能有效解决增长在全部人群中的公平分配，反而造成更多社会极化问题，因此，开始有学者提出从结果层面来考虑经济增长的分配。比如，相关研究表明，过去 5 年间，全球财富以前所未有的速度增长，然而，全球仍有大约 3.2 亿 ~ 4.43 亿人处于长期贫困状态，并且这种长期贫困具有代际传承性 [1]。世界银行以 2005 年购买力水平重新评估世界人口贫困状况，以 1.25 美元贫困线衡量，认为有占全世界总人口的 25.2% 生活在赤贫之中，其中，亚太地区贫困人口占世界贫困人口的 2/3（周华，2008）。因此，许多国家政府与国际机构开始反思功利性经济增长，认为既然单纯依赖增长并不能解决社会贫困的问题，那么可以通过经济增长的再分配过程来实现经济增长的利益向城市贫困居民的倾斜，即在保持快速增长的同时，更加关注穷人是否会从增长中受益，寻求更有利于穷人的增长方式，这就是益贫式增长。比如，Chenery，Ahluwalia，Duloy et al.（1974）建立了一个增长再分配模型（Redistribution with Growth），强调增长利益的再分配，该模型被看作益贫式增长争论的

---

[1] 英国曼彻斯特大学长期贫困研究中心（CPRC）:《脱离贫困陷阱: 2008/2009 年度长期贫困报告综述》。

起源。在此基础上，世界银行于 1990 年提出了"益贫式增长（Pro-poor Growth）"理论。

"益贫式增长"强调要形成一种使穷人能参与经济增长并从中获益，以及增加自身人力资本投资的良性循环机制。即经济增长给穷人带来的收入增长比例大于非穷人，与传统增长的功利主义特征相反，益贫增长的资源和投资流向不是流向优势地区和居民，而是增长的利益更多地流向穷人。该理念的形成及其在实践中的应用，表明人们对于贫困的认识，已经突破了收入贫困理论以及"涓滴效应"的局限，开始意识到有必要检讨经济增长模式和战略，针对贫困问题采取特定的措施，而不是坐视或期望经济增长本身能自动实现贫困减除。该概念又被进一步分为两个层次：绝对益贫和相对益贫。前者要求弱势群体的绝对利益要等于或多于非穷人获得的增长的绝对利益，实际上，这是达到益贫式增长最强的要求，可被归为超级益贫，但这种益贫式增长在实践中很难遇到。后者则要求指经济增长给穷人带来的收入增长比例大于非穷人，或者穷人的收入增长率超过平均收入增长率。这意味着当增长减少贫困的同时还改善不平等。

总之，益贫增长反映了通过结果的再分配来实现经济成果的社会平等，往往被西方功利主义、自由主义学者所反对，它反映了从收入分配角度来对资源有倾向的贫困干预过程，以此达到经济增长的社会公正结果。但是，这种再分配公平是一种从结果公平出发，和古典自由主义所提倡减少政府干预的公正观背道而驰。

3）包容性增长理念的形成

如果说益贫式增长通过结果补偿的方式仅仅解决了增长结果出现问题，但是它并没有解决经济增长过程中最关键问题——增长与社会公正的问题。换言之，经济增长过程中仍在不断拉大社会的不平等。全世界范围内收入不平等现象加剧，非收入方面的不平等程度日益增强，不平等维度（经济、政治和社会不平等）日益增多。过去 20 年间，全球财富以前所未有的速度增长的同时，贫富差距问题也在恶化。世界上只有少数国家在缩小收入差距方面略有起色，而大多数国家没有取得明显进展，甚至发生了经济和社会公平负相关的现象。Ali，Zhuang（2007）对亚洲 21 个发展中国家的研究发现，其中 14 个国家的基尼系数都有所上升。这说明世界

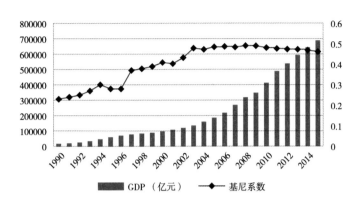

经济的发展是以牺牲其他人的利益为代价。以中国为例，在过去 30 年中，中国人均 GDP 平均每年以超过 8% 的速度增长。经济的高速增长使贫困人口大幅下降，但同时也伴随着收入差距的扩大。由图 6.5 中可知，20 年来的经济增长，反而导致基尼系数由 1990 年 0.23 增长到 2013 年的 0.473（警戒线为 0.4）[1]。可见，我国近 20 年的高速经济增长，其增长红利并没有广泛惠及所有人，相反则是不断拉大社会差距和矛盾，而城市建设已经成为这种现象的主要空间反映。

大量实证文献已经证明，严重的社会不平等将制约经济增长速度，同时，不平等问题还会引发社会冲突，造成社会动荡。从世界范围上看，一些新兴市场国家已经出现了类似的情况。它们在经历了快速经济增长之后，并没有出现持续的腾飞或很好的转型，反而受到社会公正等问题的拖累，经济增长逐渐出现停止和倒退现象，形成"中等收入陷阱"（Middle Income Trap）[2] 的情况。因此，世界银行针对一些经济快速增长，步入中等收入的东亚国家进行了实证研究，指出其内在经济发展和社会矛盾（收入差距、社会公正等）不平衡存在很强的相关性，并认为社会平等问题实际上直接影响到经济增长的持续性，因此，它强调国家政府与国际机构需要

[1] 由于在 1997 年之前国家统计局针对基尼系数的统计是采用的城镇居民和农村居民两套数据，此后的统计则统一采用的全国居民的基尼系数的统计，因此在整个过程中会存在一定的误差。并且其中有几年的数据国家统计局并没有进行官方公布，因此数据采集则源自于国内较为权威的人民网和新华网的数据。

[2] 新兴市场国家突破人均 GDP1000 美元的"贫困陷阱"后，很快会奔向 1000 美元至 3000 美元的"起飞阶段"；但到人均 GDP3000 美元附近，快速发展中积聚的矛盾集中爆发，自身体制与机制的更新进入临界，很多发展中国家在这一阶段由于经济发展自身矛盾难以克服，发展战略失误或受外部冲击，经济增长回落或长期停滞，陷入所谓"中等收入陷阱"阶段。

重铸发展目标，在保持快速增长的同时，应该理顺社会公正问题，更加关注经济增长过程的全社会分享。

　　在这样的背景和现实下，关于"收入和非收入不平等的原因是什么"和"如何使经济增长过程更加公平，使增长的成果能惠及所有人的问题"，就逐渐成为学术界、国际机构讨论和研究发展政策的焦点。因此，亚洲开发银行在对社会公正进行了深入研究的基础上，于2007年提出了包容性增长的增长模式和理念，并在该概念形成和发展过程中发挥了重要作用。亚行对包容性增长的官方解释为倡导机会平等的增长，即所有民众应享有平等的社会经济和政治权利，参与经济增长并做出贡献，而在分享增长成果时不会面临权利缺失、体制障碍和社会歧视。世界银行对包容性增长理念的理解集中体现在《世界发展报告2006：公平与发展》和《以共享式增长促进社会和谐》（林毅夫，庄巨忠，汤敏，2008），认为需要建立包容性的制度，提供广泛的机会，不是将增长政策和公平政策割裂开来，而是在增长中反映社会公正。2008年5月，世界银行增长与发展委员会发表《增长报告：持续增长与包容性发展战略》，进一步明确提出要维持长期及包容性增长，并相信通过建立包容性、确保增长效益为大众所广泛共享，可以取得巨大成果。从包容性增长的概念层面上看，增长共享和公正的内涵，不仅局限在益贫式增长针对贫困人群的观点，而是更大范围（所有民众）的利益共享。我们甚至可以说，包容性增长在作用人群和范围还包含了益贫式增长的概念。

　　目前，包容性增长模式和理念已成为亚洲开发银行和世界银行等国际机构致力于贫困减除和实现社会平等的指导思想和核心战略，并在国际上得到了广泛接受和认可，甚至有些国家（例如中国）已宣称要致力于推进和实现包容性增长。如在2010年9月的第五届亚太经合组织人力资源开发部长级会议和亚太经合组织第十八次领导人非正式会议上两次就"包容性增长"相关话题进行过演讲。并于2011年博鳌亚洲论坛年会有过主题为"包容性发展"的相关观点，阐述了我国政策指向需要由传统增长主义转向包容性增长。此后，包容性增长的观点在应对当前经济和社会发展中存在断裂问题，作为"十二五"规划的重要内涵之一，旨在切实解决经济发展中出现的社会问题，推进社会公平正义，减缓社会矛盾❶，也被进一

---

❶　"包容性增长"有望成为十二五规划重要内涵，http://news.cntv.cn/china/20101015/100233.shtml.

步纳入中央政策和经济发展的宏观考虑当中。比如，在 2014 年以来我国 GDP 增速放缓的"新常态"下，包容性增长已经成为政府的政策制定的基本内涵。

由上可知，从包容性增长理念的提出来看，其内在演变过程即反映了对单纯经济增长（功利主义增长）下贫困和不平等的反思，它强调了增长过程的平等以及对增长结果的平等实现的逻辑，其核心焦点涉及增长和社会公正两个维度。其本质上是对单纯强调经济总量增长而忽视增长过程逻辑和发展思路的补充和转变。

6.2.2　包容性增长的公正指向

公正（Justice）一词的使用由来已久，主要源自于伦理学的研究当中，它主要涉及伦理（道德）。特别是在亚里士多德的伦理学中，用来评价人的行为。然而，在近现代西方思想家那里，公正的概念越来越被专门用来评价社会制度的道德标准。比如，罗尔斯认为，在考虑道德和伦理体系时，首先需要考虑制度伦理❶，即制度（社会）是否合乎公正，并且制度公正要优先于个人行为正义（伦理）（何怀宏，1996）❷。因此，本书所涉及的公正内容是社会公正，反映的是社会制度层面"善"的认识，而不是传统的、亚里士多德式的行为和行为者的正义。

对社会公正❸的认识，需要回到伦理学的当中，它具有两个基本思路，

---

❶ 从伦理学的角度看，伦理可以分为个人伦理和社会伦理两个方面，可以用正当来反映个人行为符合道德，一种个人伦理；那么可以用公正或者正义（justice）来表示社会实践——包括制度、政策符合道德，一种社会或制度的伦理。从这个角度上看公正概念对应的是社会、制度层面上的公正。那么要去理解制度伦理或社会伦理概念的话，对制度的伦理分析，其核心是揭示制度的伦理属性及其伦理功能，其主旨是指向"什么是善的制度""一个善的制度应当是怎样的""何以可能""有何伦理价值"等问题。它即是反映"制度正义"问题。从上面可知，如果要去研究社会或制度伦理的话，关键就是分析社会或制度的公正情况。社会（制度）伦理和社会（制度）公正可以获得类似的含义，前者反映的是好或坏的概念，即可以说制度的伦理可能是好，也可能是坏；而后者则反映的是对伦理的积极判断，即好的概念，也就是说后面的概念是用来衡量前者概念的，换言之，制度伦理——一个好的制度应该是怎样，对应了制度公正的含义，即制度公正才是一个好的制度。因此，本书中会涉及社会（制度）伦理和社会（制度）公正的概念，后文不再对这些概念在做详细解释。

❷ 此处罗尔斯所提到制度公正的优先性先于个人的合理原则，并且批评功利主义并没有的区分社会和个人的公正，所涉及的社会公正是一种将个人合理扩大到社会，应用于制度本身。

❸ 从我国传统语意和西方对 justice 语意的解释来看，公正和正义并不存在太多区别，因此，本书将认为公正和正义可以作为一个词进行运用，并不做单独解释。并且下文所涉及公正和正义一词都是同一含义，后文也不再进行注释。

也是伦理学的两大流派的分野。其一，源自义务论，它认为正当优先于善。换言之，正义反映在行为方面，而不是从结果上考虑，即正当的行为才能反映正义与否。从制度层面上看，制度的过程和行为的合理性要比其产生的结果更具有重要性和优先性。其二，则是目的论，它主要从结果和目的来认识伦理，强调善先于正当。如果放在对正义的认识方面，它强调目的（结果）的好坏才能反应公正与否。它和前者相反，它更强调制度所能带来的结果，并且认为结果要优先于制度本身在社会经济分配方面的合理性和正当性。

当然，以自由与平等为核心的正义论成为西方自启蒙时代以来各个学派的中心议题，并且在两种伦理学理论基础上形成了两种主要的正义观：目的论正义观和义务论正义观。功利主义与自由主义契约论则分别是其典型代表。功利主义理据立场注重制度的效率方面，并以此作为"善"的制度的基本判断依据。它本质就是通过功能本身规定社会制度的善，换言之，结果的善要强于社会本身的政治权利和经济分配的要求，进而使制度本身成为一种纯粹工具性、技术性要素。可以说，在这样的制度中个人的自由和权利受制于社会利益的计算当中。自由主义契约论理据立场注重制度的合法性与正当性，并以平等的自由权利作为"善"的制度的基本判断依据。自由主义契约论理据立场则在两个方面超越了功利主义理据立场的这种局限性：一方面，制度"善"的核心是平等的基本自由这一制度内容规定，而不是其工具、技术、功能性规定；另一方面，它能恰当地把握现代社会的道德基础。正是基于这些缘由，罗尔斯政治正义研究取契约论而非功利主义的方法论立场。义务论的理据立场应当成为制度"善"判断的基本理据立场（高兆明，2007）。

包容性增长最早出现在经济学领域，是针对经济发展中增长与贫困、社会不公平的双向分异的反思。其核心观点是怎样使经济增长与发展过程更加公平，使增长的成果能够更广泛地分享。它反映了公平权利的基本理念，因此我们甚至可以将经济增长过程的正当与否总结为包容性增长的首要要素。但是，就现有针对包容性增长在强调公平方面的论述中，大多学者更多强调的是增长的参与、共享、益贫式、普惠式等概念。也有少数学者提到，包容性增长反映的是一种机会平等的增长，同时是包容性增长的核心（Ali，Zhuang，2007），或从机会的不平等和结果的不平等，来阐述增长中平等的问题（世界银行，2006；林毅夫，庄巨忠，汤敏，2008；世界银行增长与发展委员会，2008）。总的来说，他们都深刻地揭示了经济增长的过程性和公正性认识，比如他们所说的对经济增长的分配要求，参与和共享概念都能说明包容性增长的价值取向（所承载的制度伦理的认识）本质应该是一种义务论的公正观。简言之，它反映了需要从行为的正当与否，即经济增长是否具有参与性和共享性，以及对贫困居民的益贫性，来考虑经济增长的制度伦理。

我们甚至可以毫不犹豫地总结为，包容性增长所反映的是增长过程和分配的公正性，以此来对增长结果的"好"与"善"的认识。它反映了经济增长的政策行为在实施过程中的正当与否和作为基本善的评价标准。因此，从源自于对伦理的两种类型认识来看，我们可以很明显地发现，包容性增长不再将经济增长的结果当成是工具、技术、功能性的规定，而是注重社会本身的政治权利和经济分配的要求，进而使社会制度本身具有行为的正当性，比如通过参与性、共享性、益贫性所赋予了经济增长中对行为正当（政治、社会经济分配）的要求。于是，我们可以清晰地发现包容性增长是一种义务论公正观的指向，也就是说，它赋予了对经济增长更多的要求，而不再是局限在结果的要求。下文中笔者将对其基础理论进行梳理，以此获取其具体的分析框架。

6.2.3　包容性增长的理论基础：义务论公正观

前文笔者已经指出，当前增长性城市更新反映了部分功利主义目的论的特点，它理据于城市更新的社会公正的考虑需要来自对经济增长结果"好"的认识。笔者前文对功利原则进行了阐述，此处不再赘述。此处，笔者从义务论的公正理论进行阐述，作为包容性增长理念的基础理论。就义务论来看，该理论主要涉及自由主义契约论，最具有影响的涉及三个理论（王立，2008），分别对应着以诺齐克为代表的古典自由主义公正观；二是罗尔斯公正观；三是德沃金"资源的平等"公正观。

其中，德沃金所涉及的"资源平等"强调的是，社会公正应该反映在对个人的资源（包括物质和天赋）的起点分配方面，其后如何实现公平则依赖于个人选择等主观因素，按照他的公正原则，社会（制度）需要在初始阶段给人们分配相同的物质资源，并消除人们在自然天赋上的差别以此保证起点平等，而其后结果上的不同则必然是人们在社会竞争中个人选择等主观因素造成的，所以应该自己承担后果。从表面上看，德沃金的"资源平等"为社会政策的过程正当高举了大旗，把平等视为最高的政治美德而呐喊。但是，他所赋予起点的公正分配，在物资资源和天赋方面公正的起点要求，特别是天赋资源具有先天的自然因素，使得他的社会（制度公正）性安排根本无法付诸实践，仅仅是一种理论上的讨论。因此，笔者对该方面理论将不作过多的交代，主要将对前两者进行具体阐述。

1）古典自由主义公正观

古典自由主义始于英国启蒙思想家约翰·洛克（John Locke）《政府论（下篇）》（Second Treatise of Government）中，认为个人的自由看作是人类的自然权利，认为自由是其余一切的基础，并认为人的自然自由，就是不受人间任何上级权利约束，不处在人们的意志或立法权直辖，只以自然法则作为准绳。他强调了个人权利是天赋的，神圣不可侵犯的天赋权利说。古典自由主义的公正理论将个人自由选择的权利置于至高无上的地位，认为平等的基础是自由。古典自由主义的公正只承认法治规则（自然法则）下的程序公正、机会平等、而反对任何结果公正。它认为任何对结果的关心都是对个人自由的侵犯，因而它坚决反对任何为实现结果平等而对社会差异进行调节的尝试。因此，古典自由主义认为经济、政治、社会关系最佳方式是通过自由意志的理性主体的自由选择，认为政府的作用应该是具体和有限的，不应该超出其维持自由市场正常运行的基本职能以外的事情。同时，古典自由主义反对福利国家，认为福利国家在结果层面对个人自由和价值观的干预，影响了个人的充分自由。

罗伯特·诺齐克（Robert Nozick）被认为是为自由至上而辩护的当代思想家。他的思想可以说是古典自由主义的典型代表之一。诺齐克在1974年撰写了《无政府、国家与乌托邦》一书，反驳了约翰·罗尔斯在1971年出版的《正义论》中政府结果补偿的观点，比如，他认为罗尔斯所看到的不平等本质上仅仅是一种不幸，而不是罗尔斯所认为的不平等。仔细来看，诺齐克并不是对罗尔斯正义论的全面推倒，在他看来，涉及国家的政治功能方面的分歧并不大，他认为国家在政治上要保障所有人享有尽量广泛的基本自由，并且这些自由是要优先于社会福利的考虑，即个人自由的权利。他们之间的争论主要发生在国家（制度）在经济和社会功能方面的分配关系。诺齐克的核心观点是反对扩大国家功能至（社会经济）分配领域的观点。他以最低限度的国家干预为逻辑起点，否认国家有权对财富和收入进行再分配，而是"守夜人"，即功能仅限于保护它所有的公民免遭暴力、偷窃、欺骗之害，并强制实行契约等。他从市场经济的角度来阐述社会公正，坚持从自由优先、个人权利至上原则下观测社会经济利益的分配。因此，可以说，诺齐克在经济、利益分配的领域上，则毫不犹豫地将公正认为是自由优先、权利至上。

由上可知，诺齐克公正观的核心原则在于：第一，维护市场自由，反对国家资本主义；第二，维护个人权利，反对运用再分配解决平等问题。这两个信条的实质都是禁止国家介入个人政治、经济和社会生活；禁止国家侵犯个人权利。相应于这两个原则，诺齐克的平等观念就有两个制度背景。第一个背景是针对的权利平等，也就是我们通常所说的政治层面平等要素，反映在对个人自由的尊重；第二个背景则反映在社会经济分配的市场化角度，并且具有两个层面的含义，即每个人都能够自由进入市场并参与竞争；市场经济下的财产所有权不受侵犯（不受到再分配的影响）。总之，他充分考虑公正的来路正当与否，而非结果是否可嘉。比如，诺齐克的核心观点突出了"持有"的正义，来替代了所谓的分配的措辞，一方面反映了其对来路的考虑，同时也反映了他对分配所内涵的对个人社会经济的干涉和利用，突出一个人根据获取和转让正义的原则，或者根据不正义的矫正原则对其持有是否有资格，那么他的持有就是正义的（罗伯特·诺奇克，姚大志，2008）。

可以说，古典自由主义公正思想反映的是对个人基本自由权利的尊重，在不影响其他人自由的前提下（洛克所谓的自然法则），那么他的所作所为即是一种社会公正的表现。当然，古典自由主义又隐含着国家的作用仅仅是一种契约式的"大多数人所指定的政策约束"，即这个契约式法制规则下，允许个人可以自由地获得他所希望的资源和他所想作的行为（程序上、机会上的平等）。同时，古典自由主义还保留了对全能性政府（计划型政府）模式的批判，它认为全能型政府其实就是干涉自由的选择和过程，即在生产和分配过程中，通过政府干涉来划分阶层，一种程序上即对个人自由的限制，由此产生了社会资源的不公正分配。比如，我国计划经济下社会公正的批判，通过计划安排下对阶层划分进行预设，对城乡二元结构人为在程序上的分割，都是一种制度安排下的社会不公正现象。

但是，古典自由主义忽视了最重要的一点，在合乎程序上的自由参与经济活动的"机会的平等"的逻辑下——当经济市场和政治制度在原则上向所有人开放，人们都有平等的自由进出其中，那么社会就实现了公正。但是，个人存在获取社会资源的不同能力，从而会在结果上产生的很大的不平等。这种"自然的自由 ❶"会形成两方面的不平等：其一，进入市场的前提和基础不平等；其二，市场竞争的结果不平等。而前者的不平等导致了后者的不平等。在自然的自由体系中，个人的前途如收入、财富和机会等总是受到自然偶然性和社会任意性如天赋能力的高低、家庭出身和社会环境的好坏等影响。因此，自然的自由仅仅表达了形式上机会平等观念，"即所有人都至少有同样的合法权利进入所有有利的社会地位"。比如，姚洋（2002）举了杨白劳和比尔盖茨的例子，认为由于在个人、背景、家庭等方面的差距，个人在社会上所获取的资源并不是按照理论上的自由状态。古典自由主义的本质实则是强调了个人政治自由和市场化的社会经济分配制度，前者是政治方面对财产权和个人利益的保护，后者则是对制度化的分配自由化推崇，要求满足市场化分配的非政府干预方式。

换言之，古典自由主义的公正观作为典型的义务论，反映了程序正当的逻辑，而忽视了结果的"善"。但是，往往结果所表现出来的不公正，将对程序的公正产生影响，形成一种链接反应。比如，虽然穷人在程序上具有上学、就业的自由权利，但是结果所呈现的不平等则将他们排斥在程序公正的自由选择之外。对此结果，诺齐克认为它符合权利原则，是可接受的。有人在研究诺齐克的思想时，感到诺齐克的平等充满"冷酷"，以至于让该学者的"情感和良心一直怀疑作者本身是否正义"，但对于诺齐克来说，情况的确如此（王立，2008）。他的平等仅仅是机会的平等，除此之外诺齐克对于平等不再做任何实质性的承诺。

---

❶ 罗尔斯将只要经济的自由市场制度是健全的，政治制度所赋予人们的权利是平等的，那么这个社会就实现了平等的观点定义为自然的自由，也有学者将之称为机会的平等，即认为它给予所有人机会上的准入可能性。

总之，以诺齐克为代表古典自由主义的核心公正观点即是反映了社会或制度对于自由优先权利的重视，以及对机会上的程序准入。当然，其本质的过程性认识集中于对自由权利的认识，包括个人基本自由，以及个人准入的自由等。

2）罗尔斯的正义观

1971 年，哈佛大学教授约翰·罗尔斯（John Rawls）发表的《正义论》一书。他通过强调两个正义原则的平等主义倾向和展示社会的理想状态，为自由主义左派提供了某种支持。他同时又通过强调设计社会基本机构要考虑到的稳定和可行性，强调个人自由权利的优先性，也受到自由主义的右翼（保守派）的首肯。因此，《正义论》在西方国家引起了广泛重视，被视为第二次世界大战后西方政治哲学、法学和道德哲学中最重要的著作之一。同时也成为其他契约论诞生的基础。比如，诺齐克的"持有的正义"逻辑与德沃金的"资源的平等"理论都是通过批评罗尔斯理论而发展起来的。

具体来看，罗尔斯正义论的整个正义原则架构的实质观点都是坚持义务论的观点，摆脱功利主义的支配性影响，而走向契约论的公平思想。从罗尔斯正义论的历史关联来看，其核心观点是试图替代功利主义的目的论观点，而从其内容来看，它旨在确立制宪和立法之前的社会和制度层面的基本道德原则。而究其整个正义体系的建构来看，他大多依赖于"原初状态"，这个原初状态的核心在于"无知之幕"——延伸到人的社会地位、种族、性别、职业甚至偏好——使得选择者变得不偏不倚，即通过调节最初契约状态的环境，而纠正这个社会的任意性。其目的是对可接受正义原则有意义的约束联为一体，从而排列出一些主要的传统社会观念的秩序，并选择看来合理、优点最多的正义观作为社会基本结构的正义原则，以此来决定各方所要达成的社会联合的基本合作条件（何怀宏，1996）。具体来说，他的核心观点集中在下面几个方面：

（1）制度原则对个人的优先性

首先，需要认识罗尔斯所反映正义的对象。在他的正义论中，正义的对象或者说主题是社会基本结构，是用来分配公民的基本权利和义务，划分社会合作产生的利益和责任。他认为人们的不同生活前景受到政治体制和一般的经济、社会条件的限制和影响，也受到人们出生伊始所具有不平等社会地位和自然禀赋的深刻而持久的影响，然而这种不平等却是个人无法自我选择的。因此，这些最初的不平等就成为正义原则最初应用对象。换言之，正义原则要通过调节主要社会制度，来从全社会的角度处理这种出发点方面的不平等，尽量排除社会历史和自然方面的偶然任意因素对于人们生活前景的影响。因此，此处所涉及的公正理论是选择确立一种指导社会基本结构设计的根本道德原则，从道德角度来研究社会的基本结构，即社会基本结构在分配基本的权利和义务、决定社会合力的利益或负担之划分方面的正义问题。

　　此外，他还明确划分了制度伦理和个人伦理的界线，以此区分两者之间的优先性关系。他认为在个人和制度伦理中，制度伦理的是否符合正义，决定了社会经济活动中的人及人的关系，所关注的是制度及其技术属性背后的价值属性，或者说是个人有直接关系的规范标准。而这些正是契约论本质所在，它更多反映了源自对社会制度的优先考虑。很明显，罗尔斯所设置无知之幕就是建立在一种社会制度（分配）的预设上——我们不知道自己会在社会处于什么地位，然而我们却知道我们想要追求自己的目的，并得到郑重对待。所以我们就要反对功利主义无所谓制度上的合理性安排，并同意一种保证所有公民的基本平等的原则，包括意识自由和思想自由的权利；同时，我们还会考虑一种关于社会和经济的分配制度，以及权利义务、收入和财富，权利与机会的分配方式。因为，这直接涉及我们自身的经济利益，一方面是避免自己身处极端贫困的危险，另一方面是可以在利益分配中做的更好的激励机制。总之，就其所涉及公正的根本都是源自一种社会的契约论，也就是制度原则的基础。相对地，个人伦理（职责和义务）的解释都明显要涉及制度的道德，要以制度的正义为前提或者包括对正义制度的支持。并且，社会基本结构对人们的影响十分深刻、广泛且自始至终，决定着人们的生活前景，决定着人们的最初机会或出发点，这种深刻和重大影响又是个人所无法选择的，故需要有关制度的正义原则来进行调整和处理。因此，从这个角度上看来，制度原则是对个人原则具有优先性的，即在考虑道德或伦理体系时，首先要考虑制度伦理，考虑它的正义是否。

　　在此基础上，罗尔斯通过这种制度优先于个人伦理的逻辑，对功利原则所涉及的制度伦理本身是简单对个人伦理扩大和延伸的观点进行了批判，这也就成为罗尔斯正义原则对功利原则优先性的认知基础。

（2）正义原则对功利的优先性

就罗尔斯的正义观来看，他通过借鉴古典自由主义观点和社会干预的逻辑，在很大程度上其目的在于对功利主义的价值判断和逻辑行为进行批判。罗尔斯在其《正义论》一书中就开宗明义地表达了需要以他的"公平的正义"来取代西方长期占优势的功利主义——"我的目的是确定一个能够替代一般的功利主义，从而也能替代它的各种变化形式的作为一种选择对象的正义论"（约翰·罗尔斯，何怀宏等，2001）。具体来说，罗尔斯的社会公正观点的核心思想对功利主义目的论的批判表现在如下方面：

其一，功利原则涵盖了承认一种标准就是接受一个可能导致较少的自由原则——由部分价值主导的个人至善，因而是一种权威性而使其他人的自由处于危险之中，即来自个人原则扩展到社会的逻辑，允许以社会整体或多数人利益的名义去侵犯少数人的自由。换言之，他认为功利主义实际上反映的是对个体自由的霸权主义践踏和对个体内外双重扭曲的人格。因此，他充分肯定了古典自由主义对权利的重视，认为只有尊重最广泛的基本自由才是平等的基础。

其二，他反对功利主义只关心根据社会资源（包括人的资源），考察怎么通过有效管理和分配它们而达到最大利益的观点。他认为这种思维仅仅局限在一种个人原则到社会原则的功利伦理学当中，并且这仅仅反映的是对社会资源有效利用的结果总数的追求方式，并没有考虑这个结果的获得方式，以及如何对结果分配的问题。虽然，古典自由主义的公正观对此观点进行了批判，通过"权利"或者"机会平等"的公正概念对此进行了弥补，并认为通过机会平等可以消除这种资源获得和分配过程中的公正问题。但是，罗尔斯认为由于社会组织、自然出身的不平等，都将直接影响到个人在社会合作❶中获取资源（过程）的公平，从而影响到最后结果的平等。

此外，结果本身还需要通过国家干预的分配来进行补偿。因此，罗尔

---

❶ 罗尔斯的正义理论中强调了社会合作是其理论关键，认为分配正义的问题是有社会合作带来的，由于合作也能给每个人带来比独自生活更大的利益，由此在这个社会合作中会存在由于不同社会和自然因素造成的不平等的分配，则需要对这个过程进行调节。

斯的公正思想强调这种不平等需要从两个方面去重新地解释，一方面是对获取过程或手段给予的关注，另一方面是对造成的结果给予某些补偿，从而实现了人与人之间尽可能的平等，也被称为"民主的平等"。当然，这个方面的认识受到了来自诺齐克对的保守主义的挑战（前文已阐述），以及社群主义❶以权利优先的批评。

（3）正义论的三个核心原则

在对功利主义的批判上，罗尔斯形成了其公正理论的两个基本原则：第一原则，每个人对于所有人所拥有的最广泛平等的基本自由体系相容的类似自由体系都应有一种平等的权利；第二原则（表 6.1），社会和经济的不平等应这样安排，使它们：①在与正义的第一原则一致的情况下，适合于最少受惠者的最大利益；并且，②依系于在机会公平平等的条件下职务和地位向所有人开放（约翰·罗尔斯，何怀宏，等，2001）。

公正的第二原则解释　　　　　　　　　　　　　　　　　　　　表 6.1
Explanation of the second principle in John Rawls' justice theory　　Table 6.1

平等的开放	每个人的利益	
	效率原则	差别原则
作为向才能开放的前途的平等 作为公平机会平等的平等	自然的自由体系 自由的平等	自然的贵族制 民主的平等

资料来源：（约翰·罗尔斯，何怀宏等 2001），P61。

它们可以概括为一个是平等自由原则，一个是差别原则和公平机会平等原则。首先，平等自由原则从自由的广泛性和享有自由的人的广泛性上作出了规定，保障公民享有平等自由的权利。这个原则作为国家的政治功能方面的基本伦理没有太多异议，争论的焦点主要来自以下两个原则的认识层面。其二，公平机会平等原则排除了社会条件的干扰，如制度安排等后天社会因素的干扰，在机会公平平等的条件下职务和地位向所有人开放。罗尔斯用"自由的平等"在此弥补古典自由主义的"自然的自由"（形式上机会平等）的问题——拥有较大权威和财富的人拥有达到他们目

---

❶ 社群主义反映是复合的平等，他们认为契约论的公正是一种简单的公正，并且以一种制度（分配）的合理性逻辑来反映"善"，而社群主义则是遵循不同的分配原则，也就是说每一种善在特定的领域都有特定的分配原则。换言之，每个领域都有不同的分配，实现的是各自领域的平等，各领域的平等总称即为复合平等。既然平等是复合平等，正义是多元正义也就顺理成章。

的的手段较多，而拥有较少权威和财富的人拥有达到他们目的的手段却很少——他们在形式上具有自由和平等，在结果上肯定表现出不平等。换言之，允许每个选手（有权利）进入比赛是好事，这就是自由至上（诺齐克）的论调。然而选手从不同起点出发，那么这个比赛就很难说是公平。此外，罗尔斯还发现这个原则并不能解决但难以排除自然因素的干扰，如自然禀赋（现存的收入和财富分配方式）、自然偶然性。于是，其三，差别原则解决了该问题。差别原则主要用于解决社会财富的公正合理分配问题，从根本上来讲，"差别原则"要求社会分配在个人之间的差异以不损害社会中最不利者的利益为原则，即政府通过干涉使最少受惠者利益最大化，也就是被诺齐克强烈批判的"民主的平等"。换言之，第二原则确保了利益分配过程（结果）的公正，特别是确保了弱势者的利益不受伤害，强调任何不平等的分配都要以有利于社会最弱势群体为基础。差别原则达到补偿原则某种目的，即给那些出身和天赋较低的人以某种补偿，缩小以至拉平他们与出生和天赋较高的人的出发点方面的差距。在他看来，天赋不是道德上应得的，应当把个人的天赋看作是一种全社会的共同资产，虽然自然资质的分布只是一个中性的事实，但是社会制度怎么对待和处理他们却表现出正义与否的性质。

在这两个正义原则中，自由原则保证个人在政治权利方面自由；公平机会平等保证"自然的自由"所带来的不平等的缺陷，可以说，它反映的是"自由的平等"——从手段上赋予机会平等实现的可行；而公平机会平等原则的局限又由经济的平等原则即差别原则进行补救。在此逻辑下，罗尔斯根据其社会政策的重要性排列了优先性次序：第一个原则优先于第二个原则，而在第二个原则中，公平机会平等原则又优先于差别原则。罗尔斯在《正义论》第一原则中明示，一旦一种制度威胁到个人的基本自由，无论能够产生多大效益，都不应该被接受。可以说，罗尔斯的公正理论即坚持了古典自由主义公正理论的基本价值，同时又兼顾了基本权利的维护和公平的特点。

很明显，罗尔斯的正义观与功利主义公正观是针锋相对的。他认为在现代道德哲学的许多理论中，功利主义始终占据上风。功利主义的公正观点强调了通过整体福利和利益的增加来实现其目的论，而对如何分配这些效益缺少关注，在某些情况下，个体基本自由往往会在整体福利增长过程下出现以之为名义的牺牲（上面已经做出了交代）。罗尔斯的正义观追求的不是社会总福利的增加，而是弥补自由、平等竞争的环境中产生的社会经济差异。简言之，罗尔斯的正义观从义务论的角度，在制度伦理行为的正当方面对权利和利益分配进行了层次性安排——第一原则强调基本自由权利（财产权、参与权等）的平等；公平机会平等原则是在自然的自由之下强调获取资源层面上的自由的平等；最后在再次分配中保证全体公民享受结果公平（差别原则）。可以说，罗尔斯强调实现社会正义，不仅从道德上进行论述，而是建立了一个完整的逻辑体系和可操作的方法为应对西方强调功利主义正义观的社会贫富差距下社会公正的保障提供了新的理解思路，也是对强调"涓滴效应"思路下里根时代新自由主义发展思路的反思。

如果将罗尔斯的社会公正理论放入当前我国增长主义城市更新的分析框架下，来论证当前我国城市强调增长的发展路径，它所表现出来的首先是对正义论原则的违背，比如城市更新中居民参与性不高；同时也是对第二原则的违背，在强调机会平等和再分配最大化方面，现实更主要表现的是在更新过程中原居住民没有获得再开发的发展红利。

6.2.4　包容性增长的解析逻辑

1）包容性增长的基本特征

包容性增长概念的形成，是围绕着经济增长和社会不平等、贫困的矛盾而出现的，并且在不同的视角下，不同学者往往给予不同的解释，并总结了相应的特征。

林毅夫，庄巨忠，汤敏（2008）认为包容性增长为基础的发展战略实际上是构建和谐社会的有效途径。他们将包容性增长特征总结为两个层面：①包容性增长需要经济保持高速、有效和持续的增长；只有通过经济增长，才能创造大量的就业与发展机会。②包容性增长需要消除各种各样的机会不平等，以增强增长的共享性。

亚洲开发银行将包容性增长内涵总结为可持续和平等的增长；社会包容性增加、能力的增强、安全性增加。具有 4 个方面的特征：①经济增长是包容性增长的基本要求，需要持续快速，增长应该是基础良好的，能跨越部门和领域的，能够包容大部分劳动力，包括贫困者和较脆弱的人群。②社会包容增强是指制度性障碍的消除，提高激励以促进社会各阶层获得发展机会。③能力增长，是指各类个体或群体在财资和能力方面得到增强，从而能更好参与服务与增长过程。④社会安全则是包括对发展活动中增加的风险给予良好的管理（Ali，Son，2007）。

世界银行将包容性增长的内涵概括为：①包容性增长关注经济增长，经济增长是消减贫困必要且至关重要的条件；②包容性增长是一种长远的视角，并且集中关注可持续发展；③包容性增长既是目的，也是手段；④包容性增长关注的对象不仅是企业，也包括个体（世界银行，2006；世界银行增长与发展委员会，2008）。

综上，尽管学者们对包容性增长关注的对象和内容各有侧重，有不同的诠释，但是，综合来看，他们均认同包容性增长具有两个基本特征：其一，机会平等和成果共享是包容性增长的核心内涵；其二，包容性增长就是要在可持续发展中实现经济社会的协调发展。可见，包容性增长既是目的，也是手段，它是一种把经济增长过程和经济增长结果有机统一的经济社会协调发展模式（杜志雄，肖卫东，詹琳，2010）。前者反映了增长过程的行为正当，后者反映了增长结果（目标）的可持续性。

2）包容性增长的分析维度

包容性增长本身赋予了经济增长行为的"正当"认识，而这些义务性公正观理论为其分析逻辑的架构提供了很好理论支撑。

首先，古典自由主义的公正观所提供的对于自由权利的认识，明确了经济增长过程中个人对权利持有的正义。尽管这种"自然的自由"可能存在过程资源分配的差异，以及由此产生结果差距，但是，它明确了经济增长实施过程中的行为"正当"不应该是对个人权利的侵害。

其次，罗尔斯的正义观，作为一个对制度行为公正的伦理逻辑。它涵盖了对古典自由主义的"自然的自由"的认识，并且赋予增长制度在"权利持有"（机会平等）的行为正当。它还进一步对"自然的自由"中资源获取的社会偶然性影响形成了的"自由的平等"。此外，针对"自由的平等"中关于自然偶然性的所涉及的天赋和初始财富的影响，则强调了制度行为需要通过再分配的正当来弥补。

罗尔斯公正理论所涉及的三个层次的制度伦理的认识，为包容性增长中的增长行为的"正当"安排提供了很好的概念性框架。过去，对于包容性增长都停留在其增长过程公正的概念化认识，一般认为包容性增长需要满足经济增长的机会平等和共享性，政府或者国家需要让全体居民参与到这个过程中去，并且共享这部分经济成果，以此消除经济效益和社会效益脱节，比如经济增长过程中财富分配的差异性和贫困问题增大的矛盾。

现有的理论有助于突破这种观念和概念层面的认识，而将包容性增长所隐含的模糊的、不具操作性的增长行为的考虑转到具有可操作性的城市实施层面，推广到城市更新层面上来看，为更新运作机制的规范性安排提供了明确框架。

（1）它强调了社会个体自由权利的存在，即是消除了功利主义增长逻辑下可以剥夺个人自由权利的逻辑。比如，功利主义增长仅仅关注的是结果增长，并不在乎其中具体手段的利用——为了获得更大经济增长要求，增长行动中往往会依附于经济优势部门，或者权威优势部门，因此，功利主义增长则会将优势部门利益摆在首位，凌驾于个体自由之上，代之做决策。而包容性增长则是强调了个体基本自由的获得，它反映了一种基本权利的平等。

如在更新规划的决策中强调个人的参与和话语的重要性，换言之，即强调居民对更新规划的决策考虑。

（2）它重新定义了增长过程中"手段"的公正，即是消除了功利主义增长逻辑下只关心增长总体福利，而允许侵害个人利益。按照前文的观点，功利主义增长的逻辑是认为经济增长是解决社会贫困和不平等的重要方式，它只关注结果总量的增加，不关心具体手段的实现。因此，在城市更新过程中，依赖于房地产的开发方式成为该逻辑下最有效的实现途径，即完全按照市场追求利益最大化。因此，在整个过程中，为了快速实现结果的增长，则并不充分考虑原居住民的利益。相反，包容性增长重新定义了这个结构中手段实现的公正性，不仅满足诺齐克"自然的自由"的权利准入（机会平等的准入），同时，也满足"自由的平等"为权利准入消除社会因素的影响，即提供具体的准入手段——它反映了获得资源上的机会平等。

如在更新规划实施过程中，可以考虑通过引入居民在更新过程中权利和手段上的准入方式，换言之，更新实施不仅局限于单向度的市场开发行为，同时允许居民参与到更新实施的过程中，当然这仅仅是机会平等的准入，还需要在具体的机制方式上，包括参与组织方式、实现途径方面的规则和界定。比如，笔者认为众筹就是一个手段上实现参与更新过程最直接的方法。

（3）它关心增长结果的再分配，最直接的阐述是它本质上具有益贫性特征。换言之，它是消除功利主义增长逻辑下对结果悬殊差别的允许。由于功利主义增长方式仅局限在对增长总量的要求，并没有对结果分配提出要求，因此，真正需要解决的个体提升并没有获得再分配的结果的改善和分享，从而形成差距悬殊，继续拉大弱势群体的贫困和社会不平等的结果。因此，包容性增长在此逻辑下，即是重新考虑了结果再分配的实现，一方面分享增长过程，也是通常所说共享，缩小不平等的差距；另一方面，向弱势群体的倾斜，通过结果补偿的方式，减少贫困的发生，表现出一种益贫性，也即是保证全体公民享受增长的结果。

从城市更新的角度上看，包容性增长的需要补偿更新之后可能形成结果差距，通过政府的更新补偿机制，特别是对一些自然偶然性因素影响的居民进行结果保障。当然，这个方面涵盖了对其住房的保障、公共设施、交通出行方面的倾斜。

（4）此外，我们不能忽视包容性增长在经济增长方面的认识，即包容性增长的基础仍是对经济增长和效率的要求。经济增长是让民众能更多参与生产和创造的必要条件（但并不是充分条件），是实现若干经济社会目标的工具和手段。但是，政府的公共政策，包括城市规划并不能以发展效率的追求为目的，并且需要克服和解决经济增长中追逐效率所带来的社会和环境问题。换言之，这种经济增长将会受到来自增长质量和价值取向限制，也就是增长所面向的应该是包容性的特征，其本质即是在经济增长过程中实现对社会、环境的可持续。比如，世界银行增长与发展委员会（2008）认为经济增长并不总是有利于减贫、缩小和消除不平等，它要求民众不懈努力作用于经济增长，即经济增长的价值目标应该是满足广大居民的发展，同时居民的发展也能很好地推进经济增长过程。总之，我们可以进一步将包容性增长所赋予的增长价值目的总结为满足社会和经济的持续改进的可持续增长。

就城市更新上看，包容性增长内涵的可持续增长要求更新价值的关键在于强调维护社会和经济的可持续；同时，目标也不仅局限在经济和物质环境的改善方面，还需要考虑更新与社会要素的协调。

综上所述，笔者将以上关于包容性增长关于经济增长过程与结果（目标）进行有机统一，可以简单概括为 2 个方面：其一，强调增长结果（目标）安排，并对增长本身提出要求——是经济和社会协调的发展模式；其二，增长行为在实施过程中符合正当和基本的善，包括：满足增长中个人基本自由权利；增长过程的利益共享；对弱势群体的公正。概括起来，可以总结为 2 个方面、4 个层次的认识。在此基础上，下文笔者将在该分析维度下为城市更新的运作机制进行框架建构。

6.3　包容性城市更新的分析框架

既然增长主义的功利原则与城市更新的权益分配之间的内在矛盾对我国社会可持续构成了巨大负面影响，那么如何解决这两者之间的矛盾呢？本节针对这个问题进行了解析，并引入了包容性增长的理念，通过以上分析，我们不难发现，包容性增长所具有的义务论公正观，成为与功利原则目的（结果）论的增长主义逻辑的针锋相对。并且，笔者认为包容性增长以上所具有的四个方面分析维度也能为当前城市更新的困境的解决提供理论框架。因此，下文中笔者将在此基础上，结合包容性增长构建城市更新的理论框架，为进一步从更新运作机制层面上提出应对策略。

6.3.1　包容性城市更新的概念

作者所界定包容性城市更新的概念，并不是从城市更新所承载的物质条件改变为出发点，即重建、保护、维护等角度来界定该概念；也不是从更新技术方法上，比如，从包容性区划层面强调住房配建、交通出行、公共设施供给的具体规划策略层面。而是以包容性增长为视角，从其所内在的义务论公正逻辑出发，以城市更新为载体，来界定其概念。与单纯注重经济效益、关注土地出让的强调增长的理念不同，包容性城市更新理念覆盖了更为广阔的内容，综合考虑到社会效益与经济效益的平衡，并跳出单一经济增长的目的，通过城市更新运作机制的正当性安排，来妥善解决城市更新中对居民权益分配不均衡下所导致一系列困境。

所谓包容性城市更新是指通过更新制度的正当性安排，城市更新区域居民采用合作式参与，在更新过程中实现利益再分配的共享，并且满足更新结果保障的城市更新运作机制。其路径是赋予居民基本自由权利、给予居民利益再分配的手段可达，以及补偿弱势居民的结果保障。

可以简单地概括为：以政府更新机制的正当性安排为基础，以居民的参与性为前提，以更新利益的共享性为手段，以更新结果的补偿性为保障（表6.2）。

一般城市更新与包容性城市更新的比较 表 6.2
Difference between urban redevelopment and inclusive urban devedelopment   Table 6.2

	增长主义城市更新	包容性城市更新
价值观	经济增长（效率）	包容性增长（增长和再分配）
目标	单纯满足政府或开发商利益诉求	政府——提升城市功能，改善城市环境，保障公共利益；开发商——推动更新实施、获得更新收益；原居住民——共享土地增值收益；弱势群体——获得住房保障
手段	宏大叙事下物质空间形态的开发	协调和处理复杂的既存利益格局
参与性（基本权利）	基于政府价值目标导向	面向多元目标和多方利益诉求、沟通的协作
共享性（公正的机会平等）	单一价值逻辑下政府和开发商的利益分享	更新开发面向全部居民，尊重产权价值给予居民众筹机会，分享更新红利
补偿性（结果保障）	通过市场化方式解决弱势群体生活安排	对弱势群体的最大化利益保障

资料来源：笔者自绘。

包容性城市更新的特点可以总结为：

1）立足于城市更新权益合理分配这一要求。城市更新的价值伦理并不是以效率为目的的功利性指向，使得更新机制本身成为纯粹技术性工具，并受制于社会最大利益的计算。而应该从更新运作机制本身的公正角度出发，强调更新机制需要满足更新过程中的权利和利益分配的公正性安排，它本质上是社会的基本政治和经济制度的正义性安排。一方面是来自政治层面对于更新的过程中居民基本权利的界定和分配；另一方面，则是来自社会经济分配层面，合理安排居民在更新过程和结果的利益权利。最终，达到原居住民在更新获得参与和利益共享的包容性内涵。

2）居民的能动性作用。从近年来城市更新路径和特点可以发现，在功利原则下，城市更新主要由政府和市场主导和实施。现实证明，需要重视居民主动性和积极性，并且需要赋予他们在更新过程中能动性作用。只有充分实现广大居民的意愿和需求，城市更新这一涉及众多家庭切身利益的公共政策才能实现社会效益的共享。而包容性城市更新强调更新过程参与性和共享性特征，从政治和经济制度的分配层面，赋予了居民更新之中参与权利的获得，满足实施目标和居民需求的密切契合。同时，通过利益分配的有效组织，调动居民主动性和自发投入，实现更新利益分配的共享性特征。

3）具有层次性特征。从更新的逻辑上看，更新机制的义务论伦理的逻辑是基础层次，它反映了制度层面正义与否的理据立场，并且成为具体更新机制的依据。其次，从更新机制层面上看，强调更新中居民的政治层面的权利是前提，而居民在社会经济层面的利益分配的合理性则是手段，在更新结果层面对利益分配存在的差异进行补偿则是保障。这种持续性递进的过程，就构成了包容性城市更新的层次性结构。

4）需要通过更新机制的创新实现。从以往理据的依据以功利原则的结果导向为依据，判断社会利益最大化意义的城市更新，转变为强调更新机制本身的正当性安排，强调城市更新实现权益分配的公正性安排，需要从规划管理模式、土地出让制度、房屋产权制度、更新保障制度等方面进行创新实现。

6.3.2　包容性城市更新的构建思路

作者运用包容性增长理论的 4 个内涵，结合更新机制特点来分析城市更新中的包容性，以此构建包容性城市更新理论的分析框架。从城市更新的运作机制变革进行考虑。笔者认为，首先，应该跳出城市更新的结果性逻辑，从义务论角度强调更新机制所反映的公正应该是源自于自身安排和运作的正当性和合理性。具体来说，包括四个层次来重构城市更新的开发建设方式。营建包容性城市更新包括四个维度（图 6.6），分

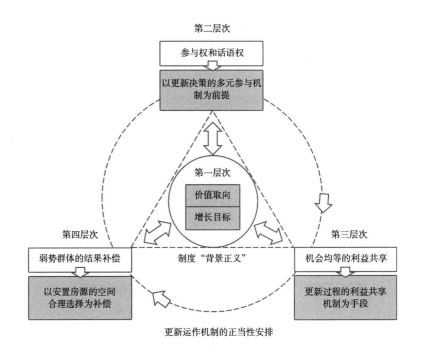

图 6.6　包容性城市更新的营建维度
Fig 6.6　The construction dimension of inclusive urban redevelopment
资料来源：笔者自绘

别是对应的是：①第一层次，反映在城市更新对增长的认识方面，需要消除增长主义特征，通过城市更新的公正取向，目标的多元来实现。可以说，从更新价值取向认识决不简单地只是局限在宣传教育和思维的问题，更是一个制度化了的规范力量引导的问题。换言之，它是一个价值引导与通过制度安排所呈现的利益诱导的一致性问题，是一个制度性维度调整的思路。②第二层次，反映在个人基本权利方面，需要强化居民的参考性，通过城市更新中参与权和话语权实现，具体表现为城市更新中从规划管理机制方面实现对居民参与和自主表达的权利保证，是一种对于自由权利合理分配的基础性意义。③第三层次，反映在更新中公正的机会平等方面，这个方面包括两个层次的认识，一方面是来自更新过程中实现自然的自由，满足古典自由主义对个人"机会平等"的程序准入，也就是说给予居民参与到更新过程的机会；同时，还需要在更新机制中消除社会因素带来的个人可达性限制，即具体的实现可能的"手段可达"。比如，从机制方面形成居民共享更新利益分配的具体规则和安排才是消除社会因素影响的关键。④第四层次，反映在对更新结果差别的补偿方面，主要表现为消除由于自然因素（天赋和出身条件）所带来的更新结果上差异。在罗尔斯看来，天赋并不应该被认为是应得，而应当把个人的天赋看成是一种社会的共同资产（何怀宏，1996）。换言之，这种由于自然因素所导致的更新差别应该被给予补偿，消除由此带来的巨大不平等。在更新结果的安排上，相应的更新政策保障向那些受到自然天赋影响的弱势居民，主要包括源自更新安置住房、补偿标准、配套设施等方面的倾斜。

6.3.3 包容性城市更新框架要素的关系

此外，需要说明的是，这四个层次存在明确的递进关系。

第一层次所反映的是对城市更新基本价值判断的可持续增长的认识，它主要反映的是价值取向和更新目标，换言之，没有价值观和更新目标的宏观转变，城市更新政策本质将不会发生变化，强调增长主义策略还将贯穿于城市更新的全部流程当中。当然，从制度的"善"来看，它反映的是对更新制度基础的认识，所提供的是一种"背景正义"，即具有现实合理性根据的价值精神的制度。在罗尔斯看来，作为公平的正义的善的制度是公民基于基本自由平等的合作体系（约翰·罗尔斯，何怀宏等，2001），而这个善的制度以"公平的正义"为基本特质。首先，基本制度所提供的是社会"背景正义"。正是这"背景正义"一方面在总体上决定了具体制度的作用性质及可能状况；另一方面在总体上决定了社会成员各种具体活动的可能结果。这个背景构成了对每一个社会成员、每一个具体制度的基本制约（高兆明，2007）。基本制度的这种"背景正义"首先是社会基本结构的背景实质正义。换言之，这个作为"背景正义"的制度判断也成为推进更新制度的具体规划机制实现基础，是以下三个层次的更新机制实现基本判断和基础。

后面三个层次则反映了具体更新运作机制对这种"背景正义"的具体落实，即考量制度所内在具有的社会成员相互间的权利和义务关系，一种权益划分的情况，承担更新过程中权利和利益分配。具体来说，它是一系列相应的程序规范，也就是上文所提到具体制度对更新实施的制约，以及确定社会成员在制度层面下具体活动。首先，第二层次反映的是更新过程中对个人基本权利的尊重和实现，或者是源自制度层面对个人权利的分配和界定，是第三层次和第四层次的基础。它反映了个人来自政治层面上获得的平等基本自由权利。在没有个人基本权利基础之上，不可能有实现机会公正平等的可能。比如，在城市更新中如果居民没有话语权和参与权，在城市更新过程中也就不具有对更新决策的干预，也就没有来自更新过程利益共享的机会平等和手段的可达。那么第三层次所提到的公正的机会平等的更新方式也就是空谈。按照契约论对公正的认识，正是强调了来自政治层面对个人自由权利的认识，也跳出了功利主义作为社会正义原则可能导致的允许侵犯人们的权利。

第三层次反映的是更新过程中实现公正的机会平等，是一种实现利益共享的分配安排。从本质上要求的消除经济分配层面源自社会因素差异性的限制。比如，具体到更新机制安排上，在经济利益分配方面对居民的准入和可达，而不仅仅局限在政府和开发商的单向度垄断式利益分配的结构，使得居民获得一种合作体下的公平份额、公平负担。当然，它同样也是第四层次的前提，换言之，在没有消除社会因素差异的前提下，没有解决更新机制的机会准入和手段可达，仅仅依赖于最后结果的差异补偿就会陷入一种忽视市场的效率的过程❶，一方面，造成政府承担补偿过大的补偿压力；另一方面还容易陷入直接以强迫方式达到财富和收入的平等逻辑错误中。

6.3.4　与其他更新思路的比较

1）与有机更新理论的比较

"有机更新"由吴良镛先生对北京旧城更新规划的长期实践研究所总结出来，是对中西方城市发展历史和理论的认识基础上，结合北京实际情况而提出。有机更新采用适当规模、合适尺度，依据改造内容与要求，妥善处理目前与将来的关系——不断提高规划设计质量，使每一片的发展达到相对的完整性，这样集无数相对完整性之和，即能促进旧城的整体环境

---

❶　从第三个层次看，它内涵了的自然的自由，即诺齐克的"机会的平等"的逻辑，强调满足效率原则的，其中给各种地位是向所有能够和愿意去努力争取他们的人开放的社会基本结构，也就是经济和社会效率的安排。换言之，在第三个层次实现过程中，它本身的逻辑就是强调为居民提供一种在手段可达的情况下，满足市场经济的自由竞争。

得到改善，达到有机更新的目的（吴良镛，1994），其核心理论观点是提出了保护、整治与改造相结合，采用"合院体系"组织建筑群设计，小规模、分片、分阶段、滚动开发等一系列具体的城市设计原则和方法。

相同之处：①出发点相似，可以说，两者的出发点都是源自城市更新的社会影响，考虑城市更新导致了社会矛盾的激化和对弱势群体的社会公平。两者都强调城市更新是一种可持续性的更新过程，并且都认为大规模城市更新其内在影响将导致社会公正的矛盾。②组织方面也具有相似性，两者都认为应该考虑原居住民在更新中的作用，即强调"自上而下"和"自下而上"的方法相结合，鼓励各种类型的居民参与，以便充分调动居民的积极性，从居民的现实需求出发来制定更新规划。其核心观点都是强调政府在城市更新中作用的减退，同时强化社区和居民在更新的决定作用。此外更强调城市更新应该是一种可持续的过程，而不是不顾原有居民的生活状况，盲目地、干预性地、破坏性地更新。

不同之处：①城市更新解决视角存在的差异。有机更新描述的重点在于城市更新时序以及更新规划中的具体操作方式，是针对大规模城市更新问题所提出来的更新理论，主要从规划方法上出发，提出城市更新时序和规模的理想模式。而包容性城市更新的解决视角主要是从城市更新机制的角度出发，提出如何解决城市更新增长和实现公正的途径。它针对的是城市更新被作为一种城市增长的方式，即城市土地价值、空间资源、文化资源成为城市开发中的优势资源，作为政府和私人部门共同合作的增长资源，被用于城市经济增长中。换言之，前者更强调从更新规划的具体方法着手来解决城市更新中存在问题和社会矛盾。后者更强调从社会公正的角度上，从城市增长的思路转变来审视城市更新，强调城市更新应该被当成是一种包容性增长的方式，维护多方利益实现共同增长。②实现途径方面存在差异。小规模渐进式更新方式，为城市更新提供了一种拆迁的具体思路，提出应该注重更新中的整体性、延续性、阶段性、人文尺度。而包容性城市更新则从城市更新的背后机制阐述了应当从更新的价值目标、居民基本自由权利的保障、机会平等和手段可达、结果补偿4个方面实现和促进城市更新的包容性，即强调更新策略的公正和包容转变，以及解决依赖于城市增长视角的更新方式下所产生的社会矛盾。

2）与住房过滤理论的比较

住房过滤理论最早是芝加哥学派伯吉斯（Burgess）所提出，主要用于解释芝加哥居住空间结构。当时伯吉斯在其著名的同心圆的城市居住空间结构中就有涉及。伯吉斯认为在同心圆结构中，不同圈层中居民类型将会随着时间和社会经济条件的变化，替换原有的居民。到了 1960 年代，经济学家劳瑞（Lowry）给出比较详尽的解释，认为过滤理论是在统一价格指数下，已存在住房的实际价值的变化（郭湘闽，2011）。确切来说，住房过滤是在住房市场中，最初为较高收入居民建造的住房，随着的时间推移，住房发生老化，新建住房供应增加，导致房价降低，较高收入居民为了追求更好的居住条件，放弃现有住房，较低收入居民继续使用该住房的过程。过滤过程描述了住房在其整个生命周期中使用的全过程。

相同之处：两者都涉及随着城市更新过程，内城住房会存在居民的空间置换和阶层置换的过程，即住房水平存在一个各阶层互动，逐渐提升的过程。

不同之处：①过滤理论在这个过程中主要是从居民角度出发，是一个自下而上的变动过程，并没有涉及城市更新发展思路上的转变。②另一方面过滤理论更偏重于描述性分析，它描述了国外较高收入阶层的住房淘汰行为可以带动低收入阶层住房提升的情况。而包容性城市更新主要是从城市开发机制和城市增长思路出发，具有一定的政策导向，从更新中的城市增长角度来考虑更新中政府行为的转变和更新策略的应对。③此外，过滤理论和包容性城市更新是反向的作用过程，前者强调的是通过高收入阶层住房过滤给中低收入阶层的过程，实现中低收入对内城的占领和高收入阶层的郊区化过程；而包容性城市更新思想更多强调对内城邻里的更新，一方面实现原有居民的生活条件的改善，另一方面满足中高阶层生活。可以说，这是一种反向的作用视角。可见，这两种观点无论在研究对象，研究性质和实施策略方面都存在显著的差异性。

3）与绅士化的阶层替换比较

绅士化的概念由 Ruth Glass 在 1964 年最早提出，源于对伦敦中心地区（如：伊斯灵顿，Islington）出现的建筑演替和替换现象的描述。她认为绅士化即是中产阶级通过对城市内部衰败住区的更新改造，实现中产阶层邻里替换原有邻里的过程。她所描述的这种内城变化过程被认为是绅士化的经典概念。但随着绅士化现象的不断出现，其牵涉的区域、人群已经不仅局限在内城、低收入阶层，还包括居住区的更新重建和随之而来的综合型消费空间的产生（何深静，刘玉亭，2010）。在一些学者看来，绅士化已经成为广泛的城市空间变化上的一个重点，需要将其作为城市空间重构或者城市再开发的一个研究视角。从国内的绅士化案例看，都反映出了城市再开发（Redevelopment），而不是传统意义层面上更新（Revitalization）（He，Wu，2005；He，2007；He，Wu，2007）。从这个角度上，绅士化理论其核心观点是中产阶级对内城的侵入，形成在物质空间和社会经济阶层的双向置换过程。

相同点：都涉及对内城更新中存在的社会阶层置换的情况，都关注于物质空间和空间功能的提升和互动过程。并且，绅士化理论对城市更新中的阶层置换问题形成了较好的解释理论。比如，西方一直就有以 Smith（1979）和 Ley（1986）的为代表，从资本视角和文化视角，分析西方绅士化产生原因的理论争论。

不同点：①关注角度不同：绅士化更关注的是阶层替换，以及其替换中所带来的社会影响，但是没有深入分析更新过程中的对策考虑。因此，可以说，绅士化理论更多表现为一种描述性的研究，从其产生现象、产生原因都具有较强的理论论述，但是，总的来说，绅士化理论为城市更新提供了较好解释思路，比如提供了更新机制文化、资本、政府角度的视角，但绅士化理论并没有提出相应的策略。而包容性城市更新关注角度则是在偏向于从这个问题为导向，从更新发展策略角度来分析如何实现更新的包容性。②更新主体的不同：从西方绅士化现象上看，最早是由私人投资者自行购买、修缮旧城房屋的自发行为；其后则伴有房地产性质开发，并常常伴随着政府支持，换言之，转变为政府及开发商控制下的城市更新。与西方不同的是，由于政府作为土地的直接所有者，因此，我国绅士化更多表现出政府的宏观推动，其行为和政策作用都在此过程中要远大于其他角色的作用，也决定了我国城市更新中的特殊性。而包容性城市更新的作用主体并不是强调政府和开发商，而更多是强调原居住民的能动性作用，强调他们能够作为产权主体自发，或者和开发公司进行共同开发，获取城市更新的长远红利。政府在其中的作用仅仅是组织、监督、保障。换言之，包容性城市更新更强化了原居住民和社区在更新中的作用，而不是政府和开发商的重建、整体搬迁式再开发。③更新的结果：从绅士化理论上看，通过物质空间改造，形成对社会阶层在空间上的完全性置换结果。其社会影响是西方国家内城所出现的魅力和贫穷、现代化和忽视的社会极化现象的出现。相反，包容性城市更新源自包容性增长对社会公正的考虑，从更新的价值和目标、居民的基本权利的视角出发，因此，所形成社会阶层空间并不是彻底的替换，而是形成包容型、混合式居住邻里形式。当然，这一点类似于包容性区划的结果，但是包容性城市更新主要是从更新机制方面的要求，而不是从具体的规划策略来进行考虑的。④更新思路的不同：绅士化的发展思路多依赖于房地产开发的实现增长的目的，一方面改善内城空间环境；另一方面则强调增长的涵义。包容性城市更新，则从更新机制的正当性思路出发，探索一种更为包容的城市更新的治理思路，强调多元主体的合作、开发过程中面向全部居民的产权共享方式以及对弱势群体的再分配。

6.4 包容性城市更新的四个维度

6.4.1 价值目标的多元包容

第一层次上看，包容性增长的思路是强调增长，同时对增长本身提出要求——是否是高效、可持续的增长方式，换言之，增长本身不应该是低效、不可持续，以破坏社会和生态为代价的。总结起来，可以认为是一种对增长目标和价值观的转变，包容性的发展模式从规划角度看就是要扭转政府通过城市空间（再）开发来实现增长主义目标。

我国城市更新背景和西方国家有着明显的不同，西方国家在1950年代以来已经开始推动城市更新计划，其中包括城市更新目标和价值观的逐渐转变的过程。如城市重建、城市再开发、城市复兴、城市再生，每一个阶段都具有不同目标和价值观。城市重建的目的很明确，即是通过大规模拆迁和重建解决由于不断的郊区化而导致的内城衰败问题；城市再开发则是通过私有部门的投入，在新自由主义滞涨背景下，推动内城经济增长；其后城市再生的目标则是强调一个包括经济、社会、物质环境的整体再生。

相对来说，我国是在快速城市化、许多城市依然处于扩张时期而同步展开城市更新的，这其中既有国家严控新增建设用地的原因，也有服务于公共利益的旧城生活环境的提升，还有打造城市新形象的发展视角，但有部分则出于增长主义的考虑。比如，政府往往重视 GDP 增长，且认为增长的逻辑是实现社会总福利最大化，即通过经济增长向全社会涓滴，满足全社会的利益。因此，可以说当前城市更新目标价值取向多表现为通过城市再开发来实现增长的需求，而没有综合考虑由此带来的社会不可持续问题。

从这角度上看，包容性城市更新是建立在对包容性增长所内涵的义务论伦理逻辑认识之上的。它强调更新过程性安排，对更新机制强调制度层面上的正当性和合理性。而不是从制度的结果导向制度行为的设计。换句话说，更新机制的逻辑遵循着其价值目标的正义原则，从更新过程中实现这种正义，正如前文说提到这是一种更新制度的"背景的正义"要求，它将直接对具体更新机制的制定和实施产生制约和引导。

具体来看，可以从两个方面的来认识。首先是对价值判断的逻辑。前面已经提到了包容性城市更新的理据依据就是源自包容性增长对于义务论的认识，强调更新机制的正当性安排，而不是仅仅着眼于更新结果的效率。相反，针对城市更新这种服务于公共利益、分配权利和义务、决定社会利益的适当划分方面，包容性城市更新则要求满足服务于社会理性的正义原则。当然，这里也并不是否认更新可能带来的效率和经济增长。按照高兆明（2007）的观点，一个具有正义的制度也应当是一个具有效率的制度，这个效率主要不是指在这个制度中的政府活动的高效，而是指这个制度本身具有活力，能够创造出更多的社会财富。换言之，市场的运作依赖于"市场理性"，而城市更新则作为城市规划的一种方式，它并不反对对效率的追逐，它本身并不以对发展效率的追求为目的，并且把克服和解决市场追逐效率所带来的问题作为己任。从社会的公正、正义、公平等方面出发，更新规划的原则主要来自"社会理性"（孙施文，2006）。

另一方面，在具体空间表现上来看，则发生在对更新目标的重新认识，比如说不是追求形象的高楼化，简单追求 GDP 数字，城市经济对土地财政和发展房地产的依赖等。包容性城市更新的目标体现了经济增长模式更理性，对全社会的利益平衡有更多的诉求。相反，城市更新本身就是实现公共利益的手段，物质更新所带来改善仅仅是更新的外在表现和一方面内容，其中，通过更新缓解贫困，为弱势群体创造就业和发展机会，实现社会可持续则成为最关键的目的之一。比如，美国城市更新，在 1990 年代以来强调了"城市再生"的思路，即关注物质空间的发展思路转变为社会环境和居民生活环境的更新，更注重居民的就业和发展条件，特别是为弱势群体创造发展机会和居住条件，通过社区更新来实现更新的可持续性。应该说，包容性城市更新的目标所内涵的更新利益的共享性和综合性是其关键。

6.4.2   强化居民参与度

第二层次，反映了人身享有的自由权利。涉及人身自由权利包括自我表达权、参与权、财产权等。这些权利具有普适性和平等性，即一个人对这些权利的拥有不会妨碍他人对它们的同等拥有，国家对于这些权利要进行平等的保护并平等地给予每一个人，而不能为达到某种目的（如推进经济增长）而对这些权利进行限制（图 6.7）。当然，在义务论看来个人基本自由权利是正义主题的首要原则。在契约论的诸多理论看来，承认自由权利社会主要制度分配基本权利和义务的起点，一旦一种政治制度威胁到个人的基本自由权利，无论能够产生多大效益，都不应该被接受。阿马蒂亚·森（Amartya Sen）认为自由权利的原则既是经济发展的首要目的，又是经济发展的首要手段。按照他的权利观点看来，增长中所出现的贫困、剥夺等社会不公平仅反映的是表面现象，深层次的根源来自于权利的丧失，即表现为发展机会和发展话语权的缺失——不能参与公共事务，不能自由表达自己的意见和观点。

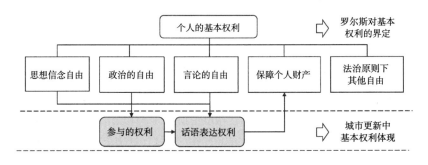

图 6.7　城市更新中基本权利的表现
Fig 6.7　Performance of based rights in urban redevelopment
资料来源：笔者自绘

　　比如，1990 年代以来，我国所推进的城市更新，主要表现为房地产导向行为，其中最主要的决策采用代议制方式，按照 Arnstein 的《市民参与的阶梯》，基本上还处于告知性参与阶段，参与的程度并不高（图 6.8）。因此，在城市更新的空间利益再分配过程中，一部分社会群体的利益往往被忽略。另一方面，由于没有形成完善的参与平台，居民的参与和话语表达实际并不通畅，还存在更新利益分配的不平衡问题。近年来日益受到社会关注的更新案例中，反映出在房地产开发、城市更新和城市管理中，追求经济增长需求的同时，忽视了对个别原居住居民的经济利益。

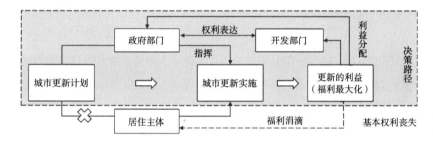

图 6.8　城市更新中基本权利的侵害
Fig 6.8　Based rights aggrieved in urban redevelopment
资料来源：笔者自绘

　　包容性城市更新强调的是居民在城市更新活动中实现个人基本自由的权利，即更新过程中强调居民的参与和互动。基本自由权利的本质在于其独立性和首要性，即只有在满足基本自由权利的基础上，才能满足社会经济利益分配。不能因为较大的经济利益，而侵害到居民对基本自由的平等权利。罗尔斯在《正义论》一书的开篇部分所阐明的观点很具有启发性（约翰·罗尔斯，何怀宏，等，2001）：

　　"正义是社会制度的首要价值，正像真理是思想体系的首要价值一样。一种理论，无论它多么精致和简洁，只要它不真实，就必须加以拒绝或修正，同样，某些法律和制度，不管它们如何有效率和有条理，只要它不正义，就必须加以改造或废除。每个人都有一种基于正义的不可侵犯即使以社会整体利益之名也不能逾越。因此，正义否认了一些人分享更大利益而剥夺另一些人的自由是正当的，不承担许多人享受到较大利益就能绰绰有余的补偿强加于少数人的牺牲。所以，在一个正义的社会里，平等的公民自由是确定不移的，由正义所保障的权利决不受制于政治交易或社会利益的权衡"。

换言之，基本自由权利和功利主义所倡导的公正之间是不允许进行交换的。因此，包容性城市更新的关键是尊重个人自由权利的实现，而不是强调增长的功利主义特征。其目的就是要避免增长主义思路下通过公众利益之名来弱化原居住民在更新过程中的参与行为。简言之，包容性城市更新的基础是强调居民平等的自由权利的实现——在更新过程中应该切实保障居民知情权、话语权、平等协商的机会、利益表达和参与。如何保障居民利益表达和参与，就涉及城市更新中规划管理机制的合理组织。

6.4.3 机会均等的利益共享

第三层次，包容性增长强调了过程中最广大居民对增长利益的共享性安排，是一种决定社会经济利益之划分的原则，即是在具体的经济活动中机会平等的获取资源。世界银行（2006）和林毅夫，庄巨忠，汤敏（2008）区分了"机会的不平等（包括就业、受教育、接受基本医疗卫生服务机会的不平等）"和"结果的不平等（包括收入不平等、财富不平等）"这两个相关而又不相同的概念。倡导机会平等是"包容性增长"的核心，强调机会平等就是要通过消除由个人背景不同所造成的在社会资源获取过程中出现的机会不平等，从而缩小结果的不平等。但是，对于机会平等，他们所给的解释还是比较含糊，下面需要具体交代机会平等，以及如何将其利用于城市更新的过程中。

道格拉斯·雷将机会平等定义为两种不同的内涵，其一，前途考虑——每个人都有达到一个既定目标的相同可能性，如从事某项工作；其二，手段考虑——每个人都有达到一个既定目标的相同手段（何怀宏，1996）。前者，反映的是机会形式的平等，后者反映的是机会的手段平等。前者受到自由权利的限制，它是在满足个人基本自由权利前提下确立的，这就意味着所有人都享有平等的基本自由情况下，其中所有地位和职务是向所有能够和愿意努力去争取的人开放的，每个人都至少有同样的合法权利进入所有有利的社会地位。在此，我们看到的是，权利是平等的，至于结果如何，则任其自然，类似于"自然的自由"。而后者，则在形式意义的基础上，进一步强调应使所有人都有平等的机会达到，即有着类似能力和才干的人应当有类似的生活机会，有类似的前景，有类似的手段和资源（制度和方法）达到他们所希望的各种职务和地位。具体来说，假定有一种自然禀赋的分配，使得那些处于才能和能力的同一水平上、有着同样愿望的人，获得同样成功前景，不管他们在社会体系中的最初地位是什么，亦即不管他们生来是属于什么收入阶层。也就是说，我们不再考虑把一定量的物品分配给一些特定个人的正义，不再演绎出一个独立的公正标准来判断究竟是哪种特定分配是公平的，而只需要考虑一种能够达到公正分配的恰当程序和手段。并且它在本质上也没有放弃对于效率的追求，即在实现公平的同时，效率和增长始终作为其中的内涵。因为，从其平等的标准和过程，实际都仅仅是在某些背景制度（Background Institution）给予效率原则的约束性，并且当这些约束性成立的情况下，可以认为这种有效率的分配可以被承认为正义。

对于城市更新来说，所反映的是通过城市更新所带来经济增长和条件改善的发展机会，全体原居住民都可以平等地利用这些机会，并且都有平等的路径来实现这种机会的利用。即罗尔斯认为的地位和职务向愿意获取的人开放，所体现的是一种"自由的平等"状态。他进一步在古典自由主义对权利强调的"机会平等"逻辑下，修复了源自社会因素影响下手段可达（资源可获）的问题。通过社会给予公平的机会（有类似能力的人也有类似的机会）、排除社会条件干扰的平等。按照罗尔斯的观点："在社会的所有部分，对每个具有相似动机和禀赋的人来说，不应当受到他们的社会出身的影响"（约翰·罗尔斯，何怀宏等，2001），换言之，对经济利益的分配不应该指定给占据这些地位的代表人，而是向所有相关利益主体开放。它即是希望从前文中所说的形式上的机会平等，给予了具体实现手段，是一种道格拉斯·雷所说的手段考虑的机会平等。那么，包容性城市更新所指的机会平等更反映的是居民是否能够参与到城市更新的过程中享受到开发的红利，或者说能否有手段去获取这个红利的权利。

比如，当前我国内城更新主要依赖于房地产开发来实现，尽管原居住民在此过程中一定程度改善了居住环境，但并没有完全享受到更新的红利。一直以来，热火朝天的城市更新背后潜藏着些许隐忧。在传统以"增长联盟"的更新模式下，城市更新过程引起一些社会矛盾（图6.9）。由于在具体实

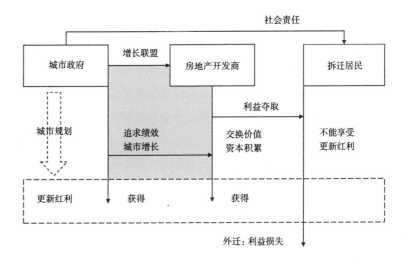

图 6.9　机会丧失下城市更新红利的损失
Fig 6.9　Loss equality of opportunity, loss bonuses in urban redevelopment
资料来源：笔者自绘

施中，原居住民更多是采用异地安置的方式迁出，并不能享受更新中土地价值升值的长远红利。按照之前观点，一方面，机会平等反映的是地位和职位向所有人开放，事实上，由于更新的组织方式上，原居住民并没有获得这种的形式上的平等机会——给予参与更新中再开发的机会（向原居住民开放的机会）；另一方面，手段上平等实现的机会也需要一定的制度安排——给予共享更新利益的组织手段和制度保障。相反，他们更多是离开原有居住区域，承担增加的社会成本。具体来说，开发商具有社会资源和经济条件的优势，且在相应的更新机制（土地再开发、产权制度）的作用下，垄断了更新后红利分配的全过程。

因此，从这个层次上看，包容性城市更新更强调对机会均等的利益共享，涵盖了两层次意思：强调机会平等的利益参与权利—— 一种形式的机会平等——自由的自由；分享增长成果—— 一种手段可达的平等——自由的平等。城市更新机会均等的利益共享即是通过对原居住民产权的认识、更新再开发模式、产权利益的再分配体系来实现的，即居民所拥有土地使用权和住房产权，参与到城市更新的开发当中，在尊重增长的过程中，共享增长所带来的红利。换言之，强调城市更新过程中更新红利向所有人的开放，一方面是从公平角度强调的长远利益的共享，另一方面它也反映了城市更新增长策略上的内生可持续特征（图 6.10）。

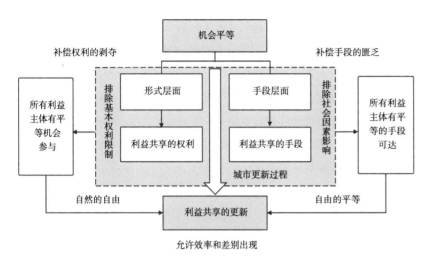

图 6.10 城市更新中机会平等的产权共享开发

Fig 6.10 Right conversion as equality of opportunity in urban redevelopment

资料来源：笔者自绘

当然，这个过程中，它并没有否认效率。不同主体由于资源和条件不同将会获得差别性的利益。比如，在具体更新实施中，虽然居民的机会均等的利益共享得以实现，但是由于基本出身的不同，居民和市场开发商在初期投入的差异性，也将导致他们在利益分配中存在差别。而这种差别也有助于推动效率和社会繁荣。换言之，在消除社会环境对利益分配的情况下，按照市场理性的原则来发挥市场资源的作用，注重城市更新中土地和空间资源利用开发建设的效率。一方面有助于更新地区的复苏和振兴，解决居民的生存和基本生活品质需求；另一方面，最大限度地提升环境质量和公共设施的供给，满足经济增长需要。

6.4.4 弱势群体的结果补偿

第四层次，还需要考虑对弱势群体在社会经济利益方面分配补偿，是基于对弱势人群的关注。从包容性增长所承载的社会公正属性来看，对弱势群体的公正体现了善的社会伦理向度，体现了补偿原则。补偿原则认为，为了平等地对待所有人，提供真正同等的机会，社会必须更多地注意那些天赋较低和出生于较不利的社会地位的人们。

当然，在古典自由主义看来，补偿机制的本身就是对市场经济的侵害，在他们看来再分配解决平等的本质就是对部分人的财产权的侵害。比如，诺奇克认为这就不属于"持有"的正义的范畴，因此，在他看来，市场经济模式下导致的结果不平等只能被看作是一种不幸，但不能说是不公平，并且罗尔斯所持有的"民主的平等"本身就是一种主观臆断，并不符合每个人的权利都是平等的且不容侵犯的逻辑。但是，在罗尔斯的看来，由于每个人的幸福都依赖于一种合作体系，没有这种合作，所有人都不会有一种满意的生活，因此利益的划分就应当能够导致每个人自愿加入合作体系中来，包括那些处境较差的人。

按照上文的理解，在城市更新中，前面的各个层次消除了来自制度层面对政治和社会经济权利方面的合理分配，但是，在这些仍然会在结果层面产生较大差距。具体来说，通过给予居民在参与和话语权消除自由权利限制，使他们拥有城市更新决策的权利；其次，城市更新中的机会均等的利益共享，则是消除在社会属性（社会手段）的限制，即给予了居民达到在城市更新中获得机会平等的手段。但是，它们并没有解决由于自然属性（天生的缺陷和出身条件）所带来的不平等的问题，比如，出身于贫困、失业家庭和自身残疾情况，在相同的权利下和手段下，他们并不能获得更多利益。因此，包容性城市更新就是要针对这些弱势群体从结果层面来实现他们的利益补偿。从根本上来讲，结果的公正要求社会分配在个人之间的差异以不损害社会中最不利者的利益为原则。换言之，政府通过干涉使最少受惠者利益最大化，即强调了任何平等的再分配都要以有利于社会最弱势群体为基准，对于自我生存和发展能力比较脆弱、在市场经济条件下利益容易受损的人群提供特别帮助。

改革开放以来，尤其是1990年代，旧城传统社区和单位社区作为计划经济时期遗留产物，被市场经济下商品社区所取代，这些内城社区逐渐出现了物质的衰败，具有经济条件的居民在面临恶化的经济和物质环境持续迁出，使内城传统社区的社会经济属性下降。换言之，内城传统社区和单位社区，已经逐渐成为城市贫困人口集聚的区域。Wang（2004），袁媛，吴缚龙（2010）对广州、北京、重庆、南京、沈阳等城市的研究显示，大量城市户籍贫困人口滞留在内城衰退社区。并且，在对内城衰退社区、企业配套居住区和外来人口聚居区的对比研究发现，内城衰退社区的平均贫困发生率最高为16.3%，同时，它的贫困家庭区位熵也是最高为1.42，这两项指标都高于企业配套居住区的11.5%、0.9；外来人口聚居区的9.2%、

0.8，体现了贫困人口主要集中在内城（袁媛，2011）。可以说，包容性城市更新主要涉及对城市弱势群体的公正性安排。

就现状城市更新来看，大城市通常对内城更新倾向于完全拆迁的再开发方式，因此内城更新区域的居民都被抛入市场经济中，让他们凭借自身社会经济条件参与到住房市场当中；或者被安置到政府所形成的安置社区当中。前者主要由内城搬迁至城市郊区，比如上海两湾城和太平桥的再开发，导致大量内城居民搬迁至浦东、松江等区域；条件最差的居民甚至重新搬入其他贫困社区当中。后者，则通过住房异地安置，集中到政府统一安排区位较差，或较远安置房源当中，比如笔者对重庆的调研，发现渝中区较场口、储奇门等地的安置房源——临江佳园，总计2000户，位于立交桥的所形成的环岛之中。总之，正如笔者对重庆渝中区2008年以来的危旧住房改造的拆迁和安置区域的调研的发现，59%的居民认为他们通过安置后对他们生活成本存在增加的情况；64%的居民认为搬迁以后对他们的就业产生影响；此外，在交通出行时间、费用，教育获取，医疗卫生获取等方面都存在一定的影响。另一方面，现阶段的更新方式，没有很好考虑机会平等理念（获取教育、就业、公共服务设施资源），将本来具有平等机会获取资源的格局，转变为需要承担更大成本基础之上。

因此，包容性城市更新要求政府对于内城中自我生存和发展能力比较脆弱、在市场经济条件下利益容易受损的弱势群体提供帮助。只有合乎他们的最大利益，经济利益分配的不平等才能被允许——在社会允许差别时，必须最优先考虑最弱势群体的利益。通过笔者当前更新的调研发现，对弱势群体影响最大方面主要是来自更新后住房安置方面，存在就业、公共设施、交通出行、生活成本的影响。因此，笔者认为政府在更新之后对弱势群体在社会资源和公共设施的倾斜仅仅是结果补偿一个方面，并不能从本质上改善他们的不利状况（源自区位条件所带来的一系列资源获取的问题），而针对他们的空间补偿则在很大程度上改善他们在结果方面的困难。

下文的具体实施路径中，笔者则主要从合理制定安置房源的空间评估标准为重点，形成更新安置房源的空间布局的依据。从公共设施、交通出行、环境条件、就业可达等方面的便利性，研究具体评估手段，以保证安置房源在空间补偿上的合理性安排，减少差别，实现城市更新结果的公平，切实最大化弱势群体的更新利益（图 6.11）。

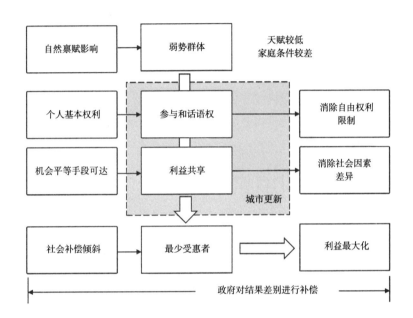

图 6.11　城市更新中结果差别的补偿
Fig 6.11　Compensation for the low people in urban redevelopment
资料来源：笔者自绘

6.5　小结

　　本章作为本书理论框架建构部分，首先明确了当前城市更新内外推力，源自增长逻辑下批判的社会经济要素、对地方政府更新权力的制约、宏观增长转型新思维的提出，为城市更新路径转向提供依据。其次，在对上文问题剖析的基础上，引入包容性增长，颠覆对当前功利增长的认识。它所具有的义务论要求，即强调增长的逻辑并不应该以目的判断为价值取向，而应该注重增长的过程性正当和合理性认识，从其义务论公正观的梳理和认识为城市规划内涵制度伦理提供了基本逻辑判断。再次，本章通过对包容性增长的理论基础进一步梳理，对包容性增长的基本特征和分析维度进行了总结，为城市更新中规划机制带来了启示。它涵盖对增长的过程性认识，并以此为制度"正义"，取代了功利原则下结果"好"对制度行为的要求，能为城市更新的具体规划机制的正当性安排提供理论的依据。笔者在此基础上，提出包容性城市更新的 4 方面逻辑思路的建构：城市更新中价值目标的包容、参与权和话语权的自由、机会均等的利益共享、弱势群体的结果补偿。它说明在城市更新过程中，需要是从更新运作机制的正当性出发，本质就是破除制度在更新过程中个体的权利和义务的不均衡分配，即对政治经济利益的分配不应该指定给占据优势地位的代表人。相反,充分拓展居民在更新过程中的参与性和共享性,实现城市更新整体包容性内涵。

7

实施：
包容性城市更新的
实现途径

包容性
城市更新
理论建构和
实现途径

综上所述，本书最为关注的中心问题是当前增长性更新逻辑下，出现了满足更新结果"好"的功利性安排，而具体更新运作机制（行为）层面会出现弱化个人权益的问题，也直接影响了社会可持续。为此，如何弥补现行更新制度的伦理逻辑和具体运作机制的不足？通过上文的分析，对包容性增长理念的引入和深入阐述，构建了包容性城市更新的4个层次的分析框架，可以弥补功利性增长逻辑下规划机制安排对社会不同主体非公正的权益分配。本章在上一章的框架下，形成具体实现途径（图7.1）。

本章是这样安排的：首先，第一个层次是源自对更新制度"背景正义"的认识，强调宏观更新价值的社会理性、目标的多元综合和理念的制度支持；其次，则在政治权利方面拓展公众参与的渠道，以提升社会力在更新规划中的作用和影响，包括决策主体调整、组织流程安排、对话平台组织三个方面。其三，通过社会经济权利的合理分配，消除社会环境的影响，鼓励居民采用众筹的方式推进自主更新，通过产权价值认识、修正更新再开发模式、建立产权变换再分配体系三个方面实现。再次，强调更新结果对受到自然因素影响的弱势群体的补偿，笔者认为对弱势群体来说合理空间补偿是最重要的因素，因此，笔者在该节从安置房源空间选择的合理质量评估标准进行阐述。

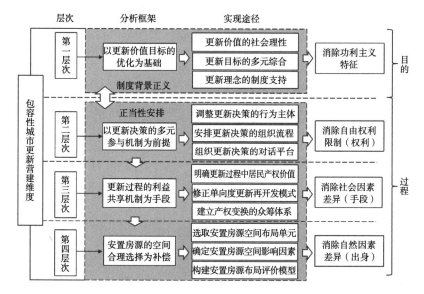

图 7.1　包容性城市更新的四个层次实现策略
Fig 7.1　Fourlevelimplementation strategies ofinclusive urban renewal
资料来源：笔者自绘

7.1 以更新价值目标的优化为基础

城市更新的效率取向不再是主导城市更新的关键，需要加入社会公正的考虑，形成效率和公正对城市更新的共同调控。其次，城市更新的目标方面，物质环境的重建仅仅是更新目标关注的一个方面，具体来说，这种空间经营方式（注重物质空间改造的方式）需要向更为内生的可持续目标转变。这其中就涉及经济增长承载下的物质空间改造目标向更为综合思路（社会、经济、环境）的转变。可以说，该城市更新的价值目标的包容是包容性城市更新的基础，也是决定其他的几个层次的关键。

7.1.1 注重更新价值的社会理性

1）城市更新价值观的三种范式

包容性增长的核心理念即是强调增长的理性，从数量到质量、从单一强调经济增长向全面综合的增长转变、从非公正的增长逻辑向强调公正的增长转变。其实质的转变即是对增长所承载的价值观转变。城市规划作为实现城市空间生产的一种重要制度工具，其价值观的特点将直接反映城市更新的价值逻辑。从城市规划的政策来看，随着不同的发展时期，存在不同价值取向。张庭伟（2008）在仔细分析了城市规划范式理论的基础之上，从不同阶段的规划价值观和不同国家的政府规划政策重心方面提出了三种规划价值取向（政府意识形态），分别是：再分配、平衡、增长三种（图 7.2）。一端以公共政策的形式来减少自由市场和自私决策的负面影响，以体现社会公正，保障社会稳定，同时兼顾资源配置的效应；另一端则是通过资源配置来促进经济增长，同时少量考虑公平问题，这种功能定位偏向于促进经济发展或效率一端；平衡则是综合两者的特点，寻求再分配和增长的平衡。

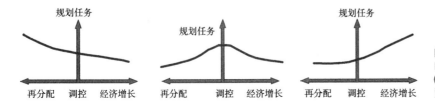

图 7.2　三种规划价值观
Fig 7.2　Planning Values in urban（re）development
资料来源：张庭伟（2008）

相类似地，按照张庭伟教授的观点，笔者认为城市更新作为典型的规划控制下的空间要素之一，也具有以上所说的三种价值轨迹。首先是强调城市更新是促进经济发展的价值取向，实际上是功利主义和效率价值观的体现，正如上文所说，它强调社会福利最大化的方式，在这个发展价值观的逻辑下，只要能够实现经济增长和资本积累的过程，那么就能带动整个社会宏观福利总量的增加，从而实现社会整体的公正。但是，该观点认为个人利益在实现最大化福利过程中是可以受到伤害的。当前我国城市政策实际上是"经营城市"的企业，房地产开发成为城市建设的主导方式，资本的原始积累和空间的再生产成为城市的主要功能。第二种是城市更新作为财富再分配的目的，也就是缩小贫富差距，促进社会融合，城市政策中再分配和调控已经成为主要内容。而强调两者关系平衡的第三种路径，则符合包容性增长的内在理性，既考虑经济增长，又考虑社会公正。其理念的表述上就指出了从经济增长转向经济增长的后果和质量的考虑。

2）城市更新价值取向的公正转变

改革开放以来，强调发展是硬道理成为社会主义建设的中心，推动了我国出现高速城市化和大规模城市更新。一方面城市建设进一步拉动了经济增长，成为一种生产力和建设龙头，另一方面出于公平考量的价值逻辑，则弱于经济发展的考量。特别是分权体制下的地方政府掌握了城市发展建设，城市建设已经被动成为实现地方经济发展的重要平台，使原本属于公平考量的公共服务内容则相对弱化。简言之，通过地方政府的干预促进经济增长的情况始终贯穿于城市和经济建设当中。按照前文所提到的规划范式理论，当前增长仍是地方空间和经济开发的主要思想，发展是硬道理仍是地方政府行政决策的基础。

作为地方政府行政职能部门之一的规划，必然会延续政府的主导意识形态。而政府在相当长时期内都以发展效率为其核心工作，表现的是促进经济增长的功能，不是体现社会再分配，规划不完全具有调控功能。因此，可以说，当前我国城市更新无论从发展思想和价值判断上，都仍然是对效率的考虑多于对公平的考量。因此，在城市更新方面，通常出于对效率和效益的追求，政府在空间政策上会偏向于开发商和增长的利益，而在此所涉及的居民住房需求、拆迁安置等社会公正的调控则相对弱势。

已有很多学者开始对政府价值取向，以及空间政策作为经济增长的工具提出疑问，希望重新定位政府和市场在经济活动中的地位，而不是由于增长价值观的作用下，使得"城市规划（空间开发）不能承受之重"——成为效率的工具，而忽视其本身作为是公正与公平（孙施文，2006）。比如，张庭伟教授则采用"后新自由主义"的概念，来重新梳理经济危机以来的西方城市政策和思潮的范式转变，并且认为我国也需要有针对性地提出适应当前强调经济导向和增长目标的城市规划和城市发展政策的理论转变（张庭伟，LeGates，2009）。

上文已经提到，地方政府与私人部门一起，以效率作为其主要的价值追求，并且往往单纯用经济效率等来代替效率的概念，这也使得很多具体规划的评价也是用了成本 – 收益的分析，以此作为评价规划的标准之一。因此，源自对功利主义反思的包容性思路，即是对价值观提出新要求。它强调了社会力将在一定程度制约了无限扩张的市场力，提醒政府不能忘记社会力的影响，认识其制约作用，迫使政府更加关注民生，稳定社会，向后自由主义时代关注人和自然的关系、人和城市的关系、人和人的关系（社会公平等）的价值转变。包容性城市更新其本质要求来自于对效率和公正的综合考虑，增长主义已经不再作为更新的主要价值观。换言之，在没有价值观的宏观转变情况下，城市更新政策本质将不会发生变化，强调增长策略还将蔓延在更新的内涵之中。可以说，这将是包容性城市更新的基本要求和实现策略的基础。

西方在经历了过度强调市场效率的结构性问题之后，城市更新的政策取向开始逐渐转向对市场运作的主动干预，并通过对社会公正、公平准则的运用对市场经济的运行产生作用。比如，旧金山 Yerba Buena 的更新，政府（旧金山重建局）在更新规划中转向对"社会理性"的体现，不再依赖单一开发商的空间重建计划，而是转变为对更新项目宏观协调（利益主体之间）和监管，使得 Yerba Buena 的更新实施表现出了明显的社会公正。主要表现在这几个方面：其一，更新之后，该地区的房地产价格会迅猛上涨，迫使该地区居民向外迁移，因此，针对原居住民，特别是低收入居民的住房保障是实现更新公正的关键；其二，商业和服务设施将增加居民的生活成本，破坏了社区结构，需要寻求更为合理的方式来维持社区网络；其三，更新项目实现是以商业和商务开发为主，需要合理安排和分配私人和公共属性项目，满足原有社区居民的开放性使用。具体来说，在实施上

Yerba Buena 的更新通过以下措施来达到这些公正的安排。

（1）在住房安排方面，通过多个项目开发来满足原居住民的住房需求。通过住户和业主发展公司（TODCO）兴建住房提供给原居住民和低收入居民。TODCO 进行了 4 大住房项目开发，提供可以满足约 1700 名低收入、残疾人和老年人的住宅项目。其中三栋，提供了总计 500 套住房，位于 Yerba Buena 的中心区，分别包括 Woolf 公寓 212 套（图 7.3）、Ceatrice Polite 公寓 91 套、Mendelsohn 公寓 189 套。除了 TODCO 的住房供给，SRO 项目也通过补贴 20% 的住房价格，为中低收入居民提供了大约 1500套市场化住宅。可以说，多样化住房供给体系满足了 Yerba Buena 作为城市中心的多样化邻里需求，同时充分照顾了原居住民和低收入人群的实际生活需求。而这些住房的资金来源主要来自联邦、州政府以及市政府方面。比如，TODCO 所提供的低收入住房的资金的来源包括三个部分：Woolf 公寓资金源自加州住房财政补贴；Ceatrice Polite 公寓由美国住房和城市发展部门（HUD）低收入 HOPE 计划对其提供资金补助；Mendelsohn 公寓建设资金依赖于 Yerba Buena 片区中希尔顿和四季宾馆所带来的税收。

（2）Yerba Buena 更新中不仅充分考虑了低收入居民住房问题，还考虑了更新之后的大量商业和商务设施进驻之后所带来的原居住民生活成本增加的问题，因此，在其中提供了低收回（Low-return）幼儿园服务，以及其他多样化商业和娱乐设施。此外，住户和业主发展公司（TODCO），Yerba Buena 联盟（Yerba Buena Alliance）与社区内部原居住民保持良好的接触，并提供一系列社会服务。比如艺术工作坊、锻炼和休闲课程、营养和健康项目以及咨询活动等，总计有超过 150 个居民服务项目，而这些都在很大程度降低了原居住民生活成本，同时促进了社区网络的形成，保证了原有的邻里结构（图 7.4）。

图 7.3 Yerba Buena 更新中 Woolf 低收入公寓
Fig 7.3 Woolf affordable housing in Yerba Buena Gardens
资料来源：笔者自摄

图 7.4　Yerba Buena 联盟组织居民服务项目
Fig 7.4　Resident services offered by Yerba Buena Alliance
资料来源：www.yerbabuena.org

（3）在公共和私人项目安排方面，考虑商业开发可能导致私人对社会和公共资源侵占的问题，因此，在具体方案设计方案中，充分考虑了公共项目的实施和建设。比如，在最早设计方案中采用全部高层及要塞式的方案，即通过完全私有化重建区域，明确与周边居住邻里之间的边界。而在经过旧金山重建局、社区组织、开发商之间协商后，则弱化了私有化的封闭情况，具体实施的更新方案，弱化了再开发的私人项目和居住邻里的边界，并且使其能够向周边居住邻里开放。同时，除了盈利性的私人项目，如希尔顿酒店、索尼 Metreon 中心、旧金山现代艺术中心等，在其中还布置了大量公共项目，比如 1993 年完工的 Moscone 会议中心、Esplanade 花园；1998年完工的少年活动中心，包括溜冰场、儿童看护、儿童创意博物馆等（图 7.5、表 7.1）。可以说，在协调公共和私人项目时，采用包容性过程使更新之后出现多样化的结果，不仅考虑了经济要求，同时还考虑了艺术和邻里要求。

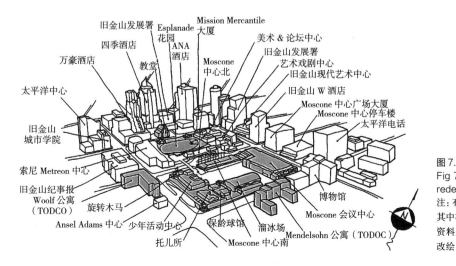

图 7.5　Yerba Buena 中心更新方案
Fig 7.5　Plan of Yerba Buena center redevelopment
注：有色部分为向公众开放的空间和建筑，其中有两栋为 TODCO 低收入住房
资料来源：根据 www.brunerfoundation.org 改绘

旧金山 Yerba Buena 更新后公共和私人项目　　　　　　　　　　　　　　　表 7.1
Public and private projects after Yerba Buena redevelopment　　　　　　Table 7.1

项目	规模（sq.ft）	套数	公共性（%）
Moscone 会议中心	1300000	—	100
希尔顿酒店	1900000	1500 个房间	0
Esplanade 花园	5.5acre	—	100
艺术中心	100000	—	100
少年活动中心	76000 室内 130000 室外	—	100
索尼 Metreon 中心	350000	—	0
旧金山现代艺术中心	225000	—	0
W 宾馆	305450	423 个房间	0
四季宾馆和公寓	750000	250 个房间 公寓面积为 270000 sq. ft.	0
第三使命街道项目	492000	500 套	20
住户和业主发展公司（TODCO）住房项目	380445	500 套	100

注：1 平方米（m²）= 10.7639104 平方英尺（sq.ft）。
资料来源：笔者根据 www.brunerfoundation.org 的数据整理绘制。

在经历更新之后，Yerba Buena 邻里被认为是旧金山充满活力的社区。它不是将重点集中在增长层面——不局限在文化设施建设、也不是高端零售业、也不是高档酒店，而是在维护社会公平的价值观思路下，充分考虑所有人在更新过程中的利益获得。

7.1.2　突出更新目标的多元综合

不同于传统意义城市更新依赖于房地产导向的物质空间再开发活动，即充分利用空间作为可经营的手段，包容性城市更新则是要求以营销或经营 ❶ 的物质空间目标转向更综合、更全面的社会、经济、环境多维目标的综合城市更新。

---

❶ 从语意上看，城市经营（Urban Marketing）和城市营销（City Promotion）存在一定不同，在学界还存在一定的争论，有部分学者认为两者可以具有的一定的相似性，有些学者则认为两者存在明显的区别。笔者遵循两者概念和方法上相似的观点，认为就方法和行为来说，其本质都是通过利用资源（土地、基础设施）、创造资源、提升品牌形象的方式，以追求短期目标、经济数字增长、表象繁荣为取向的发展策略。因此，笔者在文中并不是对城市经营和城市营销做具体阐述，在此对内容进行说明。参见张京祥和张庭伟相关书籍。

1）城市发展的经营性和准城市国家模式

从当前城市更新目标来看，更集中于物质空间的再开发行为，有学者直接认为其本质就是通过物质空间的重建来实现城市营销目的，而其主要方式是依赖于外来资本，通过资金导向来实现其短期城市经济增长，其中物质空间的开发和再开发则作为重要手段。约翰·弗里德曼在对 2000 年冬季和夏季奥运会主办城市的研究中，认为这些城市的表现行为不仅仅是为了奥运会的举办，其背后更隐藏着城市营销的发展方式，并且提到"这种城市营销，难道不是所有城市为了不被全球资本流动排除在外而必须参与的么？"的观点。在此，他开始对城市营销的特点进行了批判，认为城市营销其时间框架是依赖于快速的城市空间开发和再开发来实现改善竞争力（约翰·弗里德曼著，李路珂译，2005）。但是，由于政府在资本积累和竞争上的前期大量投入，需要很长时间才能获得收益。比如，在基础设施上的投入，将通过数十年的资本循环和返回才能实现盈利，而这个过程则需要由政府来承担，从而可能减少其他为普通百姓服务的公共设施的投入。同时，这些行为的本质是通过物质空间的改善和创造，希望引入外来资本的行为。可以说，城市营销的发展模式展现出一种赤裸裸的竞争行为，是为了获取更多资本而进行的非零和竞争。将其反映在城市更新政策上，则表现为政府通过补贴、土地出让金优惠等，采用空间再开发形式来重塑内城环境和公共设施，以此满足外来资本需求。当然，这个过程可以带来短期的物质回报，但是从长期来看并不能满足社会经济高质量发展的思维。此外，城市营销的发展策略表现出来是短视特征，而不是长期的可持续性。按照张庭伟（2003）的观点，地方政府的营销所带来的资本有助于解决当前的就业问题、增加税收，在短期内可以表现出正面的结果，但从长期来看，引进资本的代价，或全球资本的再次转移，却可能需要一定时期才会出现。就城市更新来看，强调营销型增长思路，必然需要政府在引入资本的时候作出让步，比如，渝中区在引入我国香港瑞安开发化龙桥时，渝中区政府提供土地出让金优惠，以及增加市政设施的投入，因此，经营模式发展的原动力已经超出城市自身具有外生性，不符合可持续发展的基本要求。

在此基础上，约翰·弗里德曼提出了准城市国家（Quasi City-state）的发展模式。它是以提升城市长久竞争力和可持续发展能力为导向的内生型、可持续的城市发展模式，而不是定位于谋求促进眼前的经济增长和城市形象变化，主要强调地方政府与目标群体间更好沟通与长期互动，使整个社会投资获得最大收益。就其机会原则方面，则由强调经济增长最大化，转变为多重目标的最大化。将社会因素、环境因素等多方面的因素考虑到效率实现的效用当中来，而不仅仅是经济效用的提高。此外，这种发展模式更为强调发展原动力的内生性，而不是依赖外来资本的流入，由于不存在上文所说的资本积累的代价，因此，表现了更为可持续的特征。

总之，准城市国家（Quasi City-state）发展模式也是全球化时代的一种新型增长联盟，但是它摒弃了官商结盟的纯功利模式，而更鼓励城市政府与市场、公众结成长期、稳定的增长联盟，采取内生的、可持续的发展战略，推进城市政府从单一目标的"增长型政府"向综合目标的"发展型政府"的转变（表7.2）。

两种城市更新发展模式   表 7.2
Two modes of urban redevelopment   Table 7.2

	城市营销	内生性城市策略
时间框架	长期偿付	短期偿付
机会	经济增长的最大化	多重目标最优化
发展源动力	外生型	内生型
方式	竞争性（零和）	多元协作
权力基础	狭隘、专家精英论	包容、民主
可持续性	差	好

资料来源：约翰·弗里德曼著，李路珂译（2005），P28 有改动。

2）重构城市更新的综合目标

传统意义上看，我国城市更新的思维，更类似于一种营销或者经营性行为，表现为增长性特征，而通常的实现手段则偏重于追求物质环境的美化，强调交换价值的实现，来满足前文中所指出的资本积累和竞争的需要。在准城市国家发展模式的思路的影响下，城市更新的实现路径更应该强调一种内生、可持续性。换言之，城市更新已不能再停留于物质环境改善与空间再生产的资本积累阶段，因为其实质是将发展的责任放在外部资金上，利用空间的再开发来吸引外部投资。政府决策部门持有一种城市发展不成熟的观念：捕获外来资本，投资于房地产，提升城市的形象，物质空间改善虽然可以在短期使得社区得到提升，但是其本质并不能提升，城市社会属性的改善，而将长期成为影响社区根本利益和发展的隐患。

　　比如，从一个具体的案例来看，北京东城区交道街道的更新中出现了两种更新思路：一种方式是采用修旧如旧的更新方式，更新后仍然保持传统风貌，典型的案例是以菊儿社区为代表；另一方式则采用现代化高档住区的再开发方式，以该街道的交东社区为例。从本质上来说，前者表现得更具有文化导向的开发性质，而后者则是典型的地产导向方式，但是，总的来说，这两种方式都反映了房地产再开发的物质更新。张纯（2014）将这两种更新方式与保持传统风貌、未更新的南锣社区进行了对比（图7.6），来进一步比较经过（不同）物质更新手段下，社区在更新之后所表现的不同结果。

　　就更新结果看，由于用地功能分隔化、门禁化特征，使得菊儿社区和交东社区虽然在物质更新中获得了改善，但是其本质反映了社会服务设施单一化、收入阶层隔离化（以单一收入阶层为主）；同时削弱了的社区邻里的交往性。相反，保持传统风貌未经过更新的南锣社区则表现出了各个收入阶层融合的社会多样性，以及丰富的户外活动和邻里交往等，在邻里氛围也获得了较高的满意度（表7.3）。此外，希望通过物质更新和风貌维护的菊儿胡同在更新结果上，也并没有表现出对社区社会属性的大幅度提升，反而由于其物质改善下的低密度和封闭性（房价远高于交东社区），导致其绅士化特征更为明显，从而局限了其社区社会属性的提升。总之，即使物质更新短期内提升了社区物质环境形态，也不意味着一定能形成良好的社区社会环境形态，即不一定能创造良好的社区和提升社区居民的生活品质。

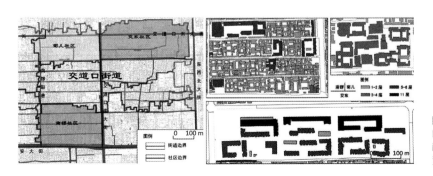

图7.6　北京交道街道三个社区情况
Fig 7.6　Comprehensive purpose of inclusive urban redevelopment
资料来源：（张纯 2014），P44~45 整理

不同更新思路下社区属性特征　　　　　　　　　　　　　　　　　表 7.3
The features of different renewal methods　　　　　　　　　　Table 7.3

指标	南锣社区	菊儿社区	交东社区
土地利用强度	中	差	好
用地混合度	中	差	好
开放度	好	差	中
连接度	好	差	中
社区服务设施	中	差	好
社区公共空间	好	差	差
社区多样性	好	中	差
户外活动	好	中	差
交通方式选择	好	中	差
邻里交往	好	中	差
邻里满意度	好	差	中

资料来源：张纯（2014），P95 整理。

　　因此，包容性城市更新是对传统强调营销型、物质空间的城市更新目标的重构。它强调城市更新不仅是促进城市物质环境改善的手段、一种房地产开发导向的经济行为、促进外来资本投入和实现增长的场所，同时，它也对城市更新本质的认知从简单的单维更新（以物质环境改善为主）向更综合、更全面的多维更新转变。具体来说，它要求实现全面的城市功能和活力再生，活化城市的社会与历史文化，强调居民教育和就业机会的获得，社区综合环境提升等可持续目标（图 7.7）。

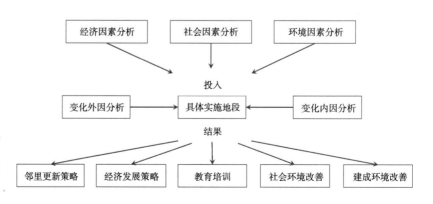

图 7.7　包容性城市更新的综合目标
Fig 7.7 Comprehensive purpose of inclusive urban redevelopment
资料来源：根据 Roberts（2000），P20 简化绘制

7.1.3 完善更新理念的制度支持

在市场竞争手段下，增长联盟的方式从本质上实现了增长结果的总体增加，着眼更新结果上，而缺乏和居民、社区分享的更新过程是当前城市更新关键症结所在。因此，本书认为，应该从制度层面角度来终结仅仅重视结果增长的方式，实现更新过程的公正性。这一增长理念转变的重点则需要构建城市更新的公共服务体系，以实现政府在城市更新中职能向公共服务职能转变，以此，规范政府行为，规范市场行为，规范空间开发政策。

1）中央政府宏观政策干预

可以说，分税制和分权制改革的制度设计很大程度上促进了我国经济增长，并且也和一系列社会问题存在很强的相关性。分权模式下正面成为促进了地方经济发展的主要动力；同时，负面则是过度依赖于 GDP 的增长指标，促进经济增长成为地方政府主要任务之一。

当然，随着对增长结果的重新审视，以及中央宏观经济计划放缓下的"新常态"思路，重新将社会公正的经济增长过程性和再分配模式提升到了中央行政的主题。按照《中国居民生活调查报告》中对我国未来最关切目标的调查的发现，社会公平成为取代经济增长首要目标（图 7.8）。因此，中央政府需要介入地方政府的城市更新行为中，促进更新增长过程和结果的公正性安排。主要安排可以概括为以下两个方面：

（1）规范化地方政府在城市更新中的作用和行为，尤其是对弱势群体的保护，强化对城市更新的过程性考虑。

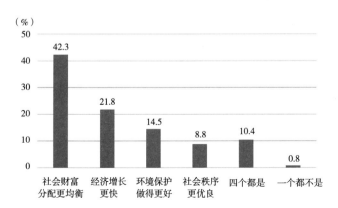

图 7.8　社会公正要求成为最迫切的目标
Fig 7.8　Social justice became to the most urgent goals
资料来源：2011—2012 年《中国居民生活调查报告》

一方面，通过法规强制性规定城市更新中项目推进、组织实施、补偿安排的参与性和共享性，最大限度强化居民在其中的参与和自主特征。较于增长性城市更新，地方政府处于主导的地位。为了推动城市更新增长理念的转变，需要在法律法规层面有效限制地方政府的过度主导和组织行为，同时，保障社区组织、非政府组织平等参与和话语表达，以此促进城市更新的增长和公正。

另一方面，需要重新限制公权和私权的界限。按照城市更新的基本要求，往往被赋予了实现公共利益最大化的目的。这就存在城市更新如何界定公共利益，2011 版《国有土地上房屋征收与补偿条例》将"行政强拆"改为"征收"要求，同时通过 6 类规定对征收的范围进行了界定，其中的两条——"组织实施的对危房集中、基础设施落后等地段进行旧城区改建的需要"；"法律、行政法规规定的其他公共利益的需要"，前者没有清楚界定旧城改造地段的要求；后者则没有清楚界定"公共利益"的具体范围，较为笼统，难以保障原居住民的根本利益。因此，需要重新细化和清楚界定公共利益的边界。最直接的方式，可以通过对社区居民自治更新的模式来实现，实现真正意义上的公共利益。

（2）改变地方政府绩效评价标准。

现行地方的分权和分税制度限定了地方事权和财权的划定，也实现了地方经济发展自主性，同样也为 GDP 的增长提供了内在制度性要求。当然这个制度安排在很大程度上推进了我国三十多年的高速增长，但与经济增长相对应的社会可持续则需要获得更多关注。地方政府只有在 GDP 增长和社会公正要求之间作出实质性的转变，才能保障社会可持续要求。城市更新作为空间开发的重要手段之一，也是社会矛盾的主要集中场所，改变之前 GDP 的评价体系，对地方政府强调增长要求和价值取向，实现更新过程和再分配的公正具有重要作用。换言之，针对地方政府的评价内容上，则应该重新回归社会居民的要求，从公共服务的职能出发，考虑教育、医疗和卫生、基本社会保障、公共就业服务、基本住房保障的实现，以此重新规范地方政府的公共服务主体的绩效评价要求。

2）地方政府公共服务职能改革

地方政府在城市更新中具有双重性，既是公共服务的提供者，又是实现增长的主要主体之一。因此，往往在增长价值取向压倒下，使得地方政府忽视了其"社会理性"❶，而尊重"市场理性"的要求。因此，强调城市更新增长价值观转变的另一重要方面是需要重新对地方政府职能进行改革。

按照公共服务理论来看，它认为政府的职能既不是"掌舵"，也不是"划桨"，而是"服务"。也就是说，政府官员在管理公共组织和执行公共政策时应强调他们服务于公民和受权于公民的职责，应把公民放在首位。政府和居民并不是统治和被统治的关系，而是服务与被服务的关系。地方政府需要帮助居民实现其利益表达，并满足居民的利益诉求，同时做到对一部分弱势居民的保障。从城市更新来看，地方政府是服务于居民，实现公共利益的主体，从这个角度上看，地方政府在更新过程中应该实现其"社会理性"的作用，即致力于公共服务设施、就业保障、历史文化保护、低收入居民住房保障等方面的公共服务职能，比如，前文中笔者所提及的国外案例，都强调对社会价值的综合实现，而不仅仅是物质空间和增长价值的实现。同时，地方政府还需要帮助居民实现利益表达和参与权利。

此外，加强地方政府的行政公开化和透明化安排，提升行政效率和居民知情权，减少交易成本，方便公众监督是提升地方政府服务的必要手段。在城市更新中，地方政府需要主动向社会公布相应更新安排、方案、进度和资金安排，并对更新居民的合理化建议作出反映，有助于形成政府和社会的有效互动，推动城市更新增长过程和再分配的公正实现。

7.1.4 案例：广州恩宁路街区更新规划

2009 年以来，广州为了迎接亚运会开始全面实施三旧改造。荔湾区作为广州危旧房最多、改造需求最迫切的地区，在 2007 年底就着手进行旧城调查和更新研究工作。而在三旧改造推动之后，荔湾区就开始全面实施相应的更新计划。按照三旧改造的计划安排，荔湾区 2010—2020 年全面改造的规模占到全市总量的 1/5。其中恩宁路街区位于广州的荔湾老城的核心区，主要以低矮、密集的普通住房为主，建成时间超过 30 年，建筑

---

❶ 约翰·弗里德曼通过对市场经济体制中的规划进行了全面和整体的分析，认为公共领域的规划与市场理性观念无关，而主要对应于社会理性的概念。也就是说，市场的运行依赖于"市场理性"，而城市规划的原则则更多来自于"社会理性"。

质量、建筑环境、卫生等条件较差，是荔湾区旧城改造中急需进行更新的典型区域之一。

　　恩宁路街区位于广州荔湾区，东至宝华路，北至多宝路，西南与龙津西路相连（图7.9）。街区靠近广州原英法租界沙面，并且与广州市最繁华的商业步行街上下九相连，总用地规模为11.37hm²，现状建筑1352栋，总建筑面积为21.52万 m²，现状毛密度为1.89，建筑密度为67.6%❶。街区内除东北区域位于2007年编制的《广州市历史文化名城保护规划》的"历史保护街区"的范围中，大部分区域被划定在历史风貌协调区当中。街区中除了部分富有特色的骑楼建筑和西关大屋、青砖大屋等精美的历史价值较高的建筑之外，其他大部分居住建筑的质量都相对较差，占到建筑数量的81%左右（图7.10）。

　　该项目早在2006年即开始陆续进行前期更新调研和规划工作。按照《恩宁路地块广州市危破房试点改革方案》的更新思路，当时主要采用整体性拆迁再开发的更新手段。虽然其中充分考虑了居民的安置问题，但对所处的历史街区的风貌方面并没有进行很好地考虑和维护，因此，该方案最终不了了之。其后，2007年又开始了新一轮《恩宁路地段旧城改造规划》，该规划在保留少量建筑情况下，仍然采取全面拆除的方式。可以说，经济效益的价值判断，以及物质环境改善的目标仍然是恩宁路更新的关键，其

图7.9　广州恩宁路街区区位
Fig 7.9　Location of Enninglu, Guangzhou
资料来源：华南理工大学建筑设计研究院

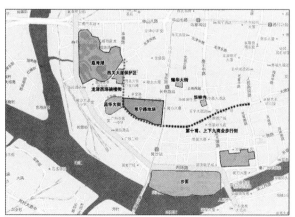
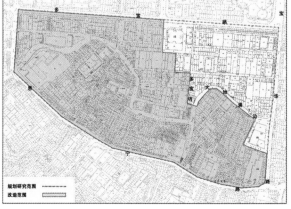

---

❶　在没有进行特别标明的情况下，其中涉及恩宁路的数据主要源自华南理工大学建筑设计研究院编制的《荔湾区恩宁路旧城更新规划》。

图7.10 广州恩宁路街区建筑特征和状况
Fig 7.10 The situation and feature of building in Enninglu, Guangzhou
资料来源：笔者自摄

表现形式主要通过全面拆除历史建筑，比如政府公布地块建设用地规划红线图，划定拆迁范围，将沿街的骑楼街也列入其中，以兴建高层的方式来实现地块物质更新和经济效益提升。当然，在居民自身利益和历史文化均受到一定的影响下，导致 2009 年开始推进的拆迁工作不断受阻，主要表现为居民对规划和更新价值的不满。比如，截止到 2010 年 9 月，在全部 1950 户居民中，签约拆迁的居民为 1506 户，仍有 444 户居民未签约，占到总数的近 1/5。

受到以上矛盾的影响，2009 年之后，恩宁路街区更新规划进行了重新编制，通过非政府组织的介入，开始有组织地将恩宁路街区居民的意见进行整合和梳理。按照恩宁路意见统计，居民对恩宁路街区关注主要表现在社会（拆迁安置、原居住民保留）、环境（街区中河涌）、文化（历史文化保护）三个方面。其后，更新规划不再以经济效益为前提，相反而是从"社会理性"的角度出发，重新对空间利益进行公正的再分配。更新目标也不仅局限于物质空间的改造，而是更强调社会、经济、空间的系统化改善。因此，恩宁路规划重点放在老城区人口抽疏和历史街区成片保护上，保留建筑的范围在原有保护范围基础上增加若干连片的传统街区。可以说，恩宁路街区更新的趋势是保留建筑总量的逐步增多；用地功能逐渐趋向综合；基于安置和民生的需要，居住建筑逐渐增多的过程。

1）充分考虑原居住民搬迁和安置情况。相比之前进行整体拆迁的方案，居民在未得到合理安置的情况下，拆迁将极大影响到居民生活和就业网络；同时，由于原居住民的整体搬迁，导致原有"西关"文化网络的断裂。此外，大规模拆迁思路也引发了源自原居住民和社会一些组织对传统街区风貌的反思。因此，最新版更新规划中则充分考虑了居民拆迁安置问题，在保证原居住民基本利益的情况下，恩宁路街区将保留9.12万 m²，拆除重建12.4万 m²建筑。从原居住民的保留情况来看，原有1900户居民，保留和回迁的户数为850户，占总量的50%（图7.11）。而更新操作方式或更新模式，允许采用居民自主更新的方式，可采取业主自行筹资形式、居民和开发商联合注资形式、政府出资为主和居民出资为辅形式等多种方式解决，以此尽量减少对原居住民的搬迁和安置的影响，也从宏观社会空间减少来自于城市更新加剧居住空间的社会分异，导致新的不公和矛盾。

2）充分考虑原居住民就业的问题。由于项目区位紧邻广州上下九商业街区，更新方案充分关注了原居住民更新后的就业安排。比如，街区内紧邻多宝路仍然保留住宅和商业兼容的形式不变。同时鼓励相当一部分临街具备自行改造的实力的业主进行自主更新。此外，在片区拆除区域中植入新的功能。比如，在沿大地涌（恢复片区内水系）周边布置文化旅游设施1.11hm²，占总用地9.7%。另一方面，更新后通过用地功能置换增加了很多商业娱乐用地，总面积为3.66hm²，占到总用地的32.2%。总的来说，使得片区内结合整体保留街区，共同打造岭南特色"西关古镇"旅游文化区。从而一方面提升物质环境的更新，另一方面，由于主要以小商业和娱乐业等服务性为主，而不是具有排斥性商业金融行业，所以能较好地服务于原居住民就业安排。

图7.11　广州恩宁路街区的拆迁情况（左）和水系恢复（右）
Fig 7.11　Removal building（left）and stream restoration（right）in Enninglu, Guangzhou
资料来源：华南理工大学建筑设计研究院

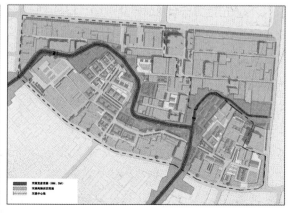

3）充分考虑场地内水系的再现和营造。恩宁路地块内部的元和街原为西关水系分支大地涌，后因河涌积淤上盖为街道。因此，在更新规划中提出对原有河涌进行揭盖，并通过工程进行恢复，以期重现"一湾溪水绿、两岸荔枝红"的西关历史风情。因此，在规划中按照《荔枝湾河涌治理二期工程》对河涌治理要求，恢复街区中河涌，宽度大小按 5~8m 进行设置（图 7.11）。

4）充分考虑街区的历史文化风貌。《荔湾区恩宁路旧城更新规划》将恩宁路街区定位为：具有浓郁西关风情，延续传统生活氛围，体验岭南民俗情景的精品消费街区；荔湾老城怀旧旅游的人文憩息中心。同时，以历史肌理的形态容量设定容积率，整体保护用地内具有历史价值的连片清末民初时期广州西关传统住宅区整体风貌，倡导新西关风格的新建筑，使地块容积率大幅降低，改善居住环境与公共景观。比如，按照分区规划来看，地块东部将有一条红线宽 40m 的城市南北向主干道斜穿地块东南角，连通宝华路和从桂路；此外，地块中部将有一条宽 30m 的主干道连通背面逢源路和南面的蓬莱路；另有三条原有街道被开辟为地区性次干道。按照此规划路网的实施都将需要破坏恩宁路多处旧民居，破坏地块风貌的完整性和旧城传统肌理。取而代之的是尊重原有街巷肌理和尺度的微循环道路系统，并且提出复建"西关大屋"与"竹筒屋"、地涌"揭盖"，麻石路保留。因此，在具体规划落实方面，采用红线退让紫线的原则，尽量保证整个街区的传统格局的前提下，对原有的街道进行车行化改造。此外，尽量保留原有建筑，并且对拆除和新建建筑从整体风貌上进行控制（图 7.12）。

图 7.12　广州恩宁路街区的分区规划（左）和更新规划方案（右）
Fig 7.12　Zoning plan（left）and renewal plan（right）in Enninglu, Guangzhou
资料来源：华南理工大学建筑设计研究院

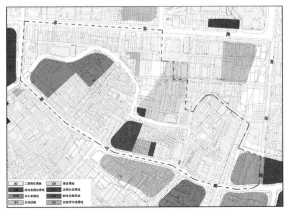

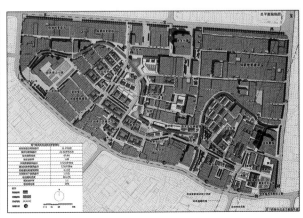

从整个更新规划来看，它充分考虑了更新的综合性目标，并没有局限在物质空间改造，而是从社会（原居住民的居住、拆迁安置和就业），经济（打造广州西关文化旅游需要），空间（居住环境和自然环境改善）以及文化（传统街区肌理的保护）等方面出发，系统化解决城市更新所存在的社会、经济、空间的多元综合性问题。可以说，经过多轮规划的不断修正和反馈，形成了最后的更新规划，并获得了街区内 130 名居民的签名支持 ❶。另外，为了保障更新规划的可实施性，该规划在片区的控规修改时也获得了贯彻，从而使得该规划在具体实施层面上不仅获得了来自技术方面的保障，也获得了来自规划管理的法定依据，将为规划从社会、经济、文化、环境多角度的执行提供法律的保障。

7.2　以更新决策的多元参与机制为前提

话语表达的包容作为反映包容性城市更新公正观的首要层次，是实现利益共享的包容、结果差别包容的基础。换言之，在没有个人基本权利保障的基础下，城市更新中红利共享以及对弱势群体补偿都将成为空谈，因此，强调话语表达的实现是包容性城市更新的基本要素，也是关键部分。

本节明确了参与权和话语权是个人基本的权利，不应该受其他因素的影响，比如，迎合政府权威和开发商利益的要求，或是社会总体福利最大化的目的，而压抑更新中利益主体对更新过程的话语表达和参与权利。因此，笔者提出需要重构政府、市场和社会三者之间的关系，认为建构多元合作组织的方式是实现居民话语表达的关键。其后，笔者针对多元参与组织提出具体组织实施途径：组织构架，明确主体特征和作用；流程安排，从更新的项目组织、决策、实施三方面保障系统各个部分之间的合作；对话平台的组织，提出如何避免流于形式上的表达，更具有操作性的多元参与组织方式。

7.2.1　调整更新决策的行为主体

现实情况是当前大城市的城市更新中，政府的作用较强，市场决策参

---

❶　恩宁路居民发《公开信》支持自主更新，http://news.sina.com.cn/c/2011-06-29/034922723118.shtml.

与颇深，而居民的决策作用相对较低，形成不均衡的格局。因此，基于此，重新调整三者主体的关系，也成为实现城市更新中参与和话语包容的关键之一。在这种变化当中，城市更新的所有行动者要求建立新的方法以达成统一。这种新方法反映在：它鼓励多样性的交流，不仅仅包括内容，还包括更新决策组织方面的认识。

1）政府决策权限的释放

（1）更新权限向社区层面下移

由于城市更新问题较为复杂，仅依赖社会和企业的力量难以综合解决问题，政府作为整个过程中重要的组织主体需要介入整个合作过程。

首先，中央政府通过制定相关法律和城市政策，确定城市更新的基本规则和思路。比如，《城乡规划法》中具体规定了规划方案制定过程中需要公众参与的内容，作为最后方案审批的依据之一；其次，中央政府还可以通过基金和补贴等方式，对城市更新的执行和实施进行资助，但在实施中并不具体参与。比如，美国推出的社区发展资助计划（CDBG）取代了传统的重建计划，其意图和之前的联邦政府介入综合性更新相反，它是通过允许地方政府参与更多的更新决策，以削弱联邦政府在地方事务的作用。正如美国邻里委员会（National Commission on Neighbourhood）在其报告中指出，传统重建计划中庞大与昂贵的计划不仅破坏了邻里，而且由于它忽视了邻里存在的事实，所以是失败的计划。美国内政问题其实就是这些中低收入者、少数民族、老人以及无权无势者的定居问题。同时，政府采用基金补贴的方式，刺激地方社区在更新项目中的积极参与（这也是美国更新权利向社区下放的一种手段），以此竞争联邦政府的更新补贴基金。相比于中央政府，地方政府的作用是负责具体制定更新计划、组织和协作各利益相关者的合作以及计划的具体执行。

其次，政府更新权限向社区层面下移本质在于政府作用发生了变化，其职能仅是服务于公民而不是管理公民（Government），是更新项目中平等的参与主体而不是统治者。简言之，政府弱化了规划和决策权限，在旧城更新中不再包揽规则制定者、决策者、执行者等多重角色，而是将规划中各个参与主体组织到一起，给他们提供交流平台，并形成建立在协商和治理（Governance）之上，而不是强迫命令基础上的社会关系。美国西北大学都市事务与政策研究中心的 John Mcknight 指出，我们必须严肃地考虑地方政府的某些权利重新分派给地方邻里的可能性，许多经验告诉我们，一个集权式的政府架构不易在邻里层次取得深入与负责的市民参与（郭湘闽，2011）。

此外，政府甚至在城市更新中不再充当组织者，而是强调社区多元合作，将权限交由社区组织。比如，美国地方、州、联邦政府在城市更新方面的直接行政管理在 1970 年代以后逐渐退出，向社区授权使得美国社区组织和社区建设发挥了积极的作用。分散化、社区能力建设和社区组织传统推动了街区层次上的社区建设。在美国出现大量"社区开发公司"，这类公司以经济复苏和振兴为核心，它们向内城居民提供政府不能提供的多种服务，使得城市更新开始逐渐转向社区自主更新方式。还有一些地区和国家在城市更新中通过法律削弱了政府在城市更新中所起的决定作用。

（2）更新决策组织模式

由上可见，政府在城市更新中并不是主导组织，从西方更新组织安排上看，政府的作用往往是更新资助和更新管理（表 7.4）。也就是说，从专门负责城市更新事务的非政府独立性机构与具有审批决策权的政府管理的组合是城市更新决策机构发展的趋势，而政府更多的是承担政策供给、资金补贴、市场监管以及规则秩序的制定等服务性职能。

部分国家和地区城市更新主导机构特征与作用分析　　　　　　　　　　表 7.4
The features and functions of renewal bureau in different regions　　　　Table 7.4

国家和地区	英国	美国	中国台湾
负责城市更新主体	城市重建公司和更新伙伴组织	社区开发公司（非政府公司）	城市更新事业机构（建设公司）或地主自组更新团体（更新会）
特征	综合性组织、拥有制定计划、编制规划、实施规划的权利	完善社区的自治体系，拥有制定计划、编制规划、实施规划的权利	政府和完善社区的自治体系，拥有制定计划、编制规划、实施规划的权利
与政府决策组织关系	规划部门只负责审批规划许可	规划方案应与综合规划和区划相一致	都市更新审议委员会负责审批更新计划和许可
公共干预情况	通过政府在更新决策的放权，形成决策组织与审批相分离的旧城更新主导机构模式		

资料来源：笔者依据相关资料整理。

基于以上认识，笔者建议实施执行与审批相分离的城市更新机构模式（图 7.13），即成立专门负责开展和审批城市更新各项事务的市、区两级政府机构——城市更新委员会。与传统政府倾向于多元目标的方式不同的是，

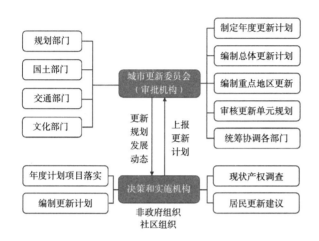

图 7.13　城市更新决策组织模式示意图
Fig 7.13　Urban renewal organization mode
资料来源：笔者自绘

该组织更加关注城市更新的单一目标，针对城市更新进行统一管理。同时，还可以将多个部门整合到目标单一的管理框架之内来全权统筹有关事宜，比如，2014 年广州首先成立了城市更新局，负责统筹、审核、指导、监督广州市更新工作。核心成员组成由规划部门担当，吸收商业、旅游、文化、财政、交通等公职人员，专职推进旧城更新，对旧城更新拥有重要意义。比如，台北市政府根据都市更新实施办法成立了都市审议委员会，负责对台北市都市计划进行审批和许可，涵盖了更新计划中对开发范围、容积率奖励尺度、居民安置、公共设施建设和历史文化保护等审核职能，其中在人员安排上则涉及民政、交通、财政、建管等不同的政府部门，以及12 位相关建设、管理、环保等方面的政府外专家（郭湘闽，2006）。城市更新委员会的职责是负责制定更新项目年度计划、组织编制总体更新规划、划定城市更新单元（地区），以及审核容积率的奖励和转移等城市更新事务的管理和审批机构。可以说，新常态下简政放权要求政府不再从事组织和决策职能，而仅仅负责宏观层面的总体计划安排和申报审批工作。

　　其次，城市更新决策和实施组织，则可以放权到相应社区组织当中，允许城市居民以团体或社区组织名义申请自行更新（涉及社区和非政府组织的介入），不需要像以往通过政府和开发商所进行总体决策和组织。可以说，是将决策组织架构向水平授权，扩大公众可以通过事前控制而不是事后的公示来介入决策，并有权进行申诉，而且他们能够与上述城市更新审批部门形成密切配合。其本质就是将更新具体项目规划的权限和决策由自上而下的方式转为自下而上。比如，决策和实施机构可以在已经审批的宏观更新年度计划下，收集社区中自下而上的更新诉求，进行具体项目的组织申请和安排工作等。借鉴广州和深圳的经验，将更新项目的决策权利下放给公众。比如，广州三旧改造中规定了需要征询改造区域居民意愿，只有在统一改造户数的比例达到 90% 以上，方可启动改造，并办理地块改造迁移手续。由此实现城市更新规则的制定者与执行者的分离，有助于实现权责分明、相互监督、减少管理越位、错位等问题。

2）开发商半市场化转向

（1）公私合作的伙伴关系

在市场模式下，通过私人部门参与城市更新行为已经成为政府解决资金瓶颈和顺应市场的关键所在。当前，通过土地出让的单向度模式赋予了开发商针对城市更新实施的职能；其中"生地批租"的自上而下的方式，赋予了开发商在整个更新过程中的重要权利，也成为城市更新广为诟病的问题所在。但是，从另一个层面上看，"土地批租"也可以为市场化的合作性开发转向提供土地的基础。因此，笔者认为"土地批租"的主要问题并不在于市场化方式介入拆迁和开发过程，而在于其价值逻辑，是采用政府主导土地出让方式还是允许市场开发部门和社区共同主导的"自下而上"合作式开发方式。从西方国家的更新实例中可以看出，市场开发组织在更新过程中更多表现出了合作式的开发。

比如，在美国明尼亚波利斯惠特尔社区的更新当中，汉得生（Dayton Hudeson）公司作为该项目更新的开发商，并没有表现出力图从社区中无休止地攫取尽可能多的利益，而是与社区签订为期 5 年，总金额在 100 万美元的合约，双方共同成立一个开发公司（非政府组织）来推动该社区的更新。对于惠特尔社区来说，更新使它由一个典型的高密度、低收入、年轻人不断外流的城市中心衰败社区，转变为一个积极、成功、拥有非营利的社区发展公司的良好居住邻里。而对于汉得生公司来说，将金钱投入一个真正由社区控制的，且永续经营的计划中去，从中学到如何在更新过程中和邻里组织合作，以及如何运用自身影响力协助邻里更新（郭湘闽，2011）。再如旧金山 Yerba Buena 更新案例，旧金山重建局的负责人 Helen Sause 表示，该项目在经历了法院的诉讼和单一开发商奥林匹克约克公司的破产之后，使他们意识到仅仅依赖单一、自上而下的房地产开发商的更新方式是不现实的。因此，在 Yerba Buena 更新中，该项目并不仅依赖单一开发商，而是由多个开发商，以及开发商和社区形成的非政府机构共同参与（表7.5）。可以说，市场机制作为该合作平台中重要环节，尽管其存在内在盈利的动力，但是，有效的合作、协商使其依旧是合作平台的重要力量。

Yerba Buena **更新中主要合作参与者**   表 7.5
The main cooperation actors in redevelopment of Yerba Buena   Table 7.5

类别	组织	角色
政府机构	市政府	非投资者
	市议会	非投资者
	规划部门	非投资者
	重建局（SFRA）	非投资者
社区和非政府组织	反对再开发居民组织（TOOR）	社区组织
	住户和业主发展公司（TODCO）	社区组织
	Yerba Buena 联盟（Yerba Buena Alliance）	社区组织
开发商	罕布什尔地产公司（Hampshire，LLC）	投资者
	万豪集团（Marriott Corporation）	投资者
	加州 Related 公司（Related Companies）	投资者
	WDG 风投（WDG Ventures）	投资者

资料来源：笔者根据 Yerba Buena 项目资料整理。

由此可知，在城市更新当中开发商不再是作为承担更新项目实施的决定性的主体，它并不能在项目运作的全过程中按照其盈利情况来进行更新方案的设定。他们在项目中承担的责任需要转变为提供资金和居民组织一起共享性的开发形式。在此，邻里和开发商成为平等合作关系，改变传统房地产开发为主要手段的惯例。社区可以从开发商那里获得自身所欠缺的资源以及就业、公共服务等；另一方面，开发商则可以在此获得更新中所分享的红利。

因此，笔者认为在具体更新项目中，在满足宏观更新计划安排和更新单元的划定之下，允许私人部门和社区进行合作并可自行组织开展更新规划的编制工作，转变开发商作为更新项目单独实施主体和具体土地批租的单一获得者的机制。此公私合作的"伙伴关系"应成为当前我国旧城更新规划的主体力量，进一步削弱开发商在更新开发中的逐利性特征。同时，政府机构则逐渐退居后台，着眼于旧城更新规划规则的制定，向获批的申请项目提出设计条件等管理性工作。

（2）半独立公共开发公司

另一方面，市场开发主体除了与社区层面结合，形成公私合作伙伴，也可以和政府组合形成综合开发公司（图7.14）。换言之，在处理一些大型和重点更新项目安排时，开发商可以和政府按股份制成立针对不同类型项目的半独立性公共开发公司，类似于第三方非政府的更新机构，具有享受相应政策优惠的权力，通过竞赛、招标等方式致力于开展重点地区的更新规划编制工作，负责承担城市重点更新区域的项目推进。其优点是建立了政府接触市场信号的快捷通道，可以迅速作出面向市场的客观决策，避免计划思路掌控下规划的静态模式，同时引导市场力量符合城市发展目标的轨道上运作，实现公共服务对市场的开发。由此，笔者认为，可以形成类似于中国香港重建局式的半独立的公共开发公司，它负责处理居民的安置及补偿、重建规划、文物保护、社区及公共关系等事务，通过制定市区更新规划方案、按法例规定向政府提出收地申请、以私人协商方式收购相关物业、征集土地及清场、以较灵活的方式进行市区更新。当然，具体到项目实施可以存在三种方式：将项目交给开发商开发、与开发商合作或自行重建发展。在现实案例当中，成都曹家巷改造当中，作为成都北改第一个案例，因此，出于应对项目的复杂性，由金牛区政府和四川华西集团组建了半市场化的成都北鑫房屋投资有限公司，负责项目的具体推进和重建开发，下文笔者将对该案例进行详述，此处不再赘述。

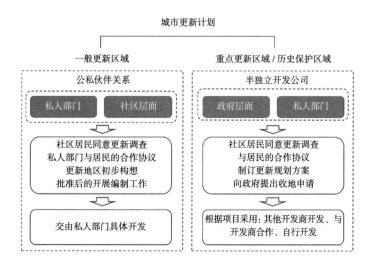

图 7.14　开发商的半市场化转向
Fig 7.14　Transfer to semi market for developers
资料来源：笔者自绘

3）社区和非政府组织作用强化

在城市更新中需要保障居民的参与话语表达，那么强化社区层面在城市更新中的作用将成为组织居民参与的重要环节。其中主要包括两个方面的强化，其一为社区组织，其二为非政府组织。社区组织和非政府组织同属社会组织，社区组织代表社区居民争取自身利益，非政府组织则起着扶持社区组织，帮助城市更新搭建平台、帮助参与主体沟通和维护社会公共利益的作用，甚至在某些时候可以模糊两者概念的界线。

（1）构建社区组织的服务机制

旧城居民单个人努力，往往是不可能影响更新的，居民需要结成最广泛的组织联盟，以联盟的力量来参与旧城更新，只有这样单个居民的利益才有可能获得保障。而旧城居民这一联盟也只有社区这一范围内才可能发生，其原因在于社区存在其联合条件和机会，旧城社区内存在着利益趋同的单个人。比如，一般社区在拆迁安置过程中面临的需求和问题相似。其次，旧城社区在物质环境的衰退都需要进行更新。这两个必需而充分的条件，决定了居民的联盟要以社区为组织基础，这是旧城更新权利回归的必需条件。

因此，从这里可以看出，在社区组织权利回归中，需要依靠政府、社会、市场这一铁三角实现权利的回归。换言之，社区组织不仅仅是一个参与和话语的主体，在城市更新的过程中，同时，它也反映了和代表了居民个体的参与和利益。所以，只有通过社区，旧城居民才可能实现公民的基本自由权利，才能更好地实现最具有代表性的参与权和话语权。

社区组织，我国1980年代末的"住宅合作社"就是社区团体参与旧城传统居住建筑更新的典型代表。它为集体消费单位，能够集中居民的资金统一使用，不仅比个人投资改造要有利，而且便于申请贷款和基金，克服小规模改造中的融资困难。比如，在菊儿胡同41号院的改造中，就是其中44户居民通过住宅合作社的形式完成的。改造后的新四合院，保留了部分老住户、老房子、树木，并按照现代生活需要设计空间、安排设施。整个改造工程得到了住户们的好评，并成为了北京市危房改造的试点工程（李和平，肖竞，2014）。1980~1990年代初期，以菊儿胡同住宅合作社为代表的一批危改型住宅合作社的创建与发展曾经有力地推动了北京旧城危旧房改造（吴良镛，1994）。可以说，1980年代我国兴起的住房合作社，作为一种社区组织很好地推动了居民在城市更新中参与和表达的权利；另一方面，作为协商组织，为城市更新提供了社区层面上的协商、合作架构，有助于解决各方之间的矛盾冲突，促进更新工程的顺利实施。虽然，住房合作社在计划经济模式下取得了城市更新实践的成功，但是，住宅合作社也正是受制于福利经济的计划属性，在市场化转变下表现出一系列问题。但总的来说，这些社区组织有利于促进居民积极参与社区更新，并且作为与政府沟通的合法社会组织，它们还便于解决参与各方的矛盾冲突，降低谈判协调成本。

基于社区组织在城市更新中居民权益保障的重要作用。笔者认为可以按照社区人口规模组织相应人口比例的社区组织，来服务于社区层面的更新需求。比如，后文中笔者将提到在成都曹家巷更新项目中，原有更新社区中按照人口规模，每180户形成一位社区组织代表（21人/3756户），组成"自改委"。因此，笔者认为可以按照200户的比例构成社区组织。在组织安排上则可以基于居委会的建制方式，形成每个社区的常设组织。但在职能层面上，则主要服务于社区更新工作的开展。在人员构成上，主要以社区居民为主，可以在原有社区的楼栋长中产生。在社区组织的维护方面，由于该组织仅仅服务于更新安排，因此，如若划入重点项目中，则可以由上文提到的半市场化公司进行资助，组织社区居民意见征集、方案讨论，提供场所安排等。比如，从成都曹家巷改造的案例上看，金牛区政府为自改委提供固定办公场所，并成立自治改造协调服务指挥部，形成和社区组织的沟通组织，来实现社区自主更新的机制。而如果是作为一般性更新项目，则可以通过由公私伙伴关系的开发单位，对该组织的成立和组织进行一定的资助。

（2）鼓励第三方非政府组织介入更新

非政府组织，更多表现为集体行动的有力组织者和执行者，是强势政府的制衡力量和民主的助推器，一般可以表现为组织居民参与公共事务、形成和表达个人利益、在更加积极和程度高的公民社会过程中发挥愈来愈大的作用。它可以满足市场经济条件下多元社区的需求，使更多专业工作者通过民间组织进入社区，提升社区工作的专业化。当然，第三方组织也包括几种类型：①专门性组织社区开展更新的组织，负责开展旧城的评估工作，主要多以高校和学者为主，比如下文笔者将提到的恩宁路更新，即是由该组织将分散的居民联合起来参与到更新活动中去；②社会更新开发团体，以非营利性质为城市更新提供全方位的服务，比如，中国香港重建局，美国社区发展公司（CDCs）。它与正式管理机构形成优势互补，共同为社区居民提供交叠性质的公共服务。它不仅承担组织社区居民进行维护社区更新和发展的责任，同时，还承担政府的一些责任，包括提供住房保障服务、社会服务，为社会去吸引资金和创造就业机会、承担组织社区活动等。③社区内部更新团体，仅仅在具体推进社区更新时，多由社区组织和私人部门联合形成的组织，比如，前文提到的汉得生和惠德尔社区所形成的社区开发组织，以及旧金山 Yerba Buena 住户和业主发展公司（TODCO），他们都可以作为社区更新的主要投资者，在地方政府、州政府和联邦政府的资金资助下，在更新区域为原居住民和低收入居民兴建公共住房，以及提供就业、教育培训等项目。可以说，非政府组织的出现，打破只有政府主导或市场主导才能有效推动旧城更新，这些非政府组织促进了居民和公私部门之间形成良好的沟通、协调和配合，能将居民的话语和利益很好地融入更新方案和具体实施过程中。

上文中所提到广州恩宁路更新规划的成功还在很大程度上有赖于非政府组织介入，将松散社区的居民组织起来，充分发挥居民参与作用，并对更新方案产生了直接影响，可以说，它不仅使得更新目标更加系统化，同时也是三旧改造中最具有代表性的公众参与案例。在项目规划过程中，虽然经历了象征性参与和主动参与两个阶段，前者在恩宁路项目启动之后进行了规划方案公示，包括拆迁范围、更新方案。后者则在没有获得参与和话语表达情况下，对更新规划原居住民开始采用公开信方式，以此表达原居住民对更新的规划意见和建议。但总的来说，由于原居住民对更新规划中涉及的保护与更新、拆迁和补偿的满意度问题并没有得到相应的答复，因此，恩宁路更新项目受到了来自原居住民的阻力。恩宁路街区更新在历经数年的规划、拆迁安排中并未获得实质性推进。总的来说，该项目反映了居民在更新规划参与权利丧失下，通过"群体性"反抗（不签约）的方式来保护自己的权利。

其后，一些专门性组织机构开始介入恩宁路更新项目中（表7.6），如：学术关注组（建筑、规划、艺术、新闻和人类学等多元的专业背景的高校学生为主）、中山大学公民研究中心的非政府组织，根据居民意见和地块文化特色要求形成了《恩宁路地块更新改造规划意见书》和《恩宁路更新改造项目社会评估报告》作为居民参与表达的主要途径，从而影响更新决策向利于原居住民安置补偿和街区保护的思路发展。最后，这些意见都较为有效地影响了更新方案的制定，使得早期从地块经济平衡角度出发的规划方案，转向更具有包容性，强调居民利益保障和历史街区保护的方向发展。

恩宁路非政府组织推动的活动 表 7.6

Activities organized by Enninglu NGO Group   Table 7.6

类型	时间	具体内容
宣传交流	2010.3	小组到中山大学公民教育课堂与学生和老师进行交流
	2010.9	小组制作了反映恩宁路街区活力的"恩宁路动线图"
	2011.9	小组在深港双年展中展出恩宁路街区的历史文化及其公众参与的故事
	2011.9	华南理工大学论坛交流"老城区的公民对话"
	2011.10	小组参与香港理工大学的保育论坛
专家访谈	2010.4	小组访谈了广州市三旧改造办公室相关人员
	2010.5	访谈中山大学城市规划教授
	2010.8	访谈曾负责广州市旧城更新规划专家
	2010.9	访谈著名古建筑专家，对恩宁路建筑的历史、价值以及相关古建筑的修缮问题进行了讨论
小组公众参与	2010.10	小组在对相关城市规划、建筑专家访谈的基础上，同时整合了小组及其街区居民对恩宁路原有规划的反思和建议，形成了《规划建议书》。并于市长接待日递交
	2012.9	与恩宁路居民一起发动了保护恩宁路街区的麻石的活动；最终得到政府承诺保护麻石，保持原风貌

资料来源：吴祖泉（2014），有改动。

因此，笔者认为非政府组织在组织居民进行参与和表达话语中具有重要作用，当前迫切需要在两个层面成立城市更新的非政府组织（图 7.15）。

其一，在高校、研究机构当中形成由规划、历史文化保护、媒体、经济、法律等专业的组成的非政府组织，主要作为专门性组织负责组织社区居民建立社区组织，或者针对一些较小更新区域，作为居民参与和话语表达的代理人。甚至我们可以说，这些组织在本质上起到"社区规划师"的作用。比如，前面提到的恩宁路学术关注组、公民研究中心等组织，这些组织一方面可以有效组织并很好整理居民意见参与到更新项目当中，另一方面，依赖于高校和研究机构，能有效解决其运作费用，同时也能将一些案例作为研究成果进行推广，获得研究价值。

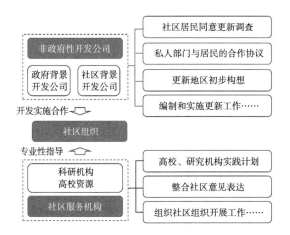

图 7.15　非政府组织构成模式
Fig 7.15　NGO structure models
资料来源：笔者自绘

其二，形成类似于上文所提到的开发商半市场化：合作伙伴和半市场化开发公司，这些都是作为第三方组织。比如中国香港和美国都是由非政府组织统筹负责旧城更新的各项事务，有效地分担政府责任，并构建了多方合作共赢的制度平台。与前者机构不同的是，它并不作学术研究，或者组织社区组织开展意见整理，而是主要负责具体更新项目的开发推进。当然，这两种类型的非政府组织也可能很好地衔接，共同在具体更新项目中发挥作用。

总之，社区和非政府组织，无论是源自社区自发形成，还是具有社会属性成立的，其目的都是为了更好推动多元参与格局的形成，促进开发商和居民、居民和政府之间利益表达和决策干预。

7.2.2　安排更新决策的组织流程

在建立了多元参与机制的主导机构后，更新规划的流程安排则成为另一个关键部分。从西方社区更新的实践经验看，规划过程本身越清晰明朗，公众参与越能更好地发挥作用，最后实施效果也能获得令人满意的结果。在社会学的研究中，也强调建立行动过程模型的重要性，提出合作的阶段性成果要及时落实到下一阶段的行动中，否则规划所带来的变化会忽然消失，这要归咎于没有认真制定具体流程来保障系统各个部分之间的合作。

从上文对当前更新参与的认识，其中两个方面的问题最为明显：其一，居民并没有在一些更新决策过程中具有话语权，或者没有参与其中；其二，

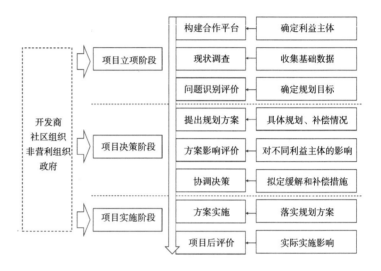

图 7.16　多元合作的流程安排
Fig 7.16　The Excutive process of
multiply cooperation
资料来源：笔者自绘

具有话语权的时候，参与仅仅流于形式上的安排，并不能对决策的结果产生影响。笔者认为需要构架合作的三个层面流程来实现这个过程，主要包括：项目立项、项目决策、项目实施三个阶段，实现居民的利益表达，同时，对城市更新的决策提供依据（图 7.16）。

1）形成多元更新立项路径

在项目立项阶段中，通过建立合作平台（确立利益主体）、现状调查（汇总和整理）、问题识别等三个阶段。该阶段的主要目的是反映社区概况和诸多要素，使得多元主体的诉求得到表达，现存的问题和矛盾也凸现出来。可以说，这个阶段的意义不仅在于从规划师的角度发现问题，而是尝试来评估这些问题，并考虑这些问题可能对居民所带来的影响，由此形成较为统一的更新目标。

具体来讲，该阶段也可以理解为项目的发起，主要由政府针对需要更新的区域发起更新意向，由专业规划单位、社区组织或者非政府机构一道，对需要更新地区进行调查，对更新基本原因进行初步分析，识别旧城更新的利益相关者和成果受益者，由此构建多元参与平台，包括居民、规划组织、政府、非政府组织。根据前期调研和项目构想情况，协商确定是否需要房地产开发商加入，以及房地产开发商在哪个阶段加入。如果项目开发量大，可以考虑开发商在前期就加入合作，开发商的开发经验可以为决策提供更多的智力支持。如果只是局部的小改造或开发，可以在项目实施过程中以招标委托的形式进行。立项阶段，也不一定是需要通过政府发起意向，也可能是社区本身，即社区利益主体所形成的社区组织作为项目主体，委托非营利组织来实施更新计划。比如，上文所提到的成都曹家巷自治更新案例，即是通过原居住民所形成自改委作为更新主体的社区自主更新方式，通过政府的引导，委托开发单位，实现片区的整体再开发。而整个过程中社区组织扮演了项目发起的主体。

因此，笔者认为项目立项阶段的组织实施过程可以总结为以下这样几个类型，其中政府、开发商、社区组织在不同方式下，表现出不同特征和作用（图7.17）。①路径一："政府主导/社区参与更新"，它绕过市场机制，转而充分发挥政府在城市更新方面的职能，由政府部门通过纵向上的责任分工和横向上的通力合作，以政府为主导的形式，划定更新区域和范围，通过财政资助，对社区开展更新，社区居民作为主要利益主体参与其中。②路径二："政府/开发商再开发"，当前主要采用的方式，即是政府进行组织，引入开发商，借助市场力量来进行更新。③路径三："社区自主更新"，具有较强自我更新和治理意愿的社区，通过政府给予财政支持和政策优惠，避免市场机制的干扰，使这些社区直接获得自我更新的机会。④路径四："开发商/社区合作更新"。即是社区组织引入开发商，通过居民产权参与的方式，和开发商一起分享和共同承担再开发的红利和成本，社区将从再开发中以股份方式获得长期收益。

总的来说，路径一的方式，开发商仅仅作为委托实施部分，并不是主要的作用主体；路径二中，政府和开发商成为整个过程中的主要部分，而社区组织则主要成为利益表达主体，在此过程中争取最大利益和保障居

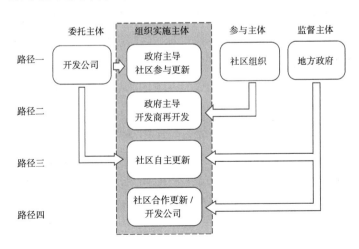

图 7.17 城市更新组织的 4 个路径
Fig 7.17 Four organization paths in urban redevelopment
资料来源：笔者自绘

民；路径三中，政府的作用也降低，仅仅作为项目监督者，对具体更新实施进行监督，而开发商也仅是委托实施主体；路径四中，开发商和社区组织成为主体，而政府则成为这个合作过程中的监督和控制主体，但是并不对具体组织和实施发表观点。其中，路径三和路径四具有一定的相似性，笔者甚至认为它们都是一种源自社区层面的"众筹"行为。可以说，项目立项阶段组织即是由当前单向度的政府－市场模式，转变为多向度的政府、社区、开发商共同参与的组织模式。

总之，多元参与构建的首要任务就是要保证利益相关者，尤其是关键利益相关者都要参与到更新战略的编制过程中，因为战略以及基于战略的方案制定很大程度上决定了实施过程中各方的工作和利益分配情况。当然在构建合作平台之后，还需要对更新项目进一步调查、整理、汇总，判断项目运行可能对居民带来的实际影响。通过对话和讨论制定伙伴组织的共同愿景和行动方针。评估旧城再生过程可能产生的需求和各自能承担的任务，形成一个有针对性的行动方针，确定宏观更新目标。

2）更新决策的反复协调

在项目决策阶段中，按照上述所形成的目标，形成不同备选方案，并通过不同的组合方式，以及基于以上社区的认识和理解形成规划方案。需要说明的是，这个过程中，规划并不是采取权威、主导的方式，是不断吸收居民意见并进行谨慎的审视，充分发挥更新主体多元合作和利益表达。

此外，这个方案的形成过程也并不是完全采用线性展开的，在有些重要阶段，比如方案规划阶段，由于受到不同利益主体的影响，这个过程可以呈现循环的情况（图7.18）。需要从不同参与主体中找到利益共同点，要维护每个参与主体平等地表达自己意见的权利，鼓励具有创新性的想法，以激发他们的合作热情。方案制定是一个循环过程，需要进行关键目标识别、资源识别、确定更新范围、形成初步计划和协议等多个步骤的循环往复，并不断修正。通过探讨初步规划方案的影响，将有助于充分预计规划给更新中居民带来的变化和影响，并通过公开商议的方式协调决策，拟定缓解方案，尽量提高决策所产生的公平性。针对可能的负面社会影响，提出替代性、修改性或补偿性策略，选取顺序应依据各项策略对于影响的作用效果（避免—减缓—补偿）排序（伯基著，杨云枫译，2011）。

比如，旧金山 Yerba Buena 的更新，就是在不断协商和反省中，经过

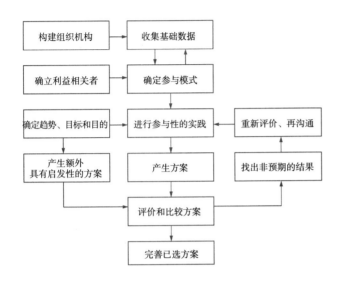

图 7.18　项目决策阶段的参与评价流程
Fig 7.18　Evaluation process of decision-making phase
资料来源：笔者自绘

近 40 年时间才全部更新完成。这其中就存在居民针对更新方案的不断反抗、诉讼、成立社区组织和政府开发商协商的过程（图 7.19）。该规划研究历经 5 任市长之手，通过 3 次总体规划修订和无数发展商、规划师、建筑师参与，以及多次的公开参与。

　　具体来说，旧金山 Yerba Buena 的更新决策经历了如下三个阶段：

　　（1）第一阶段初衷是通过完全重建开发的方式，采用混合商业、会议中心和娱乐设施，重建 Yerba Buena 中心。但是，由于没有考虑到原有区域内原居住民的利益，导致大量社会矛盾，特别是政府在重建中没有考虑到为此流离失所的低收入居民的补偿问题。因此，在 1970 年代开始，原住居民开始了抗议和诉讼，使得早期强调重塑物质空间的再开发方案搁浅。

图 7.19　旧金山 Yerba Buena **不断协商的过程**
Fig 7.19　Process of negotiation in Yerba Buena redevelopment
资料来源：笔者根据 Yerba Buena 发展历史总结绘制

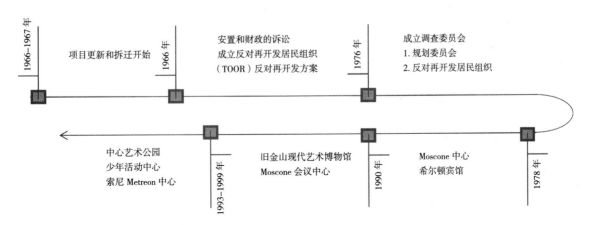

其后的更新方案则由发展商奥林匹亚 / 约克（Olympia & York）听取有关机构的意见，经 Zeidler Roberts 建筑事务所综合设计后提出。这些机构中最重要的有两个：一个是由市长 Moscone 亲自选择和任命专业人员组成的规划委员会（Mayor Moscone's Select Committee），另一个是反对再开发居民组织（Tenants and Owners in Opposition to Redevelopment）。

（2）第二阶段更新规划中要求考虑社会各阶层的需要，因此，在规划中增加了相应就业设施和低收入住宅；同时认同了上一轮规划中所强调的混合商业、会议、娱乐等功能。其后由于奥林匹亚 / 约克（Olympia & York）受累于英国金丝雀码头（Canary Wharf）项目破产，旧金山重建局（The Redevelopment Agency）开始全面负责了更新工作。总的来说，该项目获得了居民和社会的认可。

（3）第三阶段的更新工作由重建局负责。随着重要建设项目的纷纷建设，如旧金山现代艺术博物馆（San Francisco Museum of Modern）、艺术中心（Gardens and Center for the Arts）。这个阶段形成了多个利益团体共同主导更新计划的推进。通过多元合作的不断决策和讨论过程中使得多方共同共享再开发的成果。比如，最后实施方案和最早的规划方案产生了很大的区别，更加反映了大多数居民的利益（图7.20）。

3）更新实施的评估修正

在项目实施阶段，建立各种支撑保障机制将决策成果付诸实施。根据最初所构建的共同目标，主体被分别赋予了相应的职责和义务，并通过社区集体行动，将规划方案付诸实践。最后在总结和后评价阶段进行必要的修正，这是保证多元主体更多分享到社区发展的益处。通过项目的实施前后的变化进行对比，客观衡量社区主体利益表达有没有获得实现，比如，

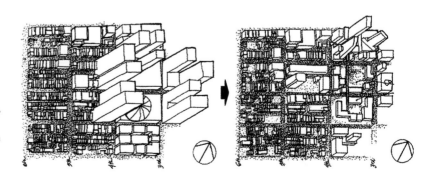

图 7.20　Yerba Buena 更新经过不断协商的方案
Fig 7.20　Two plan of Yerba Buena redevelopment
资料来源：www.brunerfoundation.org

居民在其中所表达回迁的情况，住房改善的情况以及方案中居民的利益是
否受到影响等。最后，定期召开社区会议，针对可能出现新情况、新问题
进行评估以及对规划进行一定调整和修正，形成维护循环结构。天津大学
陈天教授则将这个行为总结为"反省"规划的特点，他在总结法国南特的
更新规划，指出多元合作的方式下，居民跟当地政府、规划师沟通中，城
市是逐步地在更新过程中、建设过程中会发现（原有规划、建设）新的
问题，过程是反复的（吴志强，2011）。

7.2.3　组织更新决策的对话平台

虽然，我们可以在程序上，构架一个较为合理的参与程序和利益表达
机制。但是，如何在更新项目中运行，则牵涉到另一个问题，即参与、利
益表达方式和平台的有效组织。正如，《城乡规划法》颁布以来，给予了
公众参与在程序上的法定地位，但是如何来组织这个过程？近年来针对"公
众参与"的话题也进行了一系列相关研究和具体实践，并对其作出了一定
论述和创新（孙施文，邹涛，2010；赵民，刘婧，2010）。这些研究在如
何完善参与制度、操作方式、组织机构和确定参与原则等方面均有涉及。
但在实际操作中，如何避免流于形式上表达（图7.21），则需要构架良好
的参与平台。

1）两个参与平台组织的案例

在美国北卡罗来纳州州府罗利，内城社区的更新中，地方非政府组
织（Experience It）承担协调和综合安排活动的进度和组织工作，通过组
织不同利益主体，采用分组的形式表达各自主体利益诉求。其主要目的在
于促进多个利益群体从对方的角
度思考，相互理解各方的规划出
发点。它的规划结果应该是对未
来的多个预期，是一种对规划方
案探讨的形式。在推动组织居民
话语表达的方式上，地方非政府
组织（Experience It）改变了此前
人对机器、人对图纸的尴尬局面，

图 7.21　强调程序但可能流于形式的组
织方式
Fig 7.21　For procedure rather than
realizable participation
资料来源：转引自（方可，2000），P289

图 7.22　利益表达下形成的可视化效果
Fig 7.22　Visual results in participation for different interests expression
资料来源：city of raleigh，http://www.raleighnc.gov/

采用规划"动手"的方式，以此最大限度的刺激利益相关者之间的激烈争论和交流，促进达成共识。通过居民的分组，在更新区域表达自己的想法，作为规划方案的基础（图 7.22）。

另一个较为著名的组织案例，由美国城市土地学会（Urban Land Institute，ULI）组织的"现实反馈"（Reality Check，RC）活动——美国土地学会使用的术语，组织和构建区域不同利益主体为期一天的实践参与平台，为规划区域内住房和就业增长作出参与组织方式的安排。其目的在于为区域利益相关者提供参与和交流平台，为长远规划提供给不同的增长情景。虽然，该参与活动是从宏观视角关注城市增长，但是，笔者认为就参与组织和利益主体的话语权表达方面——如何组织这个过程，如何分配人数比例，意见表达的方式和方法，都具有一定的借鉴价值。这个参与过程的具体组织包括如下环节：

（1）确定利益者参与的比例，是构成多元参与平台的基础

华盛顿现实反馈由美国城市土地学会（ULI），华盛顿政府委员会和贸易委员会（Washington，Council of Governments，Board of Trade）组织，一共邀请了来自华盛顿市及郊区的 300 名包括公众代表、商界领袖、环保人士和民选官员在内的参与者，并通过他们所在区域的人口加权计算，确保在活动参与中各部分参与者的数量和地位是平等的。其中 1/3 为公民和社区领袖，1/3 为商界领袖，1/3 为民选官员。300 名参与者被划分为 30 个小组，每个小组原则上混合多样化的参与者，代表该地区不同的利益团体（表 7.7）。

现实反馈实践总结 Conclusion of reality check practice			表 7.7 Table 7.7
事件	组织机构	参与者	技术方法
RC 华盛顿	城市土地学会；华盛顿政府委员会和贸易委员会	300（1/3 的公民和社区领袖，1/3 的商界领袖，1/3 的民选官员）	Index 软件、积木、GIS

资料来源：www.uli.org/ realitycheckguide。

（2）强调参与过程是一种促成共识的讨论方案的形式

一般由非政府组织（比如美国土地学会）确立利益相关者，即对利益者的价值观和目标进行评估。不同的利益相关者之间存在意见重叠和差异，都会对未来产生不同的预期。在组织设计过程中，需识别各利益相关者，从而能代表不同的意见和观点、不同种族或民族及地域群体、不同学科及行业、不同文化等。为了确保利益相关者在规划中形成规划预期，还应该谨慎选择具有包容、可信的代表者和领导者。参与式规划召集这些利益相关者，创造了对话的机会，使他们之间形成联系，并为今后的行动提供便利。但参与式规划的目的不是为了消除不同利益间的矛盾，而是提供协商平台促使各方整合出一个合理的预期方案。

参与规划的目标是通过利益相关者所提出的情景和干预手段，以此达成一个对未来发展的期望。它更多强调的是规划的过程性，而不是追求一个准确的规划结果。它的规划结果应该是对未来的多个预期，是一种对规划方案探讨的形式。主要目的在于促进多个利益群体从对方的角度思考，相互理解各方的规划出发点（图 7.23）。

图 7.23　参与过程的组织方式
Fig 7.23　Organization of participation in Reality check
资料来源：www.uli.org

（3）规划过程易懂有趣，适用于无规划背景的参与者

该项目采用较为有趣的参与方式及提供良好的讨论和引导环境，以强化过程的合理性和参与性。具体来说，每个小组的参与者分别围坐在一个区域地图周边，地图上通过颜色编码来表示现有的人口和就业密度、主要公路、地铁和通勤铁路线、车站、公园及其他自然保育区。地图上还标示出城市和城镇地名以确定方向和规模感、机场、政府设施、河流、冲积平原、水体及其他环境信息。组织方还为与会者提供了所涉及区域的规划、增长预期和空间层面的增长情况。

为了强化参与过程中利益主体的表达过程的显著化，组织方采用了"动手搭积木"的操作模式。每个小组都有等量的积木，不同颜色的积木分别代表不同的增长预测：蓝色积木代表 6000 个就业机会，黄色积木代表 3000 个居住单位。参与者在同一个区域内分配 200 万新增居民和 160 万新增就业单位，只需要将积木进行堆叠即可。如果需要提出混合用途，则将住房和就业的积木（黄色和蓝色积木）堆叠在一起。这种有趣"动手"方式强化参与者的自主性和参与度，并具有明显的可视化结果来体现参与者对于整个地区的人口及经济增长的愿景（图 7.24）。

在活动结束后，每个小组分别形成了独特的规划预期，该结果以多种方式进行汇总，产生一系列规划情景。而对于规划结果方面的共识，则将已经形成的多个规划预期纳入 GIS 的平台上进行再分析。采用 index、tranus 等指标分析软件，量化不同规划方案在环境、交通、就业、可负担住房等方面存在的优劣势，为后期的规划制定提供发展思路和借鉴。换言之，多种规划思路为城市发展的侧重点提供了规划依据。

由上特征可见，通过搭建对话的参与平台能为多方利益提供一个建立联盟的机会，利益相关者参与共建城市未来发展前景的活动中，有助于保

图 7.24　通过积木可视化反映不同观点
Fig 7.24　Lego reflects visual opinion in Participation
资料来源：www.uli.org

障所形成规划方案的可实施性。

2）参与平台组织的建议

笔者认为，想要实现多元参与机制，不仅需要相应主体的调整，也需要对决策流程的界定，当然，还需要在居民、社区组织、政府之间搭建有效的沟通平台。

（1）可以通过上文中所提到非政府组织（高校和学术研究机构）搭建对话平台，场所可以选择在需要更新社区的公共空间，或者在相应的街道和居委会当中。当然，这个部分还需要考虑场所的距离对社区组织和居民存在的影响。

（2）邀请社区组织、规划机构、政府、开发公司，按照不同政治立场、不同价值观、不同利益的人员进行混合分组，针对更新社区的关键要素进行考虑，将其采用参与式规划（Participatory Planning）的方法，反映出不论社区及官方立场、专业地位及政治联系如何，可以开放和平等交流，并尝试走向收集大多数人的意见和共识，以处理不同的意见和利益的冲突，并透过分享技术能力和专业知识，令利益相关者得以充权。对于参与者来说，该项目组织为他们提供了一个话语机会，从而能够理解各方出发点及对立观点，加深理解而找出一个共同点。

（3）将这些参与式规划的方式，他们的意见和要点在对应的图纸上进行表达。比如，明确保护哪些建筑和场所、拆除哪些建筑、需要增加服务设施的类型和选址在哪等；也可以采用讨论纪要的形式，比如，明确拆迁补偿方式和标准如何安排、保障性住房配比情况等。最后，将这些参与要点通过电脑辅助设计的方式，进行成果的图形直观表达，作为政府规划部门和开发机构的更新思路，作为下一步具体方案规划依据和蓝本。

可以说，通过参与式规划方式，充分表达了社区层面对具体更新项目的意见，同时为规划师和规划决策者提供了更具广度和深度的视野。最重要的是，该项目在构架对话平台、组织方式、结果分析的合理性方面都为如何搭建多元参与提供了较好的经验。

当然，本书举例的华盛顿现实反馈，以及笔者在此基础上建议形成的参与对话平台方式都是为了强化公众在规划过程中的参与性，并为各利益团体分歧中达成城市未来发展方向的共识提供了一个平台和规划方法。但是，我们也需要注意到公众参与的进程和安排通常也会陷入效率和公平的争论中，由于利益多元化和社会资源稀缺是矛盾的，更新决策是通过各种不同利益代表之间多次利益博弈后作出的，因而有可能导致决策效率低下。需要指出的是，多元参与是有成本的，笔者在这里所提到的多元参与机制，其本质是旨在从公正的角度，强调更新中原居住民基本自由权利——利益表达和话语权的实现，并不是要过度地强调不计成本的妥协、博弈。因此，在推动这个多元参与合作的过程中还需要考虑公众参与的成本，力求减少"公众参与"本身带来的效率损失。

7.2.4　案例：成都曹家巷居民自治改造

1）曹家巷的基本状况

1990 年代以来，成都市优先发展城南、城西片区的政策，导致城北地区未能得到有效的发展。城北地区聚集着大量的国营老企业的家属区，也是 1950 年代后的第一批单位楼，这里的房屋大多老旧失修、基础设施落后、消防通道狭窄、棚户乱搭乱建情况普遍。比如，成都内燃机总厂、四川省建筑公司生活区。而坐落在城北的成都火车站、汽车站和很多专业市场（如成都荷花池批发市场），更是导致了城北地区交通拥堵、城市形态老旧等问题。为了改善城北片区"脏乱差"的现状，同时推进城市现代化的建设，成都市政府于 2012 年启动了"北改"工程。而曹家巷拆迁改造工程作为"北改"所推进的第一个项目，具有较强的典型性和案例推广性（图 7.25）。

曹家巷一、二街坊危旧房（棚户区）片区位于成都北一环，毗邻马鞍北路、府青路。曹家巷区域有各类型房产 3756 套，涉及多家权属单位总

图 7.25　成都曹家巷区位情况
Fig 7.25　Location of Caojiaxiang in Chengdu
资料来源：笔者自绘

图 7.26　曹家巷更新前住房状况（红砖房、房改房、商品房）
Fig 7.26　Housing situation in Caojiaxiang
资料来源：笔者摄于 2012 年未拆迁前

面积约 13.2hm²，涉及住户 3756 户，其中公房 2469 户，共计人口 1.4 万人❶，绝大多数是国有企业职工及其家属。曹家巷内的房屋大多是老式红砖房，占到总面积的 65% 左右。这些住房大多修建于 1950~1960 年代，房屋严重老化，住房拥挤，人均住宅面积小，大多不到 40m²，公共服务设施陈旧，居住环境较为恶劣。此外，片区内还存在一些房改房和 1990 年代兴建的商品房（图 7.26、表 7.8）。就房改房来看，主要是 1998 年住房改革以后的私有化公房，占到总量的 19% 左右，质量相对于红砖房较好，面积也较大，平均面积都在 40m² 以上。而其中 16% 左右的商品化住房则属于住房商品化的产物，在住房质量和住房面积都较以上两者有很大改善，住房面积都在 80m² 以上。因此，较好的区位和居住条件使得该部分居民对更新意愿表现得并不强烈，并且持续到更新实施的最后。

成都曹家巷住房基本状况　　　　　　　　　　　　　　　　　表 7.8
Housing situationin Caojiaxiang，Chengdu　　　　　　　　　Table 7.8

	红砖房	房改房	商品房
产权关系	公有（含单位）	私有	私有
所占比例	65%	19%	16%
房屋面积	40 m² 以下	40~80m²	80m² 以上
拆迁分区的	危旧棚户区	危旧棚户区	商品房改造区
获取途径	国有单位补贴	私有化公房	市场化购买

资料来源：笔者根据相关新闻报道统计整理。

---

❶　曹家巷一、二街坊危旧房改造进入实质阶段，http://leaders.people.com.cn/n/2013/0909/c356819-22859611.html.

2）更新的组织构架

"北改"工程启动后，曹家巷居民要求更新的呼声更加强烈。在曹家巷案例中，自主改造的主体不是政府，而是将主要权限下放到社区层面，由驷马桥街道、社区与居民代表进行了多轮磋商，提出了成立"居民自治改造委员会"推进片区改造的思路。片区内共 64 名楼栋长，通过基层民主选举，投票选出自治改造委员会 21 名自改委员（根据棚户区和商品房区户数的比例，18 名自改委成员来自危旧棚户区，3 名成员来自商品房区），经曹家巷居民投票表决、住户签字授权等程序，曹家巷一、二街坊居民自治改造委员会正式成立，并成为推动该片区更新的组织主体。从创新社会治理模式的角度讲，在居民社区建立相关的公民参与代言组织，以居民委托授权的形式代为表达权利诉求和基本观点，是一种可行的方式。

相对于政府主导推动更新项目不同，曹家巷的更新则全部交由自改委代表全体原住居民来决定整个更新项目"改不改、怎么补偿、怎么改"。政府的职能则由"掌舵"转变为社会"服务"。比如，政府一方面放权给自改委及居民参与，另一方面，政府则更好地回归到引导、调控和服务的职能上，为自改委提供固定办公场所，成立自治改造协调服务指挥部，定期和委员们召开工作会议沟通情况，在政策规划、服务跟踪和指导方面为自改委提供协助等。因此，在更新整个过程中并没有表现出明显的行政组织和决策行为，而是更多交给自改委的组织和协商。此外，本来作为更新开发实施主体的开发商，则成为项目的被委托主体，并且在整个更新过程中扮演一种非营利组织性质，负责整个片区的具体更新实施。具体来说，金牛区政府与四川华西集团（曹家巷一、二街坊片区最大权属单位）合作组建的成都北鑫房屋投资有限公司受曹家巷自改委委托，负责整个更新项目的拆迁工作。

3）更新的流程安排

与传统更新思路不同，传统更新思路中居民没有在更新全过程起到作用，他们并不能决定是否需要进行更新——"改不改"。比如，传统更新项目的组织中，往往是采用政府制定更新计划，然后对整个片区进行土地储备、出让，大多居民仅仅在进行拆迁补偿才被告知需要拆迁。而在曹家巷的更新当中，在没有具体更新计划下，是由自改委对居民进行调查确定是否需要更新。换言之，曹家巷改造并不是政府和开发商的立项安排，是一种通过社区组织的自治性更新方式。就具体安排上看，它采用"模拟拆迁"方式，即在满足一定比例改造意向后方可进入具体实施阶段。按照《金牛区曹家巷一、二街坊危旧房（棚户区）片区自治改造附条件协议搬迁改造决定》要求只有当搬迁方案在公布 100 日内（含 100 日）达到 100% 的居民拆迁意愿之后，才能实施更新，否则自治改造中止。

而具体到补偿和改造方案的制定当中，即"怎么补偿、怎么改"，更多反映了以自改委为代表的原居住民的话语表达和参与。其一，在原有住房评估中，曹家巷所在的金牛区政府将确定房屋评估机构与提出搬迁结算价的权力交给自改委与原居住民，保障民众选出让自己放心的房屋评估机构，有效保障原居住民的经济利益。其二，在征收拆迁安置方案上，由过去政府、开发商主导制定转变为群众参与和制定。在制定拆迁补偿方案之前，北鑫公司与绝大多数的危旧棚户区居民进行了多次协商，以此明确拆迁方案制定的合理性，减少拆迁方案制定后引发的外部性成本。比如，在具体补偿方案的讨论中，北鑫公司最初提出了回迁补偿按照 $48m^2$ 一室一厅的方案，但是曹家巷居民提出了更高的要求。最后经过金牛区政府与自改委进行反复协商后提出通过增加更新地块容积率的方式既增加补偿规模，又保障后期开发的收支平衡。最后，地块容积率由原来的 4.0 提升到了 5.0，同时也将补偿标准提高到 $58m^2$ 两室一厅的户型方案。总之，由金牛区政府、北鑫公司、自改委经过反复讨论和居民征求意见之后，形成了涵盖产权调换、货币补偿以及异地安置三种方式的"双百补偿方案"（表 7.9）。

曹家巷自治改造拆迁补偿标准　　　　　　　　　　　　　　　　表 7.9
Relocation compensation standard in Caojiaxiang redevelopment　　Table 7.9

	危旧棚户区补偿价格	商品房改造区补偿价格
评估价	8225（元 /m^2）	9365（元 /m^2）
异地安置	4500（元 /m^2）	4500（元 /m^2）
原地回迁新房价格	7000（元 /m^2）	7000（元 /m^2）
原地回迁返还面积	1 ∶ 3	1 ∶ 1.5
其他补助	过渡安置费、装修补偿、搬家补偿等补助	

资料来源：刘杰希，李和平（2014）。

图 7.27　曹家巷马鞍南苑一栋排除在更新范围外
Fig 7.27　Excluded building in Caojiaxiang redevelopment
资料来源：笔者摄于 2014 年

4）自治更新结果

在曹家巷自治更新中，通过居民参与和自改委组织的方式在最后更新中取得了很大的成功：一方面有效推动了曹家巷更新项目的确立；另一方面制定了满足绝大多数居民的更新方案。尽管仍有位于马鞍南苑一栋商品房 12 户居民没有参与拆迁，导致了规划方案的进一步调整——将其排除在更新范围外（图 7.27）。但是，曹家巷的自治改造为居民参与到更新立项和决策中，打破依赖于政府和开发商的更新提供了新的视角和可操作方案。当然，这个案例虽然获得一定的成功，但是相对于以前政府和开发商的决策机制，在整个拆迁和土地征收上花费了远超之前相似规模项目的时间，比如，前期给予了 100 天的签约时间，后来在没有达到 100% 拆迁签约预期下，又延长了签约时间，直到最后仍然进入拆迁协商的"死循环"。换言之，它在效率方面受到了一定的削弱。

2013 年，曹家巷自治改造获得全国创新社会管理"最佳案例"奖。该奖项由国家行政学院和人民网主办、中央社会管理综合治理委员会支持，旨在对各地加强和创新社会管理的先进典型，研究和探索省、市、区（县）社会管理创新规律，推进社会管理创新实践，总结和弘扬创新社会管理的典型做法和先进经验。在曹家巷自治改造中，地方政府（成都金牛区）将项目业主的委托权、项目实施的决定权和补偿安置方案都交给曹家巷的居民，引导住户公选成立"自改委"，代表全体住户全程参与，让群众真正成为城市更新的决策主体，实现"改不改由群众说了算"（图 7.28）。正如，曹家巷自治改造获得最佳案例之后，全国人大常委会研究室原主任程湘清

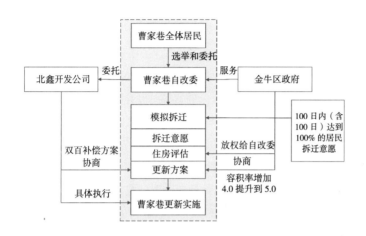

图 7.28　曹家巷自治改造多元合作流程
Fig 7.28　Multiple cooperation process of Caojiaxiang redevelopment
资料来源：笔者自绘

针对曹家巷自治改造给予了高度的评价："成都曹家巷的'自治改造'模式是对社会管理和城市建设工作的创新，为我国城市建设和经济转型提供了典型经验。"❶

7.3　以更新过程的利益共享机制为手段

如上文所述，利益共享的包容，即从手段考虑机会的平等，补偿人们社会因素的影响，比如教育因素、社会组织程序（众筹）等。换言之，它主要为了弥补社会合作中可能出现的手段匮乏。

在城市的更新过程中，很多居民都拥有住房产权，但是受到房地产开发方式的限制，并不能发挥他们的产权利益。按照罗尔斯的观点，城市更新中再开发方式所具有的全部红利没有向所有能够和愿意努力去争取它们的人开放。需要说明的是，形式上的机会平等实现的前提是需要解除对个人基本权利的限制，换言之，居民的话语权和参与权的实现是利益共享包容的基本保障，同时也是实现城市更新红利向所有产权所有者开发的形式上机会平等的基础条件。其次，手段的可达反映的重点是实现层面，换言之，在明确产权允许参与再开发的形式上的机会平等，还需要形成实现达到这种权利的方式，即实现更新红利向所有产权主体开放的具体程序。如何实现手段层面的机会平等，使城市更新的增长红利向全体原居住民开放，体

❶　成都曹家巷"自治改造"获评"最佳案例"奖，http://www.chinadaily.com.cn/dfpd/sc/bwzg/2013-07/27/content_16841656.htm.

现形式的正义和纯粹程序正义。这需要解决两个方面的问题：其一，明确产权的价值，探索多元更新方式，赋予居民组织参与更新当中；其次，如何构架一个引导框架来实现利益的共享。笔者认为，这种实现利益共享的机制本身也是一种更新中"众筹"的机制，它反映了居民参与并在此过程中可以获得"众筹"带来的红利。

当然，从这个论述中我们还能发现，利益共享的机制仍然隐含了允许效率和差别的结果。比如，通过"众筹"的城市更新，仅仅消除社会因素的影响（给予了手段可达），但是最初分配，或者自然禀赋上体现的不平等还是将会在这个过程中表现出来。具体来说，不同居民在最初的住房产权总量和可以投入"众筹"更新的资金上存在差别，这些都将导致结果层面上的差别。换言之，这个过程中也就遵循着效率原则下的增长内涵。因此，我们可以说包容性城市更新中利益共享的"众筹"体系，也印证了前文中所提到增长理念转变，是一种内生性可持续的更新思路，也是包容性城市更新中最重要的实现手段。

7.3.1　明确更新过程中居民产权价值

城市更新是实现规划资源配置，提高土地利用效率、改善居民生活的手段，从本质上说是一种利益再分配的过程。因此，从城市发展的角度看，城市更新就是通过空间的改造或者再开发来实现更新红利在公众利益的合理分配。换言之，维护公共利益是城市规划的价值所在，追求公共目标也是城市规划主要价值取向。

但是，我国当前表现出的状况是：市场的膨胀造成各个参与方拥有的要素在更新过程中不能平等定价和交换，居民不能全面获得城市更新所带来的未来红利。

最常见的案例是，居民会在具体拆迁之前，尽最大可能与政府和开发商协商获得最大利益。当然，虽然这个过程中也存在盲目扩大私权，以此绑架公权实现个人诉求的目的。例如，一些拆迁户甚至本身就是违章建设者，漫天要价以牺牲公共利益来谋求个人私利。因此，城市更新的关注要点更要集中于重新认识居民产权的价值，程序规范，公平补偿和利益平衡等方面。

此外，对于产权价值，我们应该有一定的认识，它反映了居民具有对自己住房产权和土地使用权的平等支配过程，相反，而不是当前土地储备制度下的全部搬迁、拆迁、整理、出让的方式——居民仅仅是将自己的住房作为商品出售给政府和开发商，除此之外并不能享受再开发之后的长远利益。换言之，当前城市更新仍然是单纯的分配空间资源——重视物质环境营造的方式，以此实现城市更新的快速推进和实现增长的目标。

随着《物权法》的确立，法理层面已经承认并且保障了居民产权，它是对私人产权权益的认可和保障。这就出现一个现实问题，即以往通过市场手段向少数开发商整体移交土地和住房产权的方式将不宜在城市更新中简单运用。它只会导致产权的集中化和单一化，使城市更新中主导权被开发商所掌握，不利于推动当地居民参与旧城更新并合理共享土地再开发收益。这就要求对当前依赖于政府自上而下的土地再开发的决策过程进行调整。土地再开发中，居民产权（土地使用权）不应该被排斥。

简言之，探讨居民通过产权进行"众筹"的更新方式成为解决这个问题的关键，当然，这个过程中还需要确定居民产权的有效性——产权的界定、产权交换和交易的规则性安排、产权交易的补偿规则。

7.3.2　修正单向度更新再开发模式

1）引导民间自主更新实施

根据前文论述，由于目前更新的实施机制上，是由政府通过征收住房和储备土地，并且采用出让制度，使开发商成为更新实施的单独主体。虽然，开发商的介入完成了政府预期的改造开发任务，但以商业利益最大化的企业开发，势必会在效益优先的标准下对一部分原居住民的利益产生影响，比如，出现社会成本增高、原有社会组织网络破坏等现象。同时，忽视了居民自身所拥有的产权价值。从本质上看这其中涉及公私权利的协调、多元利益再分配等复杂问题。而采用当前单向度的更新再开发手段落后于现实环境需求。因此，需要由单向度的土地再开发体系，转变为通过居民产权参与的众筹开发，达到共赢的自行实施更新。

从我国台湾更新机制设计的经验来看，从 1998 年之后，台湾地区城市建设结合实际需要，通过了以"都市更新单元"为主要规划理念的《都市更新条例》。按照《都市更新条例》，城市更新单元成为实施城市更新的基本单位，作为落实更新事业各项工作和办法具体范围。同时，提出了基于城市更新单元的民间自主的更新的开发思路。但是，这个阶段由于申请门槛高、审议程序复杂等原因，初期效果并不明显。到 2006 年之后，台湾地区为了引入更多民间力量进入城市更新事业，对《都市更新条例》作出了大范围调整，通过降低门槛，缩小更新单元面积，简化审批流程等多项措施吸引社区资本进入，解决了都市更新公办的效率低下问题。同时，在政策设计上，注重创造更多有利于民间团体或非营利组织参与到更新中的政策，比如，通过调整容积奖励、税收减免等方式，寻求民间力量加速城市更新。以此充分考虑原居住民意愿和照顾弱势群体，以实现公众利益最大化的目标。

因此，根据我国台湾地区《都市更新条例》，在实施主体中，除了传统意义上政府可以作为主导机构，私人部门、社会团体以及社区组织都能成为城市更新的主体。具体来说，实施主体可以简单地归纳为两个部分：政府公办和民间自办。前者又可以分为政府组织自行实施，或者政府通过引入房地产开发商的形式来实施。后者可由原居住民（产权所有者）委托非营利组织，采用权利变换（Right Conversion）的方式——就是指更新地区内土地所有权人，合法建筑物所有权人，他项权利人或实施者，提供土地、建筑物、他项权利或资金，参与或实施都市更新事业，于都市更新事业计划实施完成后，按期更新前权利价值即提供资金比例，分配更新后建筑物即其土地之应有部分或权利金——进行自主性"众筹"实施，如城市更新事业机构（建设公司）或是土地权利关系人组成的自主更新团体（更新会）（图 7.29）。并且，采用后者的更新方式已经成为台湾推进城市更新的主要手段。截至目前，台湾地区绝大多数已完成的都市更新都是由民办推动，已经核定都市更新事业就有 200 项以上 ❶。

同样，1969 年日本公布的《城市更新法》（Urban Redevelopment Law）❷，主要针对内城已经建设区域的更新安排，目的在于提升内城功能、促进高

---

❶ 丁致成：台湾都市更新不是为了让开发商、原居民赚大钱，南方都市报，版次：SC21，2013 年 12 月 27 日。

❷ 从城市更新的权利变换的根源来看，可以说主要来自于日本 1954 年的地役权重画（Land Readjustment Project）中所涉及的土地权利转换的思想，旨在通过土地产权的转换达到利益共享的思想。主要内容可参见日本建设省城市庁关于日本城市开发项目的具体内容。

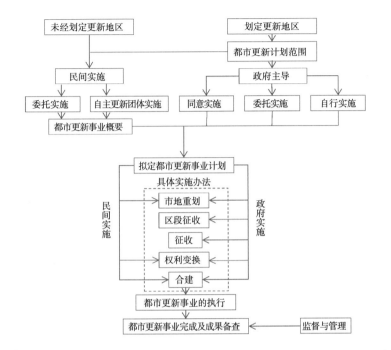

图 7.29　我国台湾地区城市更新组织中弱化政府作用
Fig 7.29　Weaken the role of government in urban redevelopment organization
资料来源：根据《都市更新作业手册》改绘

密度利用、改善危旧住房区域。其中也鼓励居民通过房屋产权或者土地产权进行自主性"众筹"更新。比如，根据日本城市规划法，城市更新项目分成两种方式，其一为社区或民间采用权利变换的开发❶。主要由参与组织包括：①更新合作组织（由个体产权所有者组成，类似于社区组织），涉及地块中产权所有者，作为更新的主体；②地方政府则负责为更新项目提供市政公共设施，如道路，广场等；③城市开发公司（Urban Development Corporation，UDC）或日本区域开发公司（Japan Regional Development Corporation，JRDC），作为项目的具体执行者，属于非营利组织，类似于具体的开发商，来具体实施更新计划。其次则为政府主导的更新开发，通过完全性征地拆迁方式，将土地移交开发商进行重建。从日本城市更新实施的项目和规模上看，其中采用民间自主更新占绝大多数。根据 2002 年日本更新项目的统计，其中完全由政府主导，采用完整性征地拆迁的项目总数仅为 30 个，总占地面积为 269.33 公顷；而采用社区或民间开发方式，项目总数为 664 个，总占地面积为近 800 公顷。换言之，就 2002 年日本

---

❶ 从思想根源上看，日本城市更新的权利变换思想成为 1980 年代以后我国台湾地区城市更新单元执行权利变换方法的重要依据和参考。

更新项目来看，采用完全征地拆迁的项目仅占到总数的 4.3%，项目总规模也仅占到总量的 25%（表 7.10）。

2002 年民间权利变换更新的规模和占比情况　　　　　　　　　　　　　　表 7.10
The properation and scale of right conversion in urban renewal in Japan，2002　Table 7.10

	项目（个）	占比	规模（公顷）	占比
民间更新	664	95.7%	269.33	75%
政府主导	30	4.3%	800	25%
总计	694	100%	800	100%

资料来源：根据日本建设省城市厅《Urban Development Project in Japan》中数据进行统计。

　　综上所述，作者认为在明确居民产权价值的前提下，借鉴我国台湾地区和日本的经验，需要引导源自民间的自主性"众筹"更新模式才是解决单向度更新重建的根本应对方式，以此实现土地收益增值的公平分配。同时，在根本上缓解当前大规模再开发的模式，以及由此所带来的社会可持续的矛盾，而形成具有原居民混合居住、方便使用公共交通和周边公共服务设施的利益共享格局。

　　因此，作者认为当前更新实施中需要形成上文中提到的社区组织和开发主体所形成的公私伙伴更新开发模式。而政府则主要承担公私伙伴关系中存在产权和利益界定、分配、规则制定、监督的功能。比如，从台湾地区民间自主更新实施上看，政府所负责主要包括：其一，审核利益分配计划；其二，监督自主更新中利益分配的实施；其三，定期检查自主更新的执行；其四，针对一些复杂的自主更新地块，如历史保护街区、违章居民户较多街区等，给予容积率奖励、地价税和房屋税减免的补偿。

　　此外，作者认为可以在政府主管城市更新部门当中（上文笔者提出城市更新委员会）建立具有公共开发属性（非营利性质）的更新公司。比如，上文中所提到成都曹家巷更新时的北鑫公司，但这个开发公司并不是常设主体，仅仅是针对具体项目。因此，作者认为可以在政府更新主管部门下形成一个常设的非政府组织——更新开发公司，甚至可以类似我国台湾地区城市更新事业机构（建设公司）或者日本的城市开发公司（UDC）。通常来说，对于开发商来说，利润追求往往被摆在第一位，通过社区自主更新方式，实际在本质上削弱了开发商的获利部分，将很大一部分长期利润与

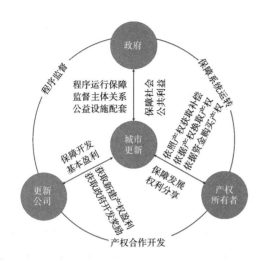

图 7.30　多方主体的关系解析
Fig 7.30　Relationship among different actors in right conversion
资料来源：笔者自绘

原居住民共享（图 7.30）。当然，采用民间的方式也在很大程度上限制了居民通过盲目的"私权绑架"来达到最大化利益的目的。按照台湾地区都市更新研究发展基金会执行长丁致成的观点，采用产权共享的民间自主更新方式，在本质上就剥夺了开发主体的暴利，并不是要让开发商、或居民赚大钱。相反，在保障他们利益共享的同时，促进城市环境的综合改善[1]。

2）以更新单元为基本单位

在明确民间自主更新开发之后，还需要明确民间自主更新实施的具体方式。首先，需要明确更新范围的规模和划定方式，即确定更新地块的规模和边界。笔者认为可以借鉴我国台湾地区和日本在"城市更新单元"的经验，以城市更新单元为基本单位，在此基础上组织民间自主更新。

从台湾地区更新的经验上看，《都市更新条例》确定了城市更新单元划定包括两种情况：其一，纳入城市更新地区当中；其二，未纳入城市更新地区当中（图 7.31）。而更新地区的划定主要依据各地方政府就城市发展实际状况、居民意愿、原有社会经济关系及人文特色，进行全面调查及评估[2]。在划定更新地区的前提下，并视实际需要情况制定城市更新计划，作为宏观更新计划安排。此外，既纳入更新计划中，又纳入更新地区的更

---

❶ 丁致成：台湾都市更新不是为了让开发商、原居民赚大钱，南方都市报，版次：SC21，2013 年 12 月 27 日。
❷ 为了防止公权力在推行的城市更新中的任意性，在《都市更新条例》中对更新权利的范围进行了清晰的界定，包括：①建筑物丑陋且非防火构造或邻栋间隔不足，有妨害公共安全之虞；②建筑物因年代久远有倾颓或朽坏之虞、建筑物排列不良或道路弯曲狭小，足以妨害公共交通或公共安全；③建筑物未符合都市应有之机能；④建筑物未能与重大建设配合；⑤具有历史、文化、艺术、纪念价值，亟须办理保存维护；⑥居住环境恶劣，足以妨害公共卫生或社会治安。

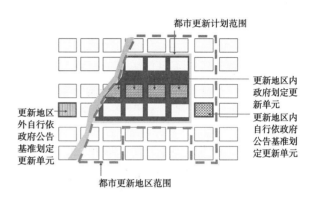

新项目则由政府划定更新单元，并且更新方式则主要采用政府主导；在更新计划之外，更新地区以内地块则依据更新单元划定基准自行划定更新单元，作为民间自主的更新的基本单元。同时，其中针对那些没有纳入更新地区的区域，也可以在促进土地再开发利用和改善居住环境的背景下，根据更新单元划定基准来自行划定更新单元。

而更新单元的划定基准则源自这样几个方面：首先，城市更新计划中对更新单元的划定；其次，则是根据地方所颁布的更新单元划定基准，建立更新单元评价体系，对待更新单元内建筑物、地区环境、消防安全状况等参数进行不同的等级划分，通过建立科学的单元划定基准，对更新单元内各建筑物及环境情况作出量化评定，为是否实施更新提供了公正的法律依据；并通过限制更新单元最小规模的面积门槛，引导更新事业在更大的空间范围内统一实施，实现对城市的整体综合开发（表 7.11）。总的来说，无论划定标准如何界定，但都是以完整街区作为更新单元划定的基本原则。

因此，笔者认为，首先可以在政府层面（城市更新委员会）形成宏观城市更新年度计划，并对年度更新计划进行更新地区划分。其中划定标准可以按照各地方政府当前急需更新的区域为依据。可以依据《国有土地上房屋征收与补偿条例》中的六种保障国家安全、促进国民经济和社会发展等公共利益需要的更新开发❶。比如，将危房集中、基础设施落后等旧城地区划入年度更新计划安排中。

---

❶ ①国防和外交需要；②由政府组织实施的能源、交通、水利等基础设施建设需要；③由政府组织实施的科技、教育、文化、卫生、体育、环境和资源保护、防灾减灾、文物保护、社会福利、市政公用等社会事业需要；④由政府组织实施的保障性安居工程建设需要；⑤由政府依照城乡规划法有关规定组织实施的对危房集中、基础设施落后等地段进行旧城区改建需要；⑥法律、行政法规规定的其他公共利益需要。

台北市自行划定更新单元建筑物及地区环境评估标准
Evaluation criteria of Self defined renewal units in Taibei，Taiwan

表 7.11
Table 7.11

建筑物及地区环境状况	评估标准	指标
建筑物丑陋且非防火构造或邻栋间隔不足，有妨害公共安全之虞	符合指针（一）、（二）其中之一项及其他指针之二项者	（一）更新单元内属非防火建筑物或非防火构造建筑物之栋数比例达 1/2 以上，并经委托建筑师、专业技师或机构办理鉴定者。（二）更新单元内现有巷道弯曲狭小，宽度小于 6m 者之长度占现有巷道总长度比例达 1/2 以上。（三）更新单元内各种构造建筑物面积比例达 1/2 以上：土砖造、木造、砖造及石造建筑物、二十年以上之加强砖造及钢铁造、三十年以上之钢筋混凝土造及预铸混凝土造、四十年以上之钢骨混凝土造。（四）更新单元内建筑物有基础下陷、主要梁柱、墙壁及楼板等腐朽破损或变形，有危险或有安全之虞者之栋数比例达 1/2 以上，并经委托建筑师、专业技师或机构办理鉴定者。（五）更新单元内合法建筑物地面层土地使用现况不符合现行都市计划分区使用之楼地板面积比例达 1/2 以上。（六）更新单元周边距离捷运系统车站、本府公告之本市重大建设或国际观光据点 200m 以内。（七）更新单元内建筑物无设置化粪池或经委托建筑师、专业技师或机构办理鉴定该建筑物冲洗式厕所排水、生活杂排水均未经处理而直接排放之栋数比例达 1/2 上。（八）更新单元内四层以上之合法建筑物栋数占更新单元内建筑物栋数达 1/3 以上，且该四层以上合法建筑物半数以上无设置电梯设备及法定停车位数低于户数者。（九）更新单元内建筑物耐震设计标准，不符合台湾地区内政事务主管部门颁布的建筑技术规则规定者之栋数比例达 1/2 上。（十）穿越更新单元内且未供公共通行之计划道路之面积比例达 1/2 以上。（十一）更新单元范围现有建蔽率大于法定建蔽率且现有容积未达法定容积之 1/2。有关建蔽率及容积率之计算，以合法建筑物为限。（十二）更新单元内平均每户居住楼地板面积低于本市每户居住楼地板面积平均水平之 2/3 以下或更新单元内每户居住楼地板面积低于本市每户居住楼地板面积平均水平之户数达 1/2 者。（十三）台湾地区内政事务主管部门及本市指定之古迹、都市计划划定之保存区、本府指定之历史建筑及推动保存之历史街区。（十四）更新单元面积在 3000m² 以上或完整街廓，应举办地区说明会，土地及合法建筑物所有权人均超过 3/10，并且其所有土地总面积及合法建筑物楼地板面积均超过 3/10 同意
建筑物因年代久远有倾颓或朽坏之虞、建筑物排列不良或道路弯曲狭小，足以妨害公共交通或公共安全	符合指针（二）、（三）、（四）其中之一项及其他指针之二项者	
建筑物未符合都市应有之机能	符合指针（五）、（八）、（十）其中之一项及其他指针之二项者	
建筑物未能与重大建设配合	符合指标（十三）	
具有历史、文化、艺术、纪念价值，亟须办理保存维护	符合指标（七）、（十一）其中之一项及其他指标之二项者	
居住环境恶劣，足以妨害公共卫生或社会治安	符合指标（一）、（九）其中之一项及其他指标之二项者	

资料来源：财团法人都市更新研究发展基金会，http://www.ur.org.tw.

　　其次，在宏观更新计划之内，在控规管理的分图图则基础之上，从城市整体发展目标和公共利益的需求出发，由城市更新委员会对涉及其中的重点地区，比如，历史文化更新地区、重点打造商业区等，可以由政府主管部门划定更新单元。而其中一般地区的更新单元划定则可交由市场和社区组织进行划定。此外，还有一些位于年度计划以外的一般区域，需要进行更新的，则可以按照一定的评价标准纳入更新计划当中。需要注意的是，不能盲目地进行自主更新，可以由城市更新委员会中制定相应的自行更新的评价标准（类似于我国台北自行划定更新单元评价标准），以此作为更新单元划定依据（图 7.32）。并且，更新自行更新的划定标准的基本原则要从公共利益出发，主要满足公共安全、公共设施、历史保护、居住条件提升、公共卫生等方面的要求，以此消除那些寄希望于通过更新获利的自行开发行为。

　　就更新单元划定的原则可以根据：①可以考虑以社区为基本更新单元；②规定一个城市更新单元内可以包括多个城市更新项目，主要以完整街区为

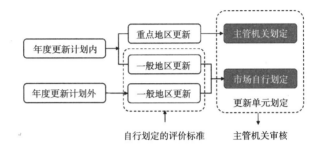

图 7.32　城市更新单元划定依据
Fig 7.32　Dividing basis of urban renewal units
资料来源：笔者自绘

边界界定，项目的实施要以更新单元的整体规划为依据；③确定最小的更新单元面积需要大于 1 公顷，以此满足更新新增基础和道路设施的需要；④需要明确更新单元内一部分用地作为公共服务和道路建设，可以借鉴深圳的经验，要求该比例大于更新单元的 15%，且用地面积大于 $3000m^2$。

最后，以更新单元为基本单位来作为社区自主更新规划和实施的基础。在具体规划设计中需要对更新单元中的建筑总量以及增量、人口、道路系统、地块划分、各地块的更新方式、拆除重建地块、空间增量、捆绑建设责任等提出明确要求，作为下一步自主更新的参考依据，将更新单元的划定和规划提交主管更新部门审核。

3）以"多数决"来推动自主更新

在明确更新单元为基本单位，由民间自主众筹为更新模式后，还需要明确更新单元中的主体参与情况，以及对更新单元规划的具体意见。首先，更新单元内居民是否都具有改造意向，认为单元内是否需要进行更新改造；其次，针对更新单元的规划，包括补偿安排、产权界定、产权价值评估等方面，更新单元内居民是否满意，是否愿意实施更新计划。由于不同产权所有者对利益诉求存在明显的不同，因此对更新意愿，或者对更新补偿计划之间存在很大的差异。比如，上文笔者所提到的成都曹家巷自主更新案例，虽然想通过"模拟拆迁"的方式尽量获得 100% 居民对改造意向和拆迁补偿的满意度，但直到最后拆迁实施也没有获得全部居民同意。因此，我们不禁需要考虑在城市更新拆迁过程中涉及的由于少数房产所有者抵制所带来的更新推进困难的问题。换言之，在更新改造过程中，并不是全部居民都具有更新意愿，且也不是所有居民都对更新规划的具体安排满意，那么在不能保障全部居民满意的情况下，更新计划还能不能继续推动下去。

　　针对这方面，从我国台湾地区的经验可知，土地权利关系人自行实施或委托都市更新事业机构实施都市更新事业时，可以采用多数决的方式来替代全部居民的同意。台湾地区在《都市更新条例》中针对更新单元同意实施比例进行了详细的规定，以"多数决"实现民主公平的更新决策——明确不同类型更新单元下，拥有不同更新同意率才能获准实施都市更新程序。

　　在提出自主实施更新概要时，类似于自行划定更新单元，《都市更新条例》第十条规定应经该更新单元范围内私有土地及私有合法建筑物所有权人均超过 1/10，并其所有土地总面积及合法建筑物总楼地板面积均超过 1/10 同意。也就是说，达到自行划定的更新意愿比例超过 1/10，就能推动自主更新，从而划定更新单元，实施下一步更新计划。

　　而详细的事业计划（即专项规划方案）需取得大多数合法土地建物所有权人同意。比如，《都市更新条例》二十二条中规定自行划定更新单元中仅须按多数土地及合法建筑所有权人同意，即可强制办理。这又包括三种情况：其一，如果是快速划定的更新单元❶，仅需要土地及合法建筑物所有权人并土地总面积及合法建筑物总楼地板面积 1/2 以上同意；其二，在主管机关划定的更新地区当中，需要经更新单元范围内土地及合法建筑物所有权人均超过 3/5，并其所有土地总面积及合法建筑物总楼地板面积均超过 2/3 同意；其三，未经主管机关划定的更新单元，需经更新单元范围内土地及合法建筑物所有权人均超过 2/3，并其所有土地总面积及合法建筑物总楼地板面积均超过 3/4 以上同意（表 7.12）。

不同情况自行更新实施的多数决比例　　　　　　　　　　　　　　　　　表 7.12
Majority proportion of implementation in different situations　　　　　　Table 7.12

更新单元范围内	经划定	未划定	快速划定
土地及合法建筑物所有权人口比例	3/5	2/3	1/2
土地总面积及合法建筑物总楼地板面积比例	2/3	3/4	1/2

资料来源：根据《都市更新条例》整理绘制。

　　因此，作者认为，在具体实施民间自行（众筹）更新时，对未能取得全体产权人同意的更新单元，可经更新单元范围内超过多数比例的产权人

---

❶ 迅速划定更新单元的条件包括：①因战争、地震、火灾、水灾、风灾或其他重大事变遭受损坏；②为避免重大灾害之发生；③为配合中央或地方之重大建设。

同意就能进行具体实施。并且，这种"多数决"的方式也可以有效抑制个人私权诉求的无限放大。张京祥（2010）明确指出，在实际生活中经常出现个别财产权利人可能因为各种利益期望，其个体私利难以与所有相关利益人协商一致的情况。在这种情况下，如果追求简单、绝对的平等事实上会造成对多数人的利益损害。因此，为了约束私权力（利）的无限扩张可以采取多数相关利益人同意的原则，要求少数人的利益应当服从多数人的利益，还能大幅度缩短整合产权人所需的时间。具体方式，可以在城市更新的各项审查程序中设置听取异议的渠道，将从社会正义、公益性及合理性的角度，促请单元内的沟通协调，或是引导非政府组织（高校、研究机构）的介入，以确保少数不愿参与更新的权利关系人同样获得公平的权益保障。当仍无法达到利益协调才申请法院对更新计划的强制执行。

　　而在具体执行多数决的方式上，作者认为我国台湾地区在自行实施划定更新单元的标准过低，仅需 10% 居民同意即可，并不具有很好的参考价值。笔者借鉴广州"三旧"改造两轮征询 ❶ 的同意比例要求，认为初期实施民间自主更新，即改造意愿的比例应该超过 90%，才能启动改造工作，划定更新单元，开展更新计划。而在具体的更新方案制定，即拆迁补偿、产权界定、产权价值评估等方面，可以借鉴我国台湾地区的经验，既要满足更新单元内居民比例的要求，又要满足住房总面积规模的要求。从笔者对成都曹家巷的更新调研发现，其中改造热情最大的人群主要是居住在解放初期的红砖房居民，他们户均面积小，但户数较多；而改造热情和对补偿较不满意的则是一些商品房居民，他们住房户均面积大，但户数少。如果仅从户数来考虑更新补偿方案的多数决，容易出现"户数绑架"情况的出现——通过片区内人数的多寡来决定更新意愿和计划。因此，笔者认为，在更新方案制定后，需要产权户数和产权面积到达 2/3 以上的同意，方可实施更新计划；而针对笔者上文所提到的那些未纳入更新地区的民间自主实施的更新单元，则这两者的比例则需要超过 3/4。当然，针对不愿意和不满意更新计划安排的居民，则需要尽量组织协调和沟通，对民众实际生活情况的调查，使更新计划始终代表广大民众的实际利益诉求。

---

❶ 广州三旧改造的实施第一轮改造意愿征询，改造区域范围内同意改造户数比例达到 90% 或以上，才能启动改造工作；第二轮改造拆迁补偿安置方案意见征询，在规定时间内，签订附生效条件的房屋拆迁补偿安置协议的居民户数达到 2/3 或以上，才能具体实施拆迁。

7.3.3 建立产权变换的"众筹"体系

1）产权变换的机制和特征

修正单向度更新再开发方式仅仅是为居民产权进入更新开发提供一种路径。在道格拉斯·雷看来，这仅仅反映的是一种前途考虑——每个人都有达到一个既定目标的相同可能性，一种"自然的自由"；而要实现这种前途考虑，则需要从手段方面进行考虑——达到这个既定目标的手段，即如何来实现这种民间自主（众筹）更新，其本质就反映了需要从涉及居民最根本的产权价值出发，以此实现更新利益共享的目的。而这些则需要明确产权参与的实质——更新前后产权价值再分配的合理化。简言之，明确产权价值在更新过程中的进入和输出关系，以及其中转换规则，实现居民产权价值在更新前后的产权转换问题。本质上看，是居民通过产权价值进行众筹，从而获得更新之后红利（产权）再分配的具体实施方式。

我国台湾地区和日本将这种把居民产权作为"股权"，纳入更新开发中，以此获得更新之后股权再分配的模式称为"权利变换"（Right Conversion）。可以说，构建产权变换的再分配体系的目的是在城区土地权属错综复杂且零碎狭小的情况下，一方面有效保障众多居民在城市更新的权益；另一方面保证居民产权价值的长期获得。也就是说，产权变换能够在城市更新后使各个产权所有人的权利得到充分的重新确认和平衡，这一点对于保障原居住民的权益是至关重要的。

笔者此处将从日本城市更新实践的具体案例对产权变换的特点和机制进行阐述。东京赤羽站西区（Akabane Station West Area, Tokyo）位于东京板桥区城市中心，邻近交通设施便利区域（地铁站），居住和商业设施都相对集中（图7.33）。对于该区域居民来说，能便利地获取公共设施。但是，该区域内部缺少市政公用设施、危旧建筑集中、道路狭窄。根据城市更新计划，该处被规划为集中商住区域，作为新的区域中心，同时配套相关公共设施，如道路、公共空间等。虽然，居民意识到更新的必要性，但是并不希望由于更新而被迫搬离这个区域。因此，他们选择在更新实践中采用产权变换的方式——通过建设综合体的形式，将以前的土地产权和住房产权重新整合到新建建筑中，对原有居民的产权将按比例进行重新分配。

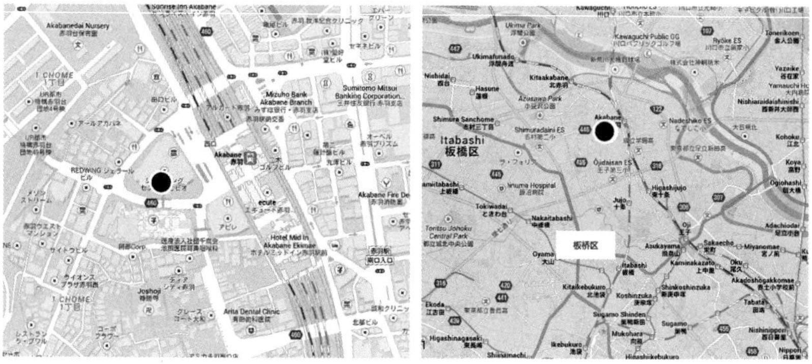

图 7.33　日本东京赤羽站西区城市再开
发区位图
Fig 7.33　The location map of
Akabane Station West Area in Japan
资料来源：google 地图

　　本项目总面积为 0.8hm²，以居住功能为主，原有产权涉及 35 栋建筑，总建筑面积为 6852m²，更新目的在于拓宽狭窄道路、提高住房供给比例、增加商业设施面积，提升该地块综合环境和居住条件。经历更新之后，原有低密度居住建筑将被替换为 1 栋总建筑面积为 23400m² 的商住综合体，容积率也由以前的 1.06 变为 5.8；同时，从土地利用情况上看，建筑密度和公共设施的比例发生了明显变化，前者由 82.8% 变为 46%，后者则由 17.2% 变为 54%（表 7.13、表 7.14）。

权利变换前后建筑面积变化情况　　　　　　　　　　　　　　　　　　　　　　表 7.13
Building area changes in rights conversion before and after　　　　　　　Table 7.13

	权利变换之前		权利变换之后	
	数量	总面积（m²）	数量	总面积（m²）
建筑栋数	35	6852	1	23400
容积率	1.06		5.8	

资料来源：根据日本建设省城市厅《Urban Development Project in Japan》内容整理绘制。

权利变换前后土地利用变化情况　　　　　　　　　　　　　　　　　　　　　　表 7.14
Land area changes in rights conversion before and after　　　　　　　　Table 7.14

	权利变换之前		权利变换之后	
	总面积（m²）	比例（%）	总面积（m²）	比例（%）
建筑占地	6783	82.8	3768	46
公共设施（道路、绿地）	1406	17.2	4421	54
总计	8189	100	8189	100

资料来源：根据日本建设省城市厅《Urban Development Project in Japan》内容整理绘制。

从建筑面积来看，更新后总建筑面积为 23400m²，其中居住面积为 11000m²，共 122 个单位；商业建筑面积为 11454m²，共 64 个单位。在经历产权变换之后，总计 7000m² 建筑被用于再分配给原有产权所有者，占到总建筑面积的 44.3%；而剩下的 55.7% 的建筑面积则被用于承担项目建设成本（拆迁补偿、拆迁工作、项目建设）和盈利部分，分别占到 50.8%，8049m² 和 4.9%，782m²（表 7.15）。

更新之后产权再分配情况　　　　　　　　　　　　　　表 7.15
Building redistribution after rights conversion　　　　Table 7.15

类型		建筑面积（m²）			比例（%）		
		设施部分	住房部分	总计	设施部分	住房部分	总计
用于产权分配部分		3975	3042	7017	52.1	37	44.3
新开发产权部分	盈利部分	218	564	782	2.9	6.8	4.9
	成本部分	3428	4621	8049	45	56.2	50.8
总计		7621	8227	15848	100	100	100

资料来源：根据日本建设省城市厅《Urban Development Project in Japan》内容整理绘制。

具体到项目资金运作方面，可以分为项目资金来源部分和项目成本支出部分。由于政府需要对更新项目提供补偿，占到总资金来源部分的 8.5%；其次，地块中的市政开发，比如道路和广场建设，由政府背景的管理部门支出，并在开发之后产权上收政府，这部分资金来源占到总来源的 40% 左右；再次，更新后满足原有居民再分配之外的剩余产权成为项目推进的另一部分资金来源，占到总项目来源的 50% 左右。

而项目的支出则较为简单，主要分成三个部分，最大一部分支出反映在项目建设和公共设施的开发上，占到总数的 51.7%，其他两个部分，分别为拆迁安排（补偿）的支出和项目融资、管理、组织费用，分别占到 37.5% 和 10.8%（表 7.16）。

资金运作情况——资金来源和支出　　　　　　　　　　表 7.16
Source and expenditure of funds operation　　　　　Table 7.16

		（百万 Yen）	比例（%）
资金来源类型	政府对项目的补贴	830	8.5
	公共管理部门支出（道路，绿地等设施补贴）	3983	40.8

续表

		（百万 Yen）	比例（%）
资金来源类型	新建产权部分收入	4824	49.5
	其他	116	1.2
	总计	9753	100
资金支出类型	补偿金	3657	37.5
	项目建设成本	5039	51.7
	其他支出（贷款利息）	1057	10.8
	总计	9753	100

资料来源：根据日本建设省城市厅《Urban Development Project in Japan》内容整理绘制。

可见，产权转换本质上是以立体价值分配取代平面价值分配。原居住民可以通过自己产权在更新过程中，合理解决住房重建中的产权问题。单元内各相关权利人以等比例价值参与更新，负担更新各项费用，根据其在更新后总价值所占的比例获得投资回报，解决过去土地零碎难以合理分配的困难，并改进过去建筑基地因为地块狭小，造成建筑拥挤，环境品质低下，基础设施无从整体改造的弊病。这是一种产权共同承担，利益共同分享的"众筹"操作方式。更新单元内原居住民以更新前所拥有的房产及地价作为"股份"，参与到城市更新中，既绕过了拆迁安置过程的种种困难，又可真正参与到更新改造中，对开发商施以有效监督，维护其自身权利，并在更新完成后按投资比例分享更新所增值的利益（图 7.34）。因此，这种包容了原地置换、自我更新、货币赔偿、资金受益、回馈社会的权利变换机制对更新单元内实施重建的各项建设的实施提供了公平合理的可操作

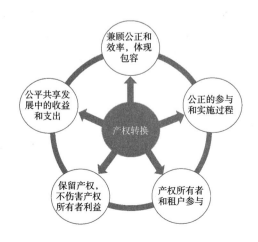

图 7.34　产权转换更新特点
Fig 7.34　Charactistic of right conversion
in urban redevelopment
资料来源：笔者自绘

途径。解决了更新单元内原属地产权整合困难，开发商、原住户、政府之间利益博弈难以多赢的困境（严若谷，闫小培，周素红，2012）。

其次，它有效保障了原居民回迁的权利。更从广大层面上考虑原居住民的利益和产权价值，鼓励原居住民将产权作为再开发的投资参与到更新程序当中，使原居住民都得以重新回到原居住地，避免人为更新模式下社会空间的分异的产生；同时，也避免了由于安置房源导致原居住民承担的种种不必要社会成本。此外，也赋予了居民共享增长所带来的产权升值的利益，可以说这也符合包容性增长的基本理念，即在增长过程中共享增长所带来的成果。

2）界定产权关系和产权价值

如上文可知，产权变换涉及更新过程中产权股份的参与，那么确定更新前后产权关系和界定产权价值成为实施产权转变的关键所在。它不仅关系着明确居民的产权，同时也将直接影响到更新后居民的产权再分配情况。

因此，具体执行产权价值界定的关键即是要通过详细的评估制度来突出产权价值属性。按照当前更新中房屋的评估方式，多是由政府组织的房屋评估公司对更新地区进行住房价格评估，往往存在两个方面问题。其一，仅评估房屋产权价值，而忽视了对土地使用权价值的评估，往往用房屋不断下降的价值掩盖土地增值；其二，评估机构在产权价值判断上往往缺失公正，比如，常出现周边房价在1万以上，而评估报告仅做出3千的现象。笔者认为在具体产权价值的评价方面可以采用上文提到曹家巷自主更新的方式，允许社区组织委托评估机构进行住房评估。考虑到产权价值的估价高低，对更新后产权价值的分配有决定性的影响，笔者认为甚至可以从制度上规定由多家住房评估机构进行综合评定。并且，对产权价值的评估应该包括两个部分的叠加，即土地使用权和住房产权所反映价值，作为下一步进行产权转换的基础价值（股份）。比如，我国台湾地区在进行产权变换前的估价阶段则要求由实施者委托三家不同的独立房地评估机构对原土地、原建筑物房屋残值（建筑物因使用而存在价值逐年递减，并与建材、构造有关）以及更新后的房地结合体进行资产价值评估，以充分保证估价的公平、公正和公开。

由于我国土地为公有产权，在具体的牵涉到产权界定时，主要涉及土地使用权和住房产权的问题。首先，涉及不同土地产权主要是指土地使用权的不同，主要涉及土地使用期限不同，因此，在具体产权界定和价值的评估方面，需要明确不同土地使用权的业主，以及土地使用权剩下时间所对应的产权价值；其次，则关于住房产权部分，主要可以分为私有产权、单位产权（居民部分产权）和政府产权。笔者认为针对不同产权可以允许租住或购买部分产权的居民直接购买获得全部产权，作为产权价值变换的前置条件，之后再进行产权价值的界定和评估。具体的产权评价需要从这两个方面考虑：①变换前各所有权人所拥有的土地使用权价值以及占土地使用权总价值之比率；②变换前各所有权人所拥有的住房产权价值以及占住房产权总价值之比率。

就其产权界定和评估的步骤，笔者认为可以从这三个方面进行考虑（图 7.35）：①计算各宗土地使用权价值。首先，由三家以上估价公司估定各宗土地使用权价值并计算其权利价值的比例；然后根据更新建筑计划估定更新后土地使用权及建筑产权的总价值；接下来从总价值中除去需"共同负担"（如公共设施工程等）的费用，其余额按照各宗土地使用权价值的比例，计算更新后各宗土地应分配的权利价值。②将各宗土地应分配的权利价值分配给土地使用权人及其关系人。若土地上原存在权利关系人（如住房产权人、住房租住人），则需从各宗土地应分配的权利价值中按比例分配给权利关系人——此处按照住房产权价值来分配；若土地上没有任何权利关系人，则应分配的权利价值皆归原土地使用权人所有。其他权利人与实施者协商获得相应比例的权利价值。③参与更新的各土地使用权人及住房产权人的价值归户统计。在计算各宗土地权利人的权利价值时，因考虑到权利人在更新地区可能拥有两笔以上的权利价值，所以需再将各宗土地权利价值归户统计，后续工作依此进行分配。

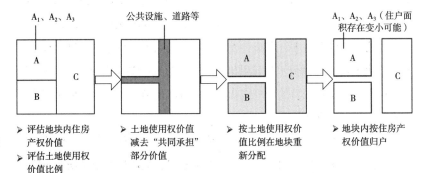

图 7.35 产权界定和价值评估
Fig 7.35 Property right definition and value evaluation
资料来源：笔者自绘

　　上面主要针对一些合法产权价值的评价，笔者认为还需要对一些非法的产权价值进行补偿性估值。从笔者对多个城市更新区域的实地调研发现，大多数更新地区还存在很多居民搭建的非法性产权建筑，甚至占到居民全部产权 1/3 以上，如果全然不顾这些他们长期占有，而仅通过合法产权价值来考虑，势必会造成很大的居民矛盾。因此，笔者认为在具体评估上可以按比例进行折算计入产权价值的计算当中。比如，在具体执行中，我国台湾地区在处理一些的产权价值时比较照顾原违章建筑所有者的权益，以此来减弱对原居住民的影响。比如，台北市政府划定的中山区更新地区范围内的双橡园，存在严重违建情况。后经台北市政府核准更新单元总占地面积 4359m^2，土地所有权人数为 35 人，公有土地 664m^2，私有土地 3695m^2。合法建筑面积 660m^2，所有权 3 人。但占用他人土地的违章建户人数众多，达 46 户，总建筑面积 4553m^2，相当于合法建筑面积的近八倍。最后，从社会平等的角度，对居民产权按照公共工程的标准进行补偿和权利变换，而不是仅仅采用对违规建房的强制拆迁。虽然，政府针对该地块需要为开发商提供较高容积奖励，但是，最后既照顾到原居住民的根本利益，同时又实现了开发商的盈利以及政府在城市环境、增长方面的需要（图 7.36）。

　　3）产权利益的多主体合理分配

　　需要明确产权转换的多主体分配需要考虑两个方面的认识。其一，新建产权当中有部分土地产权需要交由政府来进行城市基础设施建设，比如公用道路和市政设施等。并且这个部分的规模根据相应的更新单元的规模而定。但具体规模可以参考深圳对更新单元中市政绑定的规模要求，按独立用地大于 3000m^2 且不小于拆除范围用地面积 15%。其二，在具体的产权利益合理分配当中，需要明确多主体建立利益平衡中需要承担一部分拆

图 7.36　台北市中山区双橡园更新前后
Fig 7.36　Before and after in Shuang Xiangyuan redevelopment
资料来源：财团法人都市更新研究发展基金会，http://www.ur.org.tw

迁成本、未参与转换居民的补偿、配套设施和市政绑定等费用，以此明确各个产权所有者之间的责任。

具体来说，笔者认为从产权转换的资金来源和成本支出两个方面，可以很明确和直接划分各个产权主体的责任和利益。并且，理顺这两者之间的关系也是推进产权转换的根本（图7.37）。

从项目资金成本方面，需要考虑整个项目：①拆迁成本，仅从实际工程方面，即房屋拆除和土地整理的费用，而补偿金作为另一项成本计算。②不能参与产权转换居民的拆迁补偿金，具体的产权价值补偿按照前文中所界定价值。③再开发的建设成本，比如新建建筑成本，前期工程费和基础设施费等。④土地出让金的项目支出，作为再开发进行的土地使用权的基础，但可以按照全部居民土地使用权年限的不足部分计算。⑤其他成本支出，包括贷款利息成本以及推进项目的组织成本等。就以上过程看，程序上需要确定产权转换的人群，以及确定参与产权共享居民的现状产权部分价值，一方面用于确定非产权共享主体拆迁补偿金，同时，用于其后的产权变换的再分配。而后，在核定完成的产权安排下，推进拆迁以及土地整理，为再开发做准备。

从项目资金来源方面的考虑，主要包括这几个方面：①产权转换参与的原居住民的原有产权价值，以及多出产权需要他们承担的部分。比如，原有产权面积为 $50m^2$，他在产权再分配中仅能获取 $50m^2$ 左右的住房产权，而如果需要获取 $70m^2$，他则需要承担其中 $20m^2$ 的产权价值，当然这个产权价值的支付金额可以低于市场价值。②除去需要进行再分配的住房产权，即在满足产权转换居民需要分配部分的前提下，开发主体还可以在政府奖励或者规划要求之下开发建设更多产权，按照市场价格出售所获取"保留"

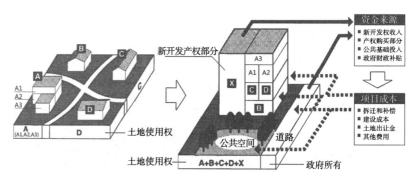

图 7.37　产权转换的利益分配情况
Fig 7.37　The profits distribution of right conversion redevelopment
资料来源：笔者根据《Urban Development Project in Japan》插图整理和改绘

（增值）价值。③政府在此过程进行的补贴部分以及在部分公共设施的资金投入。比如，在更新地块中，政府可以按照要求收走一部分土地用于建设城市道路、开放空间以及基础设施。

重建区内所存在的各项权利人在重建计划实施完成后，按其重建前权利价值和承担公共设施的比例，分配重建后建筑物及其土地的应有部分或权利利益，并在公平合理原则下，交付原有住房，以换得重建后新的住房。当然这个过程中，权利人会存在产权减少的情况，但改造后的价值并未减少。而对于开发商来说，他们一方面获得那些不愿参与权利变换居民的产权，另一方面，通过再开发获得一部分新的产权（除了对原居住民进行权利变换后的产权，还存在扩大建筑容积率下的新建产权，即源自政府的奖励政策）。但这些都成为开发商承担产权变换开发成本的补偿以及部分盈利。当然这部分盈利由于在产权变换下相比单一的重建再开发模式要小得多（表7.17）。

产权变换前后情况
Before and after situation of rights conversion

表 7.17
Table 7.17

角色	产权变换前		产权变换后		备注
	土地使用权	住房产权	土地使用权	住房产权	
A（居民）	√	√	—	—	获取补偿
B（居民）		√		√	产权变换
C（居民）		√	√	√	产权变换
D（居民）		√		√	产权变换
X（开发商）				√	成本和盈利
政府（公共设施）			√		道路、设施

资料来源：笔者自绘。

当然，从我国台湾地区和日本的经验可以发现，大多数采用产权变换的更新开发项目，实施的开发商和居民并不能获得很大的利润。但是如果出现更新前后产权价值增值过大的情况下（如现状开发强度较低、土地获得成本较低等原因），笔者认为可以根据更新单元一般拆建情况设置一个拆建比作为基准参数，或是采用成本容积率的概念（图7.38），规划容积率超过这个比值的区间大小，比如，超出1.1倍以上，政府则可以作为利益分配者，实现孙中山的"涨价归公"思想。具体来说，政府可以获得货币利益分配，甚至也能获得保障性住房的实物分配。而当有些更新项目涉及历史保护、产权复杂或者非法产权部分较多，当规划的容积率低于基准参数时，则可以由政府给予承担开发的主体容积率转移或者税捐减免。比如，上文提到的我国台湾地区双橡园更新中给予开发商较高的容积率奖励，或者如上文曹家巷更新中政府为了满足拆迁补偿的需要，允许更新地块增加容积率的做法。

4）产权转换利益平衡途径

笔者根据上文中总结各方主体在其中可能存在的成本和收益在此作一个概要性对比。从政府来说，作为一个行政和监管主体，而不是当前作为推动城市更新主要主导者。其主要参与方式仅仅是审核产权共享的开发方式，确定开发之后产权再分配问题。从居民的角度上看，一方面是参与产权开发居民，主要将产权进行共同开发，并且购买部分产权，获取长远红利；另一方面是未参与的居民，包括条件较好的居民在拆迁中获取拆迁补偿，通过自身能力直接提升自己的居住条件，以及弱势群体，则需要依赖政府进行结果补偿。从开发机构上看，会采用和社区组织共同协商的众筹开发形式，承担拆迁补偿、建设成本等费用，但可以通过新建产权部分获取盈利。具体平衡途径可参见表7.18，总之，在众筹的更新模式下，对于居民来说，反映了包容性城市更新中机会平等下的利益共享。

笔者对重庆市渝中区2个安置房源，近10个拆迁区域的居民的问卷调查时，对居民选择安置情况的统计发现，其中有近60%的居民都具有

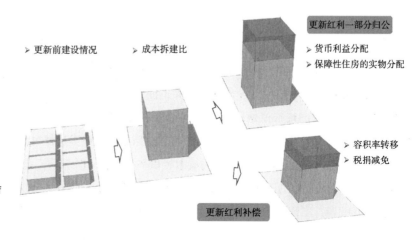

图 7.38 产权红利的管控模式
Fig 7.38 The profits control mode of right conversion redevelopment
资料来源：笔者自绘

产权转换利益平衡途径　　　　　　　　　　　　　　　　　　　表 7.18
Strategy of balanced interests in rights conversion　　　　　　　　Table 7.18

主体	政府	未参与居民	众筹居民	开发机构
参与方式	作为项目主要监管和行政主体	获得拆迁补偿（货币/安置房源）	出让原有住房产权、购买增长部分产权	与社区组织共同协商产权共享事宜，参与更新
成本	提供政府更新补贴	离开原地	提供增加产权购买费用	拆迁补偿
	针对弱势群体的结果补偿			拆迁和建设成本
	保障公共产权（道路、绿地）开发			承担土地出让金和其他费用
收益	实现内城居民居住条件改善	条件好的居民通过货币补偿改善和提升居住条件	可以通过产权条件改善居住条件	避免居民由于拆迁带来纠纷
	提升内城整体公共环境和设施	弱势群体依靠政府的结果补偿改善生活居住条件	继续居住在原地，享受产权长远收益	通过新建产权部分获得收益
	历史环境保护		形成混合邻里	
	促进社会包容			

注：笔者主要强调居民和开发商之间的产权共享，并没有否定政府也可以作为开发主体和居民一起进行产权共享开发，由于通过政府方式还是需要委托相应的开发机构进行建设，故笔者想将此过程进行简化。
资料来源：笔者自绘。

这种想法（图 7.39）。在问及如果允许将现有住房作为一定比例"参股"到再开发当中，并可能自己再负担一部分资金作为产权投入，其后，根据前期投入比例获取新的住房产权。有接近 50% 的居民对此表示出很强的意愿，还有近 28% 的居民表示对此有意向（图 7.40）。

笔者在对一些居民进行的深入访谈中，有部分居民觉得他们不仅愿意将自己以前的住房不要补偿作为参与"股权"，同时还希望拿出一部分积蓄参与其中。笔者总结了 3 位居民访谈意思：

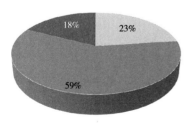

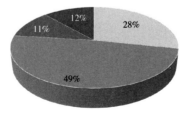

图 7.39　居民对拆迁补偿的选择（左）
Fig 7.39　Compensation selection
资料来源：笔者自绘

图 7.40　居民对产权共享开发的选择（右）
Fig 7.40　Residents choice of rights shared
资料来源：笔者自绘

■ 异地房源　■ 原地安置　■ 货币补偿　　　　■ 有意向　■ 很愿意　■ 不愿意　■ 无所谓

访谈（临江佳园，三位居民）："这种方式才是一种公平的方式，而不是直接给钱、给房让我们走，这种方式的更新居民都愿意、都支持，而不是像现在又爱又恨，一面希望改善居住条件，一面又害怕让我们走。如果采取这种方式的话，拆迁工作肯定要比现在要快得多了。"

从以上可知，不仅从问卷调查方面，也从很多原居住民的心声中都表达了希望采用产权转换的众筹方式来促进城市更新的包容性推进。

7.3.4 案例：上海新福康里产权共享更新

上海新福康里社区改造就是一个采用产权共享的众筹开发较成功的案例（图 7.41），虽然，它是一个较早的进行的更新实践，但是它实现了社区更新中资金、管理、参与到规划方面的自上而下和自下而上的有效合作的方式。一方面，促进了城市增长（城市更新）的需要，政府协调资本参与，强化居民的参与过程；另一方面，更为包容性地解决原居住民在更新中的弱势地位，考虑原居住民的回迁；此外，实现了更新过程中机会公平，同时创造了相对混合和交融的小区氛围。

早在新福康里社区的更新之前，从其物质环境上看，它由 4.8 万 m² 的里弄式住房组成，包括 1504 户家庭，总计 4322 居民。从建设年限上看，新福康里社区建于 1927 年，它具有较强的地方特征和传统生活方式的社区，主要建筑形式是传统的里弄模式（图 7.42）。类似于许多大城市内城

图 7.41 新福康里区位条件
Fig 7.41 Location of Xinfukangli
资料来源：根据 google 地图绘制

图7.42　新福康里更新之前路网结构和
物质环境
Fig 7.42　Physical environment and
road structure of Xinfukangli before
redevelopment
资料来源：根据（Wu, 2007），P213和P217
改绘

传统居住邻里，一方面，内部居住产权呈现多样化形式，包括公房私产化、公房出租房、单位自租房等，另一方面，则表现为居住条件较差的情况，人口密度高，居住拥挤，居住设施不齐全，可以说已经不适合现代生活方式。比如，没有独立的卫生间、厨房、煤气管线等。

　　1997年，上海市政府开始将其列入重点更新改造的计划中，主要由静安区政府下属房地产管理部门——静安置业有限公司具体执行更新。该项目在前期推进中，考虑到更新的难度，比如，户均面积小，人口规模大等，地方政府给予了充分的优惠，不仅增加水电设施的接入，还免除了静安置业有限公司的各种税费和土地费用。一开始，静安区规划部门要求开发部门尽量保留传统社区中的物质环境，并且要求居民的回迁率要达到80%以上。但是，对于静安置业来说，现实的情况是如何平衡经济回报以及政府政策要求之间的矛盾。因此，静安置业针对该项目采用了产权共享的开发方式。具体来说，原居住民可以选择将自己本来住房产权作为开发成本参与开发，其他的多出的住房面积则需要另外付钱购买，或者直接获得货币补偿外迁。相对那些没有产权租住公房的居民也能按照打折的价格购买新建住房。比如，租住居民可以按照不到市场价一半的价格购买。而从开发商角度看，除去满足原居住民的住房需求外，其他新建产权的住房则可以被用来作为商品房出售，满足成本和开发盈利要求。

　　因此，通过这种开发方式，使得新福康里小区重建之后无论在人口组成还是在住房类型上都明显表现出了这种众筹开发的特征。重建后的新福康里小区主要由三种住房类型组成：6栋3层联排住房位于南边、16栋多层住房位于中间、2栋高层建筑位于北边。总建筑面积为11万 m²

图 7.43　新福康里三种住房类型（北部高层、中部多层、南部低层）
Fig 7.43　Three types of housing in Xinfukangli
资料来源：笔者自摄

（图 7.43）。其中两栋高层建筑主要作为实现产权共享的开发，即主要用于满足小区原居住民的回迁安排，其中原社区中条件较好的居民则可以通过自己补偿差价的方式居住在中间的多层住宅区。而剩下 6 栋联排住房和大多数多层住房则被用于出售，来平衡建设成本和部分居民外迁的补偿成本。

由于采用这种众筹式产权开发，使得超过 50% 以上的居民选择回迁到更新后的新福康里社区。因此，开发商并不需要准备大量的补偿金，反而回迁的居民为了改善自身的居住条件还需要补偿一些建设成本给开发商。从具体更新实施上看，整个更新计划是渐进式、分阶段进行的。比如，首先建设的是两栋高层满足原居住民回迁，其后再分别建设其他部分。由于开发商的部分建设成本来自原居住民，因此，开发商的建设基本没有承担什么资金风险。当然，开发商在整个更新过程中所获得的利润也相对很低。

最重要的是，由于这是一种产权转换的开发方式，使居民可以积极参与到更新规划的制定中，反映他们对社区物质环境以及社会环境的需求。比如，新规划的方案中充分考虑了老人和小孩活动方便，在社区中建设了活动场地和茶室等休闲场所。换言之，正是通过这种参与行为，使得更新规划更适合原居住民的生活，也强化了原居住民间的交流，增强了社区的社会环境和居民生活环境，保留了居民社会网络。可以说，该项目很好地促进了更新的机会平等、增长利益的共享，并且还有效地刺激了居民的参与过程，不仅改善物质环境，同时强化社会环境改善和居民生活环境改善的双重目的。当然，这也使得新福康里小区作为一个城市更新项目获得了 2001 年度建设部部级优秀住宅和住宅小区设计二等奖 **❶**。

　　总之，新福康里的更新方式可以归纳为实现更新增长共享的开发方式。就原居住民来说，有产权的居民可以按原产权直接参与开发当中，有使用权的居民仅支付少量的资金（远低于周边的市场价，如 1200 元 /m²，周边市场价格为 2400 元 /m² 以上）参与到再开发当中。而社会经济条件较好的居民，或者已拥有其他住房的居民则可以接受货币补偿，通过住房市场化改善他们的住房条件。当然，在满足原居住民的产权再分配之后，开发商仍能够通过多余的物业产权获得开发红利。比如，更新后的小区还存在 700 户以上中高档多层住房和低层住房用于商品房出售。同时，除了用于新福康里社区的建设之外，地块东侧剩余地块则被用于商业开发，如振安广场、恒安大厦，作为开发商更新实施的成本和盈利部分（表 7.19）。换言之，新福康里的更新一方面充分考虑了原居住民的产权问题，改善了居住条件；同时又考虑城市更新所带来的增长效应，使开发商也获得了盈利。

新福康里地块再开发前后的细节对比　　　　　　　　　　　　表 7.19
Details of Xinfukangli before and after redevelopment　　Table 7.19

区域	户数	居民	建筑面积	用地性质	建筑形式
地块再开发前	1504 户	4332 人	48000m²	居住	低层里弄
地块 A：　新福康里	1200 户	3840 人	108936m²	居住	3 栋低层联排、16 栋多层、2 栋高层
地块 B：　其他地块	—	—	—	商业办公	高层和底层裙房

资料来源：笔者根据搜房网、新福康里相关资料、Wu（2007）P210~231 整理绘制。

　　尽管该项目作为更新开发的具体实施获得了很大的成功，成为一个阶段更新的成功案例受到许多政府机构、开发商、学者的赞赏，甚至也成为其他城市争相学习的案例（Wu，2007）。但是，对于开发商而言，该项目并没有给他们带来很高的利益。新福康里的开发商（静安区置业有限公

❶　2001 年度建设部部级优秀建筑设计获奖项目名单，http://xa.focus.cn/news/2002–09–06/35655.html.

图 7.44　与新福康里一街之隔的国际丽都
Fig 7.44　Guojilidu after redevelopment next to Xinfukangli
资料来源：Wu（2007），P223

司）指出："该项目反映的仅仅是一种更新尝试，它只是出现在正确时间、正确地点的更新实践，而以后这种尝试在趋利性增长思路下将难以推进。"比如，新福康里仅一街之隔（新闸路）的国际丽都城的开发（图 7.44），开发商仍是静安区置业有限公司，更新前的用地情况、居住条件和新福康里非常类似，都是上海的传统里弄。但是，整个开发方式已经发生了重大变化，它对原居民基本实行完全性外迁，不再采用新福康里的众筹开发方式，而采用高档化、阶层置换的绅士化开发方式。

　　就国际丽都城的方案来看，它采用了 1 栋 27 层用于满足收入较高的原居住民回迁；7 栋 19~35 层的高层豪华住宅，其中一栋作为酒店式公寓；另外还有一栋 33 层的商务塔楼；以及花园洋房和 3 万 m² 的底层沿街商业设施。可以说，这种完全具有商业开发的方式，虽然它为开发商带来较大的投资盈利。但是，两种方式将在社会空间方面产生不同影响。最重要的部分是，新福康里整个过程中大部分原居住民能够居住在原地，享受产权所带来的长远利益，同时形成具有混合性质的社区形式，而不是直接被具有绅士化性质的高档公寓、消费场所、办公设施所取代。具体情况可以见表 7.20，笔者从目标、原来居住条件、资金来源、拆迁补偿、社会环境影响、物质环境影响、绅士化影响、增长视角、历史保护、获利情况将两者进行了对比。

两种更新方式的比较 表 7.20

Two types of redevelopment comparison in Sibati Table 7.20

	产权共享的更新方式	强调增长的更新方式
目标	提升居民的居住环境	通过市场行为刺激再开发
原来居住条件	内城破旧社区	内城破旧社区
主要角色	开发机构、政府（土地管理部门、规划部门）、回迁居民	开发机构、政府（土地管理部门、规划部门）
资金来源	本地居民和开发商	全部来自开发商
拆迁补偿	货币补偿，但产权可以参与开发	货币补偿，或者异地房源安置
社会环境影响	大部分原居住民回迁、私人购房者，形成混合社区	富裕阶层替换原有居民，大多数原有居民被安置于中心区外围
物质环境影响	获得较好居住环境改善	高档公寓、高档商业设施
绅士化影响	没有出现明显的绅士化现象，形成了混合社区形式	出现绅士化格局，原居住民已经被高收入居民所替代
增长的视角	政府、开发商、原居住民形成土地产权和住房开发权的共同参与的包容性更新方式	以满足城市增长为目的，以政府为政策引导、开发商为具体执行主体的更新过程，是一种增长性的更新方式
历史保护	可以保留部分条件较好的历史建筑	对原有历史风貌的高档化重建
获利情况	原居住民共享开发的红利；开发商、政府获利，但相对较小	政府和开发商享受了更新带来的红利，且开发商获利较大

资料来源：笔者自绘。

7.4 以安置房源的空间合理选择为补偿

在《正义论》中，罗尔斯反对自由主义和功利主义所体现出来的那种自鸣得意的建议。在一段鼓舞人心的段落中，罗尔斯表达了一个为人所熟知，却经常被我们忘却的真理：事务所是的方式，并不决定他们应当所是地方式。"我们应当反对这样观点：制度的安排总是有缺陷的，因为自然才能的分配和社会环境的偶然性因素是不公正的，而这种不公正不可避免地必然要转移到人类的制度安排之中。这种思想有时候被用来作为对不公正熟视无睹的借口，仿佛拒绝默认不公正的存在和不能接受死亡一样。自然的分配无所谓公正不公正，人们降生于社会的某一特殊地位也说不上不公正。这些只是一些自然事实。公正或不公正在于制度处理这些事实的方式。"罗尔斯建议我们这样来处理这些事实：同意与他人分享命运，并且只有当利用这些自然和社会环境的偶然性能够有利于整体时，我们才能这样做。

因此，正如上文提到的，我们需要从城市更新中最弱势那部分人群着手，主要是那些受到天生禀赋影响，或者自然偶然性影响的居民，比如残疾、行动受到影响的居民，年龄较大且无具体职业以及家庭条件较差的这部分居民。从具体的对象划分上看，我们往往可以通过其社会经济属性（收入状况）进行界定，比如，具体收入水平位于收入中位数后 30% 的居民，或者是收入低于官方所界定的低收入标准的那部分居民，他们往往无法通过自身努力改善自己的生活状况，而依赖于寻求社会的结果保障。换言之，我们需要实现对他们最大化的结果补偿。

而从现实更新结果看，符合弱势群体根本利益的条件是消除更新后空间分配的成本增加情况，也就是如何消除更新后安置房源对他们的不利影响，甚至是直接从安置房源的合理空间选择方面，形成完善的评价和选择标准，为政府提供安置房源供给的明确依据。以此，从根本上实现弱势群体在结果层面获得最大化的利益的更新规划安排。因此，下文主要从与弱势群体最相关且影响最深的方面——安置房源的空间安排——为出发点和对象，来考虑对他们的结果补偿。

本节以更新结果的安置性房源合理空间选择为目的。首先，指出安置房源空间合理选择的空间单元选取；其次，确定影响弱势群体的主要空间要素；再次，在单元内通过空间要素建立的空间评价模型，形成合理空间选择的等级要求；最后，笔者针对重庆主城，按照以上方法建立空间评价模型，为重庆主城更新安置房源的空间供给提出依据和建议。

7.4.1　选取安置房源空间布局的空间单元

城市更新的安置房源作为居住用地的一种，可以将其作为考察居住用地的空间属性来进行研究。通常来说，研究居住用地最理想的空间统计单元是居住区，在形态和尺度上最接近居住区的是街坊、街区。本书将街区、街坊定义为城市主要道路（包括快速路、主干路、次干道）及主要河流、山体包围所形成的区域。一般来说，在研究地理事物的分布和区划中，学者们通常采用网格形式，或者采用城市的行政单元（街道、镇、乡层面）作为空间统计单元。但是，网格的规则性较强，会分割本该处于一个单元的居住用地，影响具体的统计；且网格设置的比例（100m 的网格和 200m

的网格）也会对结果产生较大影响；另一方面，采用行政单元，如街道单元❶（研究社会空间结构的基本单元），由于城市内城街道和外围街道大小差距较大，比如内城街道规模为 $2\sim3km^2$，而外围街道规模小则 $5\sim6km^2$，大则 $10km^2$ 左右，在规模上存在明显的差异，对结果影响较大。此外，采用行政单元划分还存在另一较大弊端，表现在不适合地形条件复杂的城市，比如，由于街道单元中涵盖了常见的山体和水体，在城市规划中并不作为建设用地，这些因素将会对结果产生很大影响，会模糊其内部居住空间的差异性。

因此，作者建议根据城市规划中控规管理单元作为研究单元。由于控规管理单元一方面考虑到了行政单元的属性，同时也考虑了不同单元的功能分布，以及道路和地形对地块的影响，故能很好反映不同单元的空间属性，并且控规单元在规模上较为均等，大小都为 $2\sim3km^2$，与城市规划中的居住区的大小大致相似。

7.4.2　确定安置房源空间布局的影响因素

从前述笔者对现有危旧住房改造的安置房源的调研可知，大多被安置的原居住民认为他们原有住房在设施获得、就业、出行方面都具有很好的优势，而改造的根本原因主要反映在原有居住条件（住房面积、住房质量）等物质层面上的问题。并且，通过笔者问卷发现，居民担心更新之后的几个问题中，其中居民认为最为关心的是外迁导致的不便，占到总数的42%，而其他的问题则都不到20%（图7.45）。同样，笔者在对居民的深度访谈也获得这种认识，原有房源虽然居住条件较差，但其具有从事非正规工作，在很大程度上可以获得一定收入改善的可能，但是新安置房源基本上消灭了他们从事非正规工作的可能性，仅仅有少量居

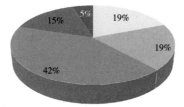

　不能够回迁　■外迁导致不便
■离开就业所依赖的环境　■其他
■补偿款不够，难以再买到合适的地段和足够的房屋面积

图 7.45　居民对更新最担心的问题
Fig 7.45　Residents concerns after redevelopment
资料来源：笔者自绘

---

❶　笔者此处所说的街道单元，是基本城市化的行政区划，下辖若干社区居民委员会，是区级以下的行政管理单位。街道层面也是我国人口普查所能达到的覆盖面、内容、精度的最详细基本单位。

图 7.46　同心家园安置房源的非正规就业
Fig 7.46　Informal employment in relocation neighborhood
资料来源：笔者自摄

民仍在从事，比如笔者在九龙坡区的安置房源调研中发现有些居民在小区中开设传统理发店（图 7.46），但根据笔者的访谈发现，他们比起以前的区位的非正规就业收入要差很多。

访谈（同心家园，王女士，下岗职工）：以前居住在十八梯那边，开个理发店收入还不错，主要是客源多、店面便宜。现在客源不如以前多，也没有便宜的门面，根本租不起，只能将理发店开在家里，收入也远不如以前了。

总之，从更新的结果来看，居民认为影响最大因素都可以总结为安置房源的区位问题，以及由此带来的出行、公共服务、就业等方面的影响。

具体来说，弱势居民关心最多的是安置房源便利性下的生活成本方面的增加情况。其中反映最直接的几方面即是文中需要考虑的主要因素。其一，安置房源的区位条件（到达中心区）、街道网络密度都反映了空间分布和城市中心的关系。由于对于弱势群体来说，与城市中心邻近在就业、设施获取方面都有较强的优势。换言之，街道网络密度低、区位条件差的区域则明显不适合布置安置房源。其二，居住建筑密度分布情况（人口密度），反映了人口集中情况，同时也说明了相应生活设施的集中情况。对弱势群体来说，我们不能考虑将其布置在人口密度较低的区域，这些区域通常是新开发区域，相应市政设施、公共交通都不发达。其三，设施的可获性，主要反映分布地块在公共设施获取的方便程度。公共设施可获性直接关系到弱势群体的基本生活需求。一般来说，教育设施和医疗卫生设施不仅对弱势群体，甚至对普通居民来说都是最重要的部分，这也是为什么常出现学区板块、医疗板块的概念。其四，交通可达性，反映了居民可以依赖交通设施到达就业、设施、市中心等位置的方便程度。公共交通作为弱势群体一般出行的重要选择，将对其他生活成本产生直接关联。因此，此处将交通可达性主要对应于公共交通站点覆盖率方面，其中公共交通站点还可以划分为公交站点和轨道（地铁）站点。第五，环境条件，根据笔者调研，现状安置房源通常由于规模和条件限制，往往不能形成像中高档住区小区环境的概念，通常是按照设计标准底限设计，因此，需要从宏观层面考虑他们在宏观环境资源的利用情况，即考虑其到达城市公园、山体、水体方面的方便情况。

本书将以上所列因素作为主要研究变量，具体到每个单项包括以下内容（表 7.21 ）：

研究变量选取　表 7.21
Variables selected in this study　Table 7.21

	指标	初始变量	输出变量	计算方法	单位
1	街道网络	交叉口数量	交叉口密度	每平方千米交叉口数量	个 / km²
2	人口密度	居住建筑密度	居住单元密度	每平方千米居住建设量	m²/ km²
3	设施可获性	公共服务设施可获性	医疗卫生设施	引力模型	—
			中小学设施	引力模型	—
4	交通可达性	公交站点覆盖率	公交站点密度	公交站点 300m 覆盖率	%
		轨道站点覆盖率	轨道站点密度	轨道站点 1000m 覆盖率	%
5	区位条件	中心区可性	商业中心可达性	引力模型	—
6	环境条件	景观质量	景观可达性	引力模型	—

资料来源：笔者自绘。

1）街道网络：包括街道交叉口数量，反映了地块内道路的可达性情况，换言之，街道交叉口密度越高，道路网络的密度越高，我们可以理解为越接近城市中心，越具有很好的交通可达性。本书将街道交叉口数量用交叉口密度来反映，即对其进行了密度化处理，以此避免不同控规单元大小所导致的交叉口数量的差异。具体表述为单位面积内交叉口数量，交叉口密度 = 交叉口数量 / 研究单元规模（个 /km²）。

2）人口密度：主要涉及人口密度。其中居住建筑密度是反映人口密度的重要标准，故采用居住建筑密度来反映人口的集中和居住空间聚集程度。通常来说，由于人口统计的数据主要源自统计年鉴或者人口普查，统计年鉴一般反映了每年区一级层面上的人口情况，而 2010 年第六次人口普查数据虽然可以反映到街道层面，但是并不能反映在控规单元上。此外，本书不考虑居住用地密度来衡量人口密度，主要由于有些郊区存在大量的居住用地，但是相对容积率并不高，所以不能较为准确地反映人口分布和居住空间利用的情况。因此，本书将控规单元内部的居住建筑的密度，作为反映人口密度，对于空间利用情况的主要指标，具体计算方法为：居住建筑密度 =（居住用地 × 容积率）/ 研究单元规模（单位：m^2 / km^2）。

3）设施可获性：与居民日常最先关注的要素有：教育设施和医疗卫生设施。从一般的常识可知，学校资源和医疗卫生资源的分布是影响我国居住区位选择的重要因素之一。由于医院等级规模较多，且包括大量私人医院，存在良莠不齐的情况，因此，笔者认为统计城市公立的三甲医院可以直接代表医疗卫生设施的完善情况；同理，针对中小学校的考虑，也可以集中在重点中小学的统计方面。换言之，将三甲医院、重点中学、重点小学作为反映社会服务设施的重要因素。各设施对研究单元的影响在其服务半径内将随距离增加而呈线性递减。

$$V_i = 10K_i$$

$$N_f = \sum_{i=1}^{n} VF_i \times (1 - \frac{d_i}{D_i})$$

式中　VF_i——第 i 级设施作用分；

　　　K_i——第 i 级设施的作用系数，本书采用重点设施，$K_i=1$；

　　　N_f——地块设施（医疗、学校）完善度分值；

　　　d_i——地块到 i 级中心的距离；

　　　D_i——i 级服务设施的服务半径。

通常来说，医疗卫生设施和中小学都存在一定服务半径，可根据不同地区针对公共服务设施的半径要求获知。

4）交通可达性：反映了到达不同区域的方便程度。交通可达性，对于大多数居民，特别是中低收入居民，公共交通是反映交通可达性最便捷、可行、实用的方式。因此，可以采用公共交通的获取难易来衡量这个参数。公共交通获取难易度，可以总结为两个方面，公共汽车和轨道交通。通过公交和轨道交通覆盖率可以直接衡量片区的交通可达性。公共交通覆盖率的计算，主要从公共交通站点的覆盖情况计算。公共汽车站点的覆盖半径按300m计算，轨道交通站点按1000m计算，即公交站点300m半径的范围在研究单元中的覆盖比例，同理轨道交通为站点 1000m 半径范围面积所占研究单元的比例。

5）区位条件：研究单元与中心区的距离，一定程度上决定了居住地块获取商业服务和就业机会，反映了其对居住地块便利程度的影响。区位不仅反映了就业方便程度，同时也和其他生活要素存在直接关系。由于我国公共设施、交通设施的配建很大程度与区位条件呈明显正相关，即区位条件越好，离市中心越近，相应设施配套也越齐全、就业机会越多。

区位条件的测算采用引力模型（spatial interactive models）[1]来表示（XUE，YANG，2005），即与该单元存在影响的各级中心区规模成正比，与到各级中心区的距离成反比。

$$V_i = 10K_i$$

$$N_c = \sum_{i=1}^{n} VC_i \times \exp(-\beta \times d_i)$$

式中　VC_i——第 i 级中心区作用分；

K_i——第 i 级中心区作用系数，$K_1 = 0.6$，$K_2 = 0.4$；

N_c——地块区位条件分值；

d_i——地块到 i 级中心的距离；

β——控制衰减速率的常数。

中心区等级根据对城市影响确定，一般城市都存在一个中心，多个副中心的情况。由于再次一级中心在全市的影响很低，故笔者仅考虑两级中心。

如果地块受多级或多个同级中心区同时影响，对各级中心区的作用分取值不超过一次且只取最高作用分值，各种研究单元除了具有自身层次级别的功能外，还包含比其层次低的各级中心区功能的影响。

6）环境条件：是衡量居住地块环境的重要指标之一。特别是居住地块可以到达城市主要公园和自然景观的远近，在一定程度上反映了所在地块具有的居住环境。公园的确定按照城市等级作为计算因子，自然景观则按照城市内部的主要山体和水体作为计算因子。应该指出，不能将城市外

---

[1]　引力模型是研究空间要素相互作用的城市空间模型。引力／空间互动模型最早由美国的 William Reilly 提出，随后经过多方的修正与完善。

围自然环境，或者城市内部小规模自然环境纳入计算范围。景观质量采用引力模型衡量。

$$V_i = 10K_i$$

$$N_g = \sum_{i=1}^{n} VG_i \times \exp\left(-\beta \times d_i\right)$$

式中　VG_i——第 i 级景观作用分；

　　　K_i——第 i 级景观区作用系数，$K_1=0.7$，$K_2=0.3$；

　　　N_g——地块景观条件分值；

　　　d_i——地块到 i 级中心的距离；

　　　β——控制衰减速率的常数。

7.4.3　构建安置房源空间布局评价模型

上文中已经针对安置房源空间布局的影响因素做出了详细阐述。此后，要将这些主要因素做进一步分析还必须借助聚类分析，将这些主要影响因子通过距离，划分成不同聚类的空间类型。聚类分析主要是将独立的主因子聚集到同一个空间上去，从而可以得出不同空间类型。

聚类分析方法的基本思想是：首先将 n 个样品看成 n 类，即一类只包括一个样品，然后将性质最接近的两类合并成一个新类，这样得到 $n-1$ 类，再从 $n-1$ 类中找出性质最接近的两类加以合并，变成 $n-2$ 类，依此类推，直到将所有的样品全归为一类为止。为描述事物之间性质的相似程度，将刻画事物性质的 n 个数据看作一个 p 维空间上的点或者向量。两个事物性质的接近程度就可以用点与点之间的距离或者向量之间的相似系数来度量，则第 i 样品与第 j 样品之间的距离记为 d_{ij}。r 取 1 或 2 时的明氏距离是最为常用的，$r=2$ 即为欧氏距离，而 $r=1$ 时则为曼哈顿距离。

$$d_{ij} = \left(\sum_{k=1}^{p} |X_ik - X_jk|^r\right)^{1/r}$$

聚类分析计算方法主要有如下几种：分裂法（partitioning methods）；层次法（hierarchical methods）；基于密度的方法（density-based methods）；基于网格的方法（grid-based methods）；基于模型的方法（model-based methods）❶。通过上述 6 个主要因子的分值进行聚类分析，将具有相似属性的空间单元进行聚类，最后得到不同的居住空间类型。按照不同因子内容及其在不同研究单元中的得分，能够归纳出不同研究单元的空间属性。从不同类型来看，不同聚类反映了每项因子的高低分配情况。按照相关性，这些因子的高低与安置房源空间分布的优劣存在明显的相关性。换句话说，聚类的因子得分高低就可以反映不同控规单元作为安置房源的定量分级标准，即作为安置房源分布的适宜情况的排序。最后，可以规定在某一分级以上的控规单元方能纳入更新安置房源的用地储备和规划建设的范围，以此保障低收入居民的生活质量，实现最大化利益保障。

7.4.4　案例：重庆主城安置房源空间供给建议

1）研究单元划分和数据来源

本节采用前面所构建的划分不同类型居住空间属性模型，对重庆主城范围内不同居住空间类型进行分类。采用重庆市总体规划（2007—2020）中，所定义的重庆主城范围 ❷，涉及范围包括主城 9 区大部分区域，即渝中区、大渡口区全部范围，涉及江北区、九龙坡区、沙坪坝区、大渡口区、南岸区、巴南区部分范围，包括城市外环线以内区域，是重庆主城区的现状建成区。按照前文对研究单元的选取的论述，采用控规控制单元为研究单元，为城市主要道路（包括快速路、主干路、次干道）及主要河流、山体包围所形成的区域 ❸，除去居住用地（人口密度）几乎为零的控制单元，总共形成 248 个研究单元（图 7.47）。

主要数据源自：①重庆 2010 年土地利用现状；2010 年建成区用地建设量，即每块用地的建设量（建筑面积总量），由此可以通过此推算居住用地建筑密度情况；②公共交通数据来于重庆市公共交通集团和重庆市轨道交通集团，数据内容包括公交汽车和轨道交通的站点分布情况。由此可

---

❶　MBA 智库百科，http://wiki.mbalib.com/wiki/%E8%81%9A%E7%B1%BB%E5%88%86%E6%9E%90.

❷　重庆市总体规划（2007—2020）（2010 年修订版）重新对市区范围边界进行了重新定义，将 2007 版总规的都市区定义为主城区，取消都市区的概念。由于从整个都市区（2010 修订版的主城区）来看，还包含大量未开发的区域，因此，本书仍然采用 2007 版总规对主城区的定义范围。

❸　在研究中将由主干道、山、水边界围合所形成的统计的单元中没有居住功能用地的地块直接剔除，并且剥离作为生态用地中梁山和铜锣山之间用地，以及外围非建设用地部分。

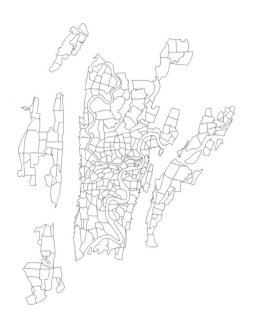

图 7.47　研究区域的单元划分
Fig 7.47　Cell division of the study area
资料来源：笔者自绘

以通过具体站点位置推算公共交通和轨道交通覆盖率；③其他数据的获取则通过已有资料推算、图纸计算、现场调研等，包括研究单元内道路交叉口数量、主要自然景观分布情况等；④医疗卫生设施和教育设施的数据源自卫生局和教育局所公布三甲医院、重点中小学，并且根据名称在地图查找转换为空间分布点。最后，将这些数据统一为相同单位数据类型，如同样为每平方公里的面积、数量、长度等。将这些数据导入 ArcGIS 和 SPSS 软件中进行分析，以此确定不同空间类型的聚类和对应的空间属性特征。

作者将通过以上方法，对 248 个单元进行聚类分析，确定不同聚类类型的属性，以此明确哪些聚类类型可以作为和满足更新安置房源的空间分布，为地方政府的更新安置提供宏观政策依据。

2）影响因素的单因子分析

（1）街道网络，即单位面积中道路交叉口的数量。采用重庆市控规资料，道路级别详细到支路级别，但不包括支路以下道路。针对立交的计算，需要说明的是，仅统计为单一交叉口，忽视立交匝道形成的多个交叉口。根据以上统计原则统计每个控规单元内道路交叉口的数量，以此计算与所在控规单元规模的比值。从图中可以明显发现，交叉口密度最高的区域主要集中在渝中半岛周边，以及重庆几个副中心周边。这说明这些区域在整体发展当中，具有很好的道路可达性，反映了整体便利性（图 7.48）。图中北部两个密度较高的点，分别指向北碚区中心和机场区域。整体上看，街道网络情况将直接反映到更新安置房源在设施可利用、交通可达、就业可达的便利。

（2）居住建筑密度分布情况则直接反映了控规单元内部居住建筑的规模情况，也就是说，规模越大，反映了现状的人口密度更高。通常来说，该因子能较好反映现状居住空间和人口分布情况，是衡量居住地块成熟度的重要表现。具体来说，居住建筑密度低的地区偏向于空间利用低的区位，我们可以理解为相应的公共设施和社会资源相对较差；反之，则反映了设施配套程度相对发达，具有可直接利用性，而不需要等待一段时间的发展。对于城市高收入阶层来说，设施的完善度对他们的影响相对较低，他们可以承担较高的出行成本（通过私家车解决出行问题）。而对于那些弱势阶层来说，影响则相对明显。比如，医疗设施、教育资源、商业设施，出行方便情况等，对他们来说都会直接增加他们生活成本。从图中可以看出，颜色分布较深的区域为居住建筑密度较高的区域，同时反映了这些区域是人口密度较高的区域（图 7.48）。

图 7.48　街道网络（左）和居住建筑密度（右）
Fig 7.48　Street network（left）and building density（right）
资料来源：笔者自绘

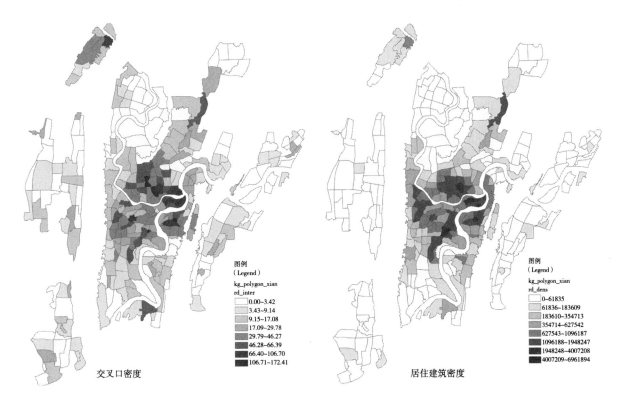

图例
（Legend）
kg_polygon_xian
rd_inter
0.00~3.42
3.43~9.14
9.15~17.08
17.09~29.78
29.79~46.27
46.28~66.39
66.40~106.70
106.71~172.41

交叉口密度

图例
（Legend）
kg_polygon_xian
rd_dens
0~61835
61836~183609
183610~354713
354714~627542
627543~1096187
1096188~1948247
1948248~4007208
4007209~6961894

居住建筑密度

（3）在设施可获性方面，结合调研情况，主要从重庆市公布的重点中小学和三甲医院（18所）进行统计。按照引力模型来计算其对主城区不同控制单元的影响情况。研究公式中涉及社会服务设施的服务半径,采用《重庆市城乡规划公共服务设施规划导则》中对综合医院、小学、中学的最大半径的规定，采用上限数值：综合医院为1500m，小学为1000m，中学为1500m。具体来说，图中颜色越深部分反映了医疗卫生可获性越强，由此可此，渝中半岛受此因素影响最强，反映了该区域医疗卫生设施可获性最强。正如笔者前文对渝中区安置房源的居民的问卷调查，他们多指出他们拆迁之前周边分布大量重庆三甲医院，而经过安置之后，该项因素在安置房源中的影响则相对较低。从中小学的影响来看，越深的部分反映了控制单元内越好的中小学教育资源分布和影响情况。从图7.49中可知，该项指标在空间中分布较为分散，反映了服务半径的需要，但总体上仍然具有围绕传统中心分布的特征。

（4）从交通可达性来看,公共交通的利用情况直接反映了交通可达性,

图 7.49　设施可获性（医疗、中小学）
Fig 7.49　Facility availability（hospital and primary，middle school）
资料来源：笔者自绘

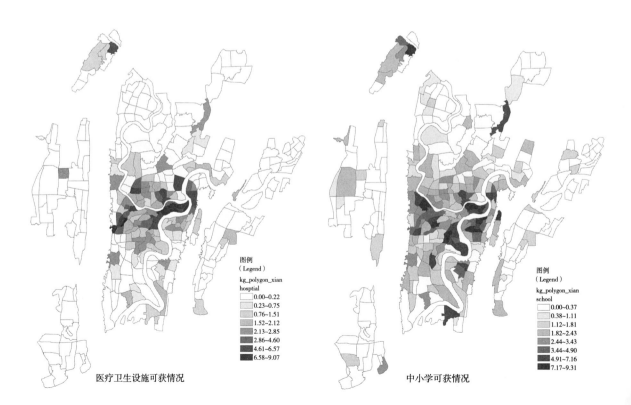

图例
（Legend）
kg_polygon_xian
hosptial
0.00~0.22
0.23~0.75
0.76~1.51
1.52~2.12
2.13~2.85
2.86~4.60
4.61~6.57
6.58~9.07

医疗卫生设施可获情况

图例
（Legend）
kg_polygon_xian
school
0.00~0.37
0.38~1.11
1.12~1.81
1.82~2.43
2.44~3.43
3.44~4.90
4.91~7.16
7.17~9.31

中小学可获情况

而公共交通利用情况则直接取决于其服务半径的情况。笔者根据 2012 年重庆轨道交通站点和公共汽车站点的空间分布确定其在控制单元上的覆盖情况。此外，由于重庆轨道交通 6 号线在 2014 年开通，笔者将此数据也纳入其中。从图 7.50 中可知，公交汽车站点覆盖情况随颜色深浅反映其覆盖密度的高低情况，总体上看，公交汽车站点覆盖情况在内环以内都相对较高，呈现面状分布；而轨道交通站点覆盖情况，则表现出典型的带状分布，即主要沿轨道交通带分布，但主要覆盖率高的区域为渝中区和江北区（图 7.50）。

（5）区位条件，反映了与城市中心临近的程度，直接反映设施、就业等综合条件。作者将重庆中心区分为两级纳入引力模型中计算，解放碑作为 1 级中心区，三峡广场、杨家坪、观音桥、南坪作为 2 级中心区。此处需要说明，虽然重庆整体空间发展规划中将西永组团和茶园组团作为城市副中心，但是由于现状发展的聚集程度相比以上几个传统中心区存在较大差距，因此，本书进行引力模型计算时，暂不将其纳入统计范畴。从笔者

图 7.50 交通可达性（公交、轨道）
Fig 7.50 Transportation accessibility
（bus，light railway）
资料来源：笔者自绘

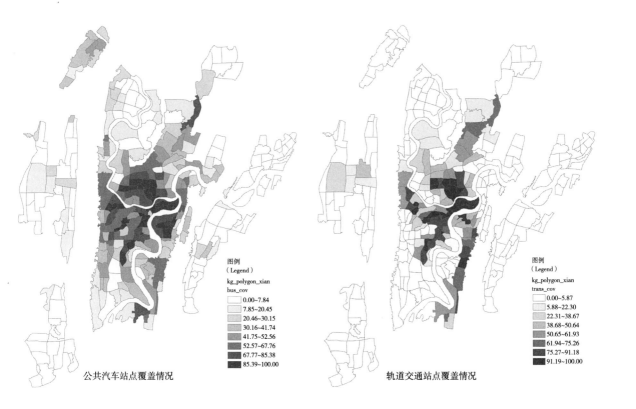

公共汽车站点覆盖情况　　　　　　　　　　　　　轨道交通站点覆盖情况

对重庆危旧住房更新的调研可知，原有危旧住房的区位条件多分布在区位条件很好的区域的城市中心或副中心。比如渝中区是危旧房改造的重点区域，2008—2010 年的所有改造区域都集中在解放碑周边，再如江北区的改造也主要集中在观音桥、董家溪等区域。而安排安置房源则多集中在相对较弱的区位条件上，比如渝中区的安置放在九龙坡区巴国城和江北区放在大石坝和石马河片区，这也是前文调研中发现原居住民抱怨的重点问题所在（图 7.51）。

（6）景观质量，反映了安置房源空间分布与城市主要景观节点、自然环境的距离情况。类似于区位条件的计算方式，采用分级的引力模型来进行计算。由于重庆各类公园和绿地设施较多，为了方便统计，仅将重庆市级公园纳入计算范畴，如鹅岭公园、佛图关公园、人民公园等城市主要公园，作为 1 级景观区；笔者将重庆主城的主要山体公园，鸿恩寺森林公园、歌乐山森林公园、南山风景区、照母山森林公园，以及重庆内部水体作为 2 级景观区。通过以上计算要素和分级，通过引力模型计算重庆不同控规

图 7.51　区位条件（左）和景观质量条件（右）
Fig 7.51 Location condition and landscape quality
资料来源：笔者自绘

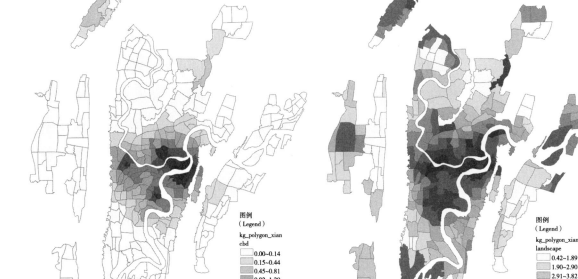

图例
（Legend）
kg_polygon_xian
cbd
0.00~0.14
0.15~0.44
0.45~0.81
0.82~1.29
1.30~1.84
1.85~2.54
2.55~3.61
3.62~5.12

图例
（Legend）
kg_polygon_xian
landscape
0.42~1.89
1.90~2.90
2.91~3.82
3.83~4.87
4.88~6.07
6.08~7.61
7.62~9.28
9.29~11.41

区位条件　　　　　　　　　　　　　　　　景观质量条件

单元的景观质量分布。由图可知，景观质量较好的区域主要分布在沿两江区域，这些区域往往也是近年来重庆新建和重建楼盘的主要区域，比如江北原来天源造纸厂拆迁之后的用地，被万科和保利地产收购，用于进行高档商品房住区开发（图7.51）。

3）安置房源空间布局评价

本节对重庆主城区248个分析小区，6个主要因子，采用聚类分析（Cluster Analysis），针对每个分析小区内的建成环境属性进行类型学集中。采用K-means聚类方法，根据对象距离各簇中心之间的远近进行聚类。即认为两个对象的距离越近，其相似度就越大。根据对聚类结果的判断和对相关聚类数据的分析，按照好、较好、中等、较差、差这5个评级标准划分研究单元的建成环境属性，最终确定5个聚类。K-means算法是很典型的基于距离的聚类算法，采用距离作为相似性的评价指标。它反映的是当两个对象距离越近，则其相似度就越大，即被认为具有的相似属性，将作为簇被纳入相同的聚类当中。因此，根据聚类分析，按照5种聚类类型的划分，将重庆主城248个研究单元分别划分为9、43、36、77、83，每个聚类单元对应不同属性，即不同因子在其中拥有较强差异的贡献率（图7.52、表7.22）。

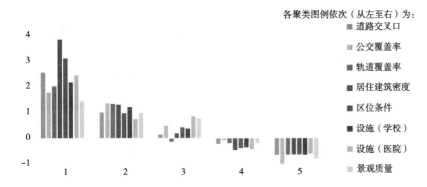

图7.52　各因子在聚类中的贡献情况
Fig 7.52　Contribution of factors in Clustering
资料来源：笔者自绘

从图中可知，不同聚类反映出了明显空间属性，从聚类1~5形成适宜性逐渐下降的情况。具体分析，聚类1主要反映了最好的因子贡献[1]，

❶ 因子贡献率反映了不同变量因子对因变量的作用情况。此处因子贡献率是道路交叉口、公交覆盖率、轨道覆盖率等8个因子对研究单元建成环境属性的影响大小情况，其中贡献率的正负反映了该项因子与平均贡献的关系，比如，因子贡献率为正数，则反映该因子对研究对象的作用要大于平均值，反之，负数则反映其作用要低于平均值。

各个聚类中因子的贡献情况   表 7.22
Contribution of factors in Clustering   Table 7.22

变量	1	2	3	4	5
道路交叉口	2.52568	0.99449	0.14780	−0.22670	−0.65499
公交覆盖率	1.76244	1.33913	0.49473	−0.09846	−0.98975
轨道覆盖率	1.99733	1.31686	−0.13440	−0.19981	−0.63176
居住建筑密度	3.77589	1.28790	0.18246	−0.46304	−0.63910
区位条件	3.06134	0.97038	0.41770	−0.39181	−0.63897
设施（学校）	2.13358	1.19279	0.37855	−0.35712	−0.65259
设施（医院）	2.41464	0.73783	0.85203	−0.43746	−0.60441
景观质量	1.41550	0.97784	0.77528	−0.21320	−0.79124
总计	9	43	36	77	83
比例	3.6%	17.4%	14.5%	31%	33.5%

资料来源：笔者自绘。

包含了 9 个单元，占到所有单元的 3.6%。从空间分布上看，该居住类型集中于解放碑、杨家坪、观音桥、南坪商圈内部或周边，表现出优越的空间属性：在可达性方面，由于位于核心区，其道路密度、公共交通的连接性密度最高；此外，该居住类型能在商业、设施可获性方面也最高。聚类 2 包含了 43 个单元，占到所有 17.4%。从空间分布上看，该居住类型成圈层分布、包围城市商圈分布，形成典型围绕聚类 1 的簇状结构。其中另外四处较集中的邻里分布为石桥铺片区、鱼洞组团、天生街道、江北国际机场片区。聚类 3 位于城市内环线周边，包括 36 个单元，占到全部单元的 14.5%。从分布区位上看，聚类 3 呈现出对邻里 1 和 2 之间的填充式发展格局，且集中在城市内环线内。聚类 3 在轨道交通站点覆盖率方面表现为负值，且道路交叉口、人口密度（居住建筑密度）的得分也相对较低，说明聚类 3 相对于前两者存在较大的差距，即该单元地块存在一定的不方便性，属于新发展，且有一定成熟度的地块。根据实地调研发现这些单元中往往是相对于聚类 1、2，属于近些年才开始建设的地块，虽然基础设施（道路）已经完善，但是周边还没有完全建设成型和发展起来。其他聚类 4、5 则在相应的因子方面的得分较差，从因子得分上看都呈现为负值，说明这些区域属于新发展，但还处于发展中的地块，根据笔者实地调研发现，单元内还存在大量未开发的地块，比如大学城、蔡家片区。由此可知，从不同聚类颜色的深浅状况可以反映出适合更新

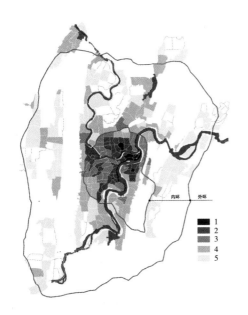

安置房源分布情况，颜色越深部分是具有最为适合安置房源的单元，反之亦然（图 7.53）。

4）安置房源空间供给建议

结合笔者的调研情况，2008 年以来所推进的危旧住房改造多集中于聚类 1 区和聚类 2 区，比如渝中区的十八梯、打铜街、石板坡、归元寺、兴隆寺；江北区渝北二村、董家溪、天源化工厂等。而在具体安置房源的布置上则在聚类 3 或聚类 4。笔者认为，按照城市更新对结果差别的包容，则要求应该改善弱势群体的结果。安置房源与他们切身利益相关，应该选择拆迁前单元的同等聚类地块，或下一级聚类单元选择居住用地纳入更新安置房源的用于土地储备和规划建设，以此最大限度改善由于自然禀赋条件所导致的结果差别的问题。比如旧金山 Yerba Buena 再开发中，通过住户和业主发展公司（TODCO）在本地块解决了片区内 1700 名低收入、残疾人和老人的居住问题，同时，公共住房 SRO 项目也在原地为低收入居民提供了住房供给。其本质都是从公正原则出发，对更新地块中弱势群体的补偿。

总之，通过对弱势群体在更新之后的住房保障是实现结果补偿的一个方面；合理区位的供给则成为最大化他们利益的另一个重要方面，这些都将对弱势群体结果差别的包容起到重要作用。通过以上方法，从结果差别的包容角度，笔者为更新安置房源的空间布局提供具有一定逻辑性和科学性的方法。由于该模型能较客观衡量不同控规单元的聚类属性，不仅对重庆更新房源的布局提供参考，并且该方法和逻辑也能为大城市城市更新中安置房源的安排提供一定的指导。

7.5　小结

本章的主要思路是在上一章理论建构的框架下，从包容性城市更新的四个层次来提出应对策略：以更新价值目标的优化为基础；以更新决策的多元参与机制为前提；以更新过程的利益共享机制为手段；以安置房源的空间合理选择为补偿；①以更新价值目标的优化为基础，反映的是强调城市更新的作用不应仅仅局限在强调增长的目的，而是从可持续的增长视角出发，需要从价值取向上强调城市更新的政策和规划行为应该是强调增长过程中再分配作用，而不是将空间作为开发的工具；同时，注意更新目标的多元包容性，强调增长路径从经营性的治理方式转向内生的可持续性。最后针对广州恩宁路街区更新规划进行案例分析，认为该规划很好地反映了更新的社会理性，以及在更新目标的多元化综合特征。②以更新决策的多元参与机制为前提，是对城市更新中居民基本自由权利的保障，注意更新过程中的对居民话语权和参与权的尊重。在具体实现手段上提出调整更新决策的行为主体、安排更新决策的组织流程、组织更新决策的对话平台三个方面的途径。并且针对成都曹家巷居民自主改造的成功案例分析居民在更新决策中整个过程和特征，将其作为更新决策多元参与机制的实证依据。③以更新过程产权共享机制为手段，强调城市更新可以通过手段可达众筹的共享方式。它不仅仅局限在房地产开发下的增长；同时，尊重原居住民的产权利益，面向全部居民手段上的机会公平，而不仅仅是形式上的机会平等——允许原居民参与到再开发建设当中，共享增长所带来的长远利益，是一种城市更新过程中内生可持续的增长途径，同时也是实现效率和可持续的重要方面。从三个方面形成主要实现途径，包括：明确更新过程中居民产权价值、修正单向度更新再开发模式、建立产权变换的众筹体系。本节最后通过上海新福康里的更新的开发，通过实证来证明通过产权共享的众筹更新已经获得过一定的成功，作为更新过程的利益众筹的案例支撑。④以安置房源的空间合理选择为补偿，即是来自于社会公正思想的结果平等的考虑。通常来说，对弱势居民影响最强的部分是更新之后居住房源的问题。因此，合理安排弱势群体（特别不能参与产权交换、利益众筹的没有住房所有的居民）的安置房源的安排，将直接成为影响弱势居民结果最大化的关键所在。笔者提出了安置房源空间合理选择的具体实施手段，包括：选取安置房源空间布局的空间单元、确定安置房源空间布局的影响因素、构建安置房源空间布局的评价模型三个方面。并且，本节最后通过重庆主城为实例进行了测算，提出了重庆更新安置房源的5类适宜性聚类分布，认为政府从结果平等的角度考虑，前三类聚类分布在作为更新住房的安置房源安排上较为合理。总之，只有按照渐进的"四个层次"策略安排，从思路转变到策略、手段的实施，才能为包容性城市更新的实现提供内外条件。

结论

8

包容性

城市

理论建构和更新

实现途径

理论建构和

包容性城市更新

实现途径

城市更新作为我国社会经济转型的重要空间表征之一。城市更新一方面是源于物质性的折旧，即残损衰败的状态下需要进行更新；另一方面反映了功能性过时，即经济资本驱动下的再开发行为。尤其是在市场经济下，以经济增长为主要诉求的城市更新在转型期中国"压缩"的城市化进程和环境中，不断强化了内城空间的商品属性和交换价值，使得内城空间再开发成为实现经济增长的主要手段。由此造成了一系列反市场现象，使得城市更新成为城市社会矛盾最直接的体现。如何缓和城市更新的社会矛盾，提出更具有包容性的城市更新途径是确保城市和谐稳定发展的前提。

本书通过对城市更新内在特点的研究，探索如何通过完善更新机制，减少社会矛盾，实现社会公正和社会和谐。本书在分析了功利增长和包容性增长所理据不同伦理观点后，将包容性增长理念作为城市更新路径转向的引导途径，通过强调城市更新应该理据于义务论的公正逻辑，着眼于更新运作机制在权益分配上进行调整，引导城市更新实现增长和公正的包容性目标。本书的各个部分围绕这一主题出发，在分析过程中还得出以下若干结论：

（1）我国宏观制度背景使得城市更新具有创新性，发展地方经济构成城市发展最主要的目标，地方政府采用公私合作等方式成为城市更新决策实施的重要主体。而土地、住房、更新拆迁制度一方面突出土地和空间的交换价值；另一方面，也为大规模城市更新铺平了道路。从当前城市更新的总体特征来看，强调增长的属性仍是主要特征。就运作过程来看，地方政府仍然是整个过程中的主导，并成为更新的组织和决策者；而具体更新实施则更偏重依赖于房地产的再开发方式，从而，往往在更新结果安排下使得原居住民的利益呈现弱化趋势。

（2）从当前城市更新的社会空间影响来看，在很大程度上局限于物质空间改善的目标，而忽视了背后更广泛的社会空间影响与重构。快速、大规模的城市更新运动对社区居民的物质层面、社会层面产生了不同影响。物质层面上其积极改善了社区环境和配套设施，但却在社会层面则导致居民的社会经济地位降低、社会成本增加。从城市更新的宏观角度上看，则反映了内城社会空间结构的不断重构——人口的空间再分布、阶层的演替变化、居住空间分异等绅士化特征，进一步强化了旧城居民的弱势状况。换句话说，城市更新在本质上并没有改善原来居民的生活，他们反而成为城市更新中的社会成本承担者。

（3）从对城市更新问题的剖析来看，究其困境根源，则可以通过伦理学理论来进行解释，它反映出了作为制度层面的功利主义目的论，即通过结果的"好"来规范制度本身的行为，具体表现在对个人的权利和利益分配上的忽视，同时，它所具有对分配差距的随意性安排也进一步导致结果差异的悬殊。这些从更新机制上看，分别可以对应于更新组织决策过程中对居民参与性的重视程度不足；在更新实施手段上没有合理安排居民在此过程的红利共享，以及在更新结果层面没有充分考虑分配的差距。而这种影响将直接反映在更新过程的权益安排上。

（4）提出了包容性城市更新。包容性增长的理念，即是在经济增长与社会不平等的畸形匹配基础上提出的，旨在解决社会经济快速发展下，经济增长与社会公正目标渐行渐远的问题。可以说包容性增长理念的演变和内涵为我国城市更新增长驱动的逻辑提供了很好理论支撑和依据。可以说，它所具有的义务论公正观内涵将对当前我国仅仅关心功利性原则下目的论的城市更新提供很好的视角和思路。随后，在此理论逻辑下，笔者结合本书的基本研究对象和研究目的，提出包容性城市更新的概念和理论分析框架。在此基础上，笔者分别对包容性城市更新营建的四个维度进行了详述，作为构建完善的城市更新运作机制的基本逻辑。

（5）就具体包容性城市更新实现途径来看，主要集中在4个方面：①以更新价值目标的优化为基础，主要强调增长理念的转变，一方面是从增长价值观出发，认为城市更新价值观应该由增长价值范式，转变为增长和再分配平衡的模式；另一方面是从增长的目标上看，要求更新的经营性取向需要转向内生可持续的思路，其主要目标应该是邻里更新，经济发展、社会和物质环境改善的综合性目标。②以更新决策的多元参与机制为前提，从居民基本自由权利出发，形成对更新话语表达的包容，即城市更新过程的合理组织——从政府走向社区多元合作的更新方式，强调居民在城市更新中的作用。构建更新中多元利益主体之间的交流平台，对城市更新的立项、决策和实施阶段都形成了较好的利益表达和参与的平台，为城市更新的组织方式提供新的方式，即可以通过社区的自发性模式执行。③以更新过程的利益共享机制为手段，是对居民参与式规划的进一步执行，倡导以社区为载体的居民进行产权"众筹"的更新，以本地区原住居民为主体，促使每个个体成为自己所拥有产权的真正主人，其目的是居民通过"众筹"开发，最大限度地调动居民参与改造的积极性，并且可以获得最大社会效应（居民在更新中长远利益的获得、社会混合的目标等）。④以安置房源的空间合理选择为补偿，针对受到自然禀赋影响的弱势群体进行更新结果的保障。笔者强调这个结果差异的保障应该放在住房层面，主要将安置房源的空间分布作为考虑的重点，构建安置房源的空间布局评价方法和模型，为合适安置房源的结果保障提供建设的适宜度参考。

毋庸讳言，在包容性城市更新的所需的条件中，具体法律和程序层面的自上而下的结构性要求相对较易执行，但公民社会的建设、具体自下而上、非政府组织在包容性城市更新的平台的搭建和具体组织方面，以及种种居民思维的转变还前路漫漫。比如，早在 2008 年《城乡规划法》对居民权利的参与要求就在程序上给予了法律支撑，但这么多年的执行虽然取得了很大的成果，但是具体到组织方式、构架平台等方面还亟需完善。因此，本书提出的包容性城市更新在现实条件下的确存在诸多不易实现之处，只是期望本书对城市更新思维逻辑的探讨能对推进我国城市更新机制转变起到一点抛砖引玉的作用。

参考文献

[1] 白友涛，陈赟畅. 城市更新社会成本研究 [M]. 南京：东南大学出版社，2008.

[2] 伯基. 社会影响评价的概念过程和方法 [M]. 杨云枫，译. 北京：中国环境科学出版社，2011.

[3] 蔡荣鑫. 包容性增长：理论发展与政策体系——兼谈中国经济社会发展的包容性问题 [J]. 领导科学，2010，（34）：13–15.

[4] 陈锋. 在自由与平等之间——社会公正理论与转型中国城市规划公正框架的构建 [J]. 城市规划，2009，（1）：9–17.

[5] 陈浩，张京祥，吴启焰. 转型期城市空间再开发中非均衡博弈的透视——政治经济学的视角 [J]. 城市规划学刊，2010，（5）：33–40.

[6] 程大林，张京祥. 城市更新：超越物质规划的行动与思考 [J]. 城市规划，2004，（2）：70–73.

[7] 迟福林. 第二次转型：处在十字路口的发展方式转变 [M]. 北京：中国经济出版社，2010.

[8] 迟福林. 改变"增长主义"政府倾向 [J]. 行政管理改革，2012，（8）：25–29.

[9] 迟福林，傅治平. 转型中国——中国未来发展大走向 [M]. 北京：人民出版社，2010.

[10] 当代中国的北京编辑部. 当代北京大事记 [M]. 北京：北京出版社，1992.

[11] 董玛力，陈田，王丽艳. 西方城市更新发展历程和政策演变 [J]. 人文地理，2009，（5）：42–46.

[12] 杜志雄，肖卫东，詹琳. 包容性增长理论的脉络、要义与政策内涵 [J]. 中国农村经济，2010，（11）：4–14+25.

[13] 方可. 当代北京旧城更新：调查·研究·探索 [M]. 北京：中国建筑工业出版社，2000.

[14] 冯健. 我国城市郊区化研究的进展与展望 [J]. 人文地理，2001，（6）：30–35.

[15] 佛罗里达. 创意阶层的崛起 [M]. 司徒爱勤，译. 中信出版社：中信出版社，2001.

[16] 高兆明. 制度伦理与制度"善" [J]. 中国社会科学，2007，（6）：41–52+205.

[17] 郭湘闽. 走向多元平衡——制度视角下我国传统旧城更新规划机制的变革研究 [M]. 北京：中国建筑工业出版社，2006.

[18] 郭湘闽. 土地再开发机制约束下的旧城更新困境剖析 [J]. 城市规划，2008，（10）：42–49.

[19] 郭湘闽. 我国城市更新中住房保障问题的挑战与对策 [M]. 北京：中国建筑工业出版社，2001.

[20] 何鹤鸣. 增长的局限与城市化转型——空间生产视角下社会转型、资本与城市化的交织逻辑 [J]. 城市规划，2012，（11）：91–96.

[21] 何怀宏. 公平的正义——解读罗尔斯《正义论》[M]. 济南：山东人民出版社，1996.

[22] 何深静，刘玉亭. 市场转轨时期中国城市绅士化现象的机制与效应研究 [J]. 地理科

学，2010，30（4）：496–502.

[23] 何深静，刘玉亭，吴缚龙. 南京市不同社会群体的贫困集聚度、贫困特征及其决定因素 [J]. 地理研究，2010，（4）：703–715.

[24] 何深静，刘玉亭等. 中国大城市低收入邻里及其居民的贫困集聚度和贫困决定因素 [J]. 地理学报，2010，（12）：1464–1475.

[25] 何深静，刘臻. 亚运会城市更新对社区居民影响的跟踪研究——基于广州市三个社区的实证调查 [J]. 地理研究，2013，（6）：1046–1056.

[26] 何舒文，邹军. 基于居住空间正义价值观的城市更新评述 [J]. 国际城市规划，2010，（4）：31–35.

[27] 胡毅. 对内城住区更新中参与主体生产关系转变的透视——基于空间生产理论的视角 [J]. 城市规划学刊，2013，（5）：100–105.

[28] 黄瑛，龙国英. 建构公众参与城市规划机制 [J]. 规划师，2003，（3）：56–59.

[29] 姜紫莹，张翔，徐建刚. 改革开放以来我国城市旧城改造的进化序列与相关探讨——基于城市政体动态演进的视角 [J]. 现代城市研究，2014，（4）：80–86.

[30] 焦怡雪. 城市居住弱势群体住房保障的规划问题研究 [D]. 北京：中国城市规划设计研究院，2007.

[31] 李和平，惠小明. 新马克思主义视角下英国城市更新历程及其启示——走向"包容性增长" [J]. 城市发展研究，2014，（5）：85–90+109.

[32] 李和平，肖竞. 城市历史文化资源保护与利用 [M]. 北京：科学出版社，2014.

[33] 李和平，章征涛. 城市中低收入者的被动郊区化 [J]. 城市问题，2011，（10）：97–101.

[34] 李和平，章征涛，王一波. 新自由主义视角下的城市郊区化 [J]. 城市发展研究，2012，（7）：17–21+46.

[35] 李宏利. 城市更新中历史环境的管治研究 [D]. 上海：同济大学，2006.

[36] 廖玉娟. 多主体伙伴治理的旧城再生研究 [D]. 重庆：重庆大学，2003.

[37] 林毅夫，庄巨忠，汤敏. 以共享式增长促进社会和谐 [M]. 北京：中国计划出版社，2008.

[38] 刘杰希，李和平. 公共选择理论视角下城市更新中的"自治改造"——以成都市曹家巷为例 [C] //City：11，2014.

[39] 刘昕. 深圳城市更新中的政府角色与作为——从利益共享走向责任共担 [J]. 国际城市规划，2011，（1）：41–45.

[40] 刘勇. 旧住宅区更新改造中居民意愿研究 [D]. 上海：同济大学，2006.

[41] 刘雨平. 地方政府行为驱动下的城市空间演化及其效应研究 [D]. 南京：南京大学，2013.

[42] 卢源. 论社会结构变化对城市规划价值取向的影响 [J]. 城市规划汇刊，2003，（2）：66–71+96.

[43] 卢源 . 城市规划中弱势群体利益的程序保障——以旧城改造过程为例 [J]. 城市问题,
2005,（5）: 9-15.

[44] 罗伯特·诺奇克, 姚大志 . 无政府、国家和乌托邦 [M]. 北京 : 中国社会科学出版社,
2008.

[45] 罗能生 . 产权的伦理维度 [M]. 北京 : 人民出版社, 2004.

[46] 迈克尔·桑德尔 . 公正 [M]. 北京 : 中信出版社, 2012.

[47] 奈杰尔·沃伯顿 . 从《理想国》到《正义论》[M]. 北京 : 新华出版社, 2010.

[48] 尼格尔·泰勒, 李白贞, 陈贞 . 1945 年后西方城市规划理论流变 [M]. 北京 : 中国
建筑工业出版社, 2006.

[49] 潘海啸, 王晓博, DAY J. 动迁居民的出行特征及其对社会分异和宜居水平的影响 [J].
城市规划学刊, 2010,（6）: 61-67.

[50] 曲蕾 . 居住整合 : 北京旧城历史居住区保护与复兴的引导途径 [D]. 北京 : 清华大学,
2004.

[51] 任绍斌 . 城市更新中的利益冲突与规划协调 [J]. 现代城市研究, 2011,（1）: 12-16.

[52] 汝绪华 . 包容性增长 : 内涵、结构及功能 [J]. 学术界, 2011,（1）: 13-20.

[53] 世界银行 . 2006 年世界发展报告 : 公平与发展 [M]. 北京 : 清华大学出版社, 2006.

[54] 世界银行增长与发展委员会 . 增长报告——持续增长和包容性发展的战略 [M]. 北
京 : 中国金融出版社, 2008.

[55] 孙君恒 . 阿马蒂亚·森的分配正义观 [J]. 伦理学研究, 2004,（5）: 49-53.

[56] 孙施文 . 城市规划不能承受之重——城市规划的价值观之辨 [J]. 城市规划学刊,
2006,（1）: 11-17.

[57] 孙施文, 邹涛 . 公众参与规划, 推进灾后重建——基于都江堰灾后城市住房的重建
过程 [J]. 城市规划学刊, 2010,（3）: 75-80.

[58] 唐子来, 王兰 . 城市转型规划与机制 : 国际经验思考 [J]. 国际城市规划, 2013,（6）:
1-5.

[59] 田艳平 . 旧城改造与城市社会空间重构 : 以武汉市为例 [M]. 北京 : 北京大学出版社,
2009.

[60] 万勇 . 旧城的和谐更新 [M]. 北京 : 中国建筑工业出版社, 2006.

[61] 王立 . 平等的范式 [J]. 社会科学研究, 2008,（4）: 65-73.

[62] 王婷 . 中法移民聚居区更新政策比较研究 [D]. 武汉 : 华中科技大学, 2011.

[63] 吴春 . 大规模旧城改造过程中的社会空间重构 [D]. 北京 : 清华大学, 2010.

[64] 吴良镛 . 北京旧城与菊儿胡同 [M]. 北京 : 中国建筑工业出版社, 1994.

[65] 吴志强 . 城市更新规划与城市规划更新 [J]. 城市规划, 2011,（2）: 45-48.

[66] 吴祖泉 . 解析第三方在城市规划公众参与的作用——以广州市恩宁路事件为例 [J].
城市规划, 2014,（2）: 62-68+75.

[67] 夏永久, 朱喜钢 . 城市被动式动迁居民社区满意度评价研究 [J]. 地理科学, 2013,

33（8）：918-925.

[68] 夏永久，朱喜钢.城市绅士化对低收入原住民的负面影响——以南京市为例 [J]. 城市问题，2014，（5）：92-96.

[69] 肖达.上海旧区改造政策变化对城市居住构成的影响 [J]. 城市规划，2005，（5）：83-87.

[70] 徐建.社会排斥视角的城市更新与弱势群体 [D]. 上海：复旦大学，2008.

[71] 薛涌.仇富：当下中国的贫富之争 [M]. 南京：江苏文艺出版社，2009.

[72] 严若谷，闫小培，周素红.台湾城市更新单元规划和启示 [J]. 国际城市规划，2012，（1）：99-105.

[73] 严若谷，周素红，闫小培.西方城市更新研究的知识图谱演化 [J]. 人文地理，2011，（6）：83-88.

[74] 阳建强.我国旧城更新改造的主要矛盾分析 [J]. 城市规划汇刊，1995，（4）：9-12+21-62.

[75] 阳建强.西欧城市更新 [M]. 南京：东南大学出版社，2012.

[76] 阳建强，吴明伟.现代城市更新 [M]. 南京：东南大学出版社，1999.

[77] 姚洋.自由 公正与制度变迁 [M]. 郑州：河南人民出版社，2002.

[78] 叶林.从增长联盟到权益共同体：中国城市改造的逻辑重构 [J]. 中山大学学报（社会科学版），2013，（5）：129-135.

[79] 易晓峰.从地产导向到文化导向——1980 年代以来的英国城市更新方法 [J]. 城市规划，2009，（6）：66-72.

[80] 易晓峰."企业化管治"的殊途同归——中国与英国城市更新中政府作用比较 [J]. 规划师，2013，（5）：86-90.

[81] 于一凡，李继军.保障性住房的双重边缘化陷阱 [J]. 城市规划学刊，2013，（6）：107-111.

[82] 袁雯，朱喜钢，马国强.南京居住空间分异的特征与模式研究——基于南京主城拆迁改造的透视 [J]. 人文地理，2010，（2）：65-69.

[83] 袁媛.社会空间重构背景下的贫困空间固化研究 [J]. 现代城市研究，2011，（3）：14-18.

[84] 袁媛，吴缚龙.基于剥夺理论的城市社会空间评价与应用 [J]. 城市规划学刊，2010，（1）：71-77.

[85] 约翰·弗里德曼.城市营销与" 准城市国家" 城市发展的两种模式 [J]. 李路珂译.国际城市规划，2005，20（5）：28-36.

[86] 约翰·罗尔斯，何怀宏，等.正义论 [M]. 北京：中国社会科学出版社，2001.

[87] 翟斌庆，伍美琴.城市更新理念与中国城市现实 [J]. 城市规划学刊，2009，（2）：75-82.

[88] 张兵.城市规划实效论—城市规划实践的分析理论 [M]. 北京：中国人民大学出版

社，1998.

[89] 张纯. 城市社区形态与再生 [M]. 南京：东南大学出版社，2014.

[90] 张更立. 走向三方合作的伙伴关系：西方城市更新政策的演变及其对中国的启示 [J]. 城市发展研究，2004，（4）：26-32.

[91] 张杰. 从悖论走向创新——产权制度视野下的旧城更新研究 [M]. 北京：中国建筑工业出版社，2010.

[92] 张京祥. 公权与私权博弈视角下的城市规划建设 [J]. 现代城市研究，2010，（5）：7-12.

[93] 张京祥，陈浩. 中国的"压缩"城市化环境与规划应对 [J]. 城市规划学刊，2010，（6）：10-21.

[94] 张京祥，陈浩. 基于空间再生产视角的西方城市空间更新解析 [J]. 人文地理，2012，（2）：1-5.

[95] 张京祥，陈浩. 南京市典型保障性住区的社会空间绩效研究——基于空间生产的视角 [J]. 现代城市研究，2012，（6）：66-71.

[96] 张京祥，胡毅. 基于社会空间正义的转型期中国城市更新批判 [J]. 规划师，2012，（12）：5-9.

[97] 张京祥，李阿萌. 保障性住区建设的社会空间效应反思——基于南京典型住区的实证研究 [J]. 国际城市规划，2013，（1）：87-93.

[98] 张京祥，易千枫，项志远. 对经营型城市更新的反思 [J]. 现代城市研究，2011，（1）：7-11.

[99] 张京祥，赵丹，陈浩. 增长主义的终结与中国城市规划的转型 [J]. 城市规划，2013，（1）：45-50+55.

[100] 张庭伟. 政府、非政府组织以及社区在城市建设中的作用——"在全球化的世界中进行放权规划管理的展望"国际讨论会回顾 [J]. 城市规划汇刊，1998，（3）：14-18+21-64.

[101] 张庭伟. 对全球化的误解以及经营城市的误区 [J]. 城市规划，2003，（8）：6-14.

[102] 张庭伟. 新自由主义·城市经营·城市管治·城市竞争力 [J]. 城市规划，2004，（5）：43-50.

[103] 张庭伟. 转型时期中国的规划理论和规划改革 [J]. 城市规划，2008，（3）：15-25+66.

[104] 张庭伟，LEGATES R. 后新自由主义时代中国规划理论的范式转变 [J]. 城市规划学刊，2009，（5）：1-13.

[105] 张伊娜，王桂新. 旧城改造的社会性思考 [J]. 城市问题，2007，（7）：97-101.

[106] 张元端. 我国城市改造的发展方向 [J]. 住宅科技，1994，（7）：4-5.

[107] 章征涛，宋彦. 美国区划演变经验及对我国控制性详细规划的启示 [J]. 城市发展研究，2014，（9）：39-46.

[108] 赵民, 刘婧. 城市规划中"公众参与"的社会诉求与制度保障——厦门市"PX项目"事件引发的讨论 [J]. 城市规划学刊, 2010, (3): 81-86.

[109] 赵燕菁, 刘昭吟, 庄淑亭. 税收制度与城市分工 [J]. 城市规划学刊, 2009, (6): 4-11.

[110] 周华. 益贫式增长的定义、度量与策略研究——文献回顾 [J]. 管理世界, 2008, (4): 160-166.

[111] 周黎安. 中国地方官员的晋升锦标赛模式研究 [J]. 经济研究, 2007, (7): 36-50.

[112] ADAIR A, BERRY J, MCGREAL S, et al. Evaluation of investor behaviour in urban regeneration[J]. Urban Studies, 1999, 36 (12): 2031-2045.

[113] ALBERTS R C. The Shaping of the Point : Pittsburgh's Renaissance Park[J]. Western Pennsylvania History, 1980, 63 (4): 285-311.

[114] ALI I. Inequality and the imperative for inclusive growth in Asia[J]. Asian Development Review, 2007, 24 (2): 1.

[115] ALI I, SON H H. Defining and measuring inclusive growth : application to the Philippines [M]. Asian Development Bank, 2007.

[116] ALI I, ZHUANG J. Inclusive growth toward a prosperous Asia : policy implications [M]. Asian Development Bank, 2007.

[117] ATKINSON R. Measuring gentrification and displacement in Greater London[J]. Urban Studies, 2000, 37 (1): 149-165.

[118] AUTHORITY G L. The London Plan : Spatial Development Strategy for Greater London Consolidated with Alterations since 2004[J]. Sustainable development, 2008, 39 : 2.

[119] BAGAEEN S G. Redeveloping former military sites : Competitiveness, urban sustainability and public participation[J]. Cities, 2006, 23 (5): 339-352.

[120] BAILEY N. Picking partners for the 1990s-special feature on partnerships in regeneration[J]. Town and country planning, 1993, 36 (1): 130-147.

[121] BEAUREGARD R A. The textures of property markets : downtown housing and office conversions in New York City[J]. Urban Studies, 2005, 42 (13): 2431-2445.

[122] BIRDSALL N. Reflections on the macro foundations of the middle class in the developing world[J]. Center for Global, International and Regional Studies, 2007.

[123] BRADLEY A, HALL T, HARRISON M. Selling cities : promoting new images for meetings tourism[J]. Cities, 2002, 19 (1): 61-70.

[124] BRIGHT E M. Reviving America's forgotten neighborhoods : An investigation of inner city revitalization efforts [M]. Psychology Press, 2003.

[125] CHAN E, LEE G K. Critical factors for improving social sustainability of urban renewal projects[J]. Social Indicators Research, 2008, 85 (2): 243-256.

[126] CHENERY H B, BANK W. Redistribution with growth: policies to improve income distribution in developing countries in the context of economic growth[M]. Oxford University

Press, 1974.

[127] DAVIDSON M, LEES L. New-build 'gentrification'and London's riverside renaissance[J]. Environment and Planning A, 2005, 37 (7): 1165-1190.

[128] DEININGER K, SQUIRE L. New ways of looking at old issues : inequality and growth[J]. Journal of development economics, 1998, 57 (2): 259-287.

[129] DING C. Policy and praxis of land acquisition in China[J]. Land use policy, 2007, 24 (1): 1-13.

[130] DING C, SONG Y. Emerging land and housing markets in China [M]. Lincoln Institute of Land Policy, 2005.

[131] EVANS G. Measure for measure : evaluating the evidence of culture's contribution to regeneration[J]. Urban Studies, 2005, 42 (5-6): 959-983.

[132] FAINSTEIN S. Can we make the cities we want[J]. The Urban Moment. Thousand Oaks : Sage, 1999 : 249-272.

[133] FAINSTEIN S S. Competitiveness, cohesion, and governance : their implications for social justice[J]. International Journal of Urban and Regional Research, 2001, 25 (4): 884-888.

[134] FOUNDATION B. Commitment to place : urban excellence & communtiy [M].Bruner Fourdation, 1999.

[135] FRIEDEN B, KAPLAN M. Rethinking the neighborhood strategies [M] //N. CARMON, Neighborhood Policy and Programmes : Past and Present. Macmillan Limited; London, 1990.

[136] FRIEDMANN J. China's Urban Transition [M]. University of Minnesota Press, 2005.

[137] GOUGH J. Neoliberalism and Socialisation in the Contemporary City : Opposites, Complements and Instabilities[J]. Antipode, 2002, 34 (3): 405-426.

[138] GRODACH C. Beyond Bilbao : Rethinking flagship cultural development and planning in three California cities[J]. Journal of Planning Education and Research, 2010, 29 (3): 353-366.

[139] GROGAN P S, PROSCIO T. Comeback cities : A blueprint for urban neighborhood revival [M]. Basic Books, 2000.

[140] HARTMAN C. The housing of relocated families[J]. Journal of the American Institute of Planners, 1964, 30 (4): 266-286.

[141] HARVEY D. The Urbanization of Capital : Studies in the History and Theory of Capitalist Urbanization [M]. Baltimore : John Hopkins University Press, 1985.

[142] HARVEY D. From Managerialism to Entrepreneurialism : The Transformation in Urban Governance in Late Capitalism[J]. Geografiska Annaler. Series B, Human Geography, 1989, 71 (1): 3-17.

[143] HARVEY D. A Brief History of Neoliberalism [M]. Oxford University Press, UK, 2005.

[144] HE S. State-sponsored Gentrification Under Market Transition The Case of Shanghai[J]. Urban Affairs Review, 2007, 43（2）: 171-198.

[145] HE S. New-build gentrification in Central Shanghai : demographic changes and socioeconomic implications[J]. Population, Space and Place, 2010, 16（5）: 345-361.

[146] HE S, WU F. Property-Led Redevelopment in Post-Reform China : A Case Study of Xintiandi Redevelopment Project in Shanghai[J]. Journal of Urban Affairs, 2005, 27（1）: 1-23.

[147] HE S, WU F. Socio-spatial impacts of property-led redevelopment on China's urban neighbourhoods[J]. Cities, 2007, 24（3）: 194-208.

[148] HE S, WU F. China's Emerging Neoliberal Urbanism : Perspectives from Urban Redevelopment[J]. Antipode, 2009, 41（2）: 282-304.

[149] HUANG Y. Housing markets, government behaviors, and housing choice : a case study of three cities in China[J]. Environment and Planning A, 2004, 36（1）: 45-68.

[150] HUANG Y. Housing inequality and residential segregation in transitional Beijing [M] // L. J.C.MA, F. WU, Restructuring the Chinese city : Changing society, economy and space. Routledge; LONDON AND NEW YORK, 2005: 172-198.

[151] JACOBS J. The death and life of great American cities [M]. Random House LLC, 1961.

[152] JIE S. suburban development in Shanghai : a case of Songjiang[D]. Cardiff : Cardiff University City and Reginal Planning, 2011.

[153] JOHNSTONE C, WHITEHEAD M. New horizons in British urban policy : perspectives on New Labour's urban [M]. Aldershot : Ashgate Publishing, 2004.

[154] KEATING M, FRANTZ M D. Culture-led strategies for urban regeneration : a comparative perspective on Bilbao[J]. International journal of Iberian studies, 2004, 16（3）: 187-194.

[155] KUZNETS S. Economic Growth and Economic Inequality[J]. American Economic Review, 1955, 45 : 1-28.

[156] LEE J-P Z. Urban governance, neoliberalism and housing reform in China[J]. Pacific Review, 2006, 19（1）: 39-61.

[157] LEES L. Gentrification and Social Mixing : Towards an Inclusive Urban Renaissance?[J]. Urban Studies, 2008, 45（12）: 2449-2470.

[158] LEY D. Alternative Explanations for Inner-City Gentrification : A Canadian Asses[J]. Annals of the Association of American Geographers, 1986, 76（4）: 521-535.

[159] LIDDLE J. Regeneration and economic development in Greece : De-industrialisation and uneven development[J]. Local Government Studies, 2009, 35（3）: 335-354.

[160] LIEW L. China's engagement with neo-liberalism : Path dependency, geography and

party self-reinvention[J]. The Journal of Development Studies, 2005, 41 (2): 331-352.

[161] LIN J Y. Development strategies for inclusive growth in developing Asia[J]. Asian Development Review, 2004, 21 (2): 1-27.

[162] LOGAN J R. Urban China in Transition [M]. John Wiley & Sons, 2008.

[163] LOGAN J R, BIAN Y, BIAN F. Housing inequality in urban China in the 1990s[J]. International Journal of Urban and Regional Research, 1999, 23 (1): 7-25.

[164] LOGAN J R, MOLOTCH H L, HARVEY D. Urban fortunes : the political economy of place [M]. Berkeley : University of California Press, 1987.

[165] MA L J C, WU F. Restructuring The Chinese City : Changing Society, Economy And Space [M]. Routledge, 2005.

[166] MACLEOD G. From Urban Entrepreneurialism to a "Revanchist City" ? On the Spatial Injustices of Glasgow's Renaissance[J]. Antipode, 2002, 34 (3): 602-624.

[167] MCCARTHY J. Entertainment-led regeneration:the case of Detroit[J]. Cities,2002,19(2): 105-111.

[168] MCGINNIS M. 多中心体制与地方公共经济 [M]. 毛寿龙译. 上海：上海三联书店, 2000.

[169] MCGUIRK P M M. Changing approaches to urban planning in an 'entrepreneurial city' : the case of Dublin[J]. European Planning Studies, 2001, 9 (4): 437-457.

[170] MILES R, SONG Y A N. "GOOD" NEIGHBORHOODS IN PORTLAND, OREGON : FOCUS ON BOTH SOCIAL AND PHYSICAL ENVIRONMENTS[J]. Journal of Urban Affairs, 2009, 31 (4): 491-509.

[171] MILES S, PADDISON R. Introduction : The rise and rise of culture-led urban regeneration[J]. Urban studies, 2005 : 833-839.

[172] MOLLENKOPF J H. The Contested City [M]. Princeton, NJ : Princeton University Press, 1983.

[173] MOLOTCH H L. The city as a growth machine[J]. The American Journal of Sociology, 1976, 82 (2): 309-332.

[174] MULLER E K. Downtown Pittsburgh : Renaissance and Renewal [M] //K. J. PATRICK, A Geographic Perspective of Pittsburgh and the Alleghenies: From Precambrian to Post-Industrial. Pittsburgh:; University of Pittsburgh Press, 2000: 7-20.

[175] NONINI D M. Is China Becoming Neoliberal?[J]. Critique of Anthropology, 2008, 28 (2): 145-176.

[176] OC T, TIESDELL S. The London Docklands Development Corporation (LDDC), 1981-1991 : A perspective on the management of urban regeneration[J]. Town Planning Review, 1991, 62 (3): 311.

[177] ONG A. Neoliberalism as a mobile technology[J]. Transactions of the Institute of British

Geographers, 2007, 32（1）: 3-8.

[178] OSTROM E, 宋全喜. 公共服务的制度建构：都市警察服务的制度结构 [M]. 任睿译. 上海：上海三联书店，2000.

[179] PADDISON R. City marketing, image reconstruction and urban regeneration[J]. Urban Studies, 1993, 30（2）: 339-349.

[180] PIERSON J, SMITH J M. Rebuilding community : policy and practice in urban regeneration [M]. Palgrave, 2001.

[181] PONZINI D, ROSSI U. Becoming a creative city : The entrepreneurial mayor, network politics and the promise of an urban renaissance[J]. Urban Studies, 2010, 47（5）: 1037-1057.

[182] RACO M, IMRIE R. Urban renaissance? : New Labour, community and urban policy [M]. Boston : MIT Press, 2003.

[183] REN X. The political economy of urban ruins : redeveloping Shanghai[J]. International Journal of Urban and Regional Research, 2014, 38（3）: 1081-1091.

[184] RICHARDS G, WILSON J. The impact of cultural events on city image : Rotterdam, cultural capital of Europe 2001[J]. Urban Studies, 2004, 41（10）: 1931-1951.

[185] ROBERTS P. The evolution, definition and purpose of urban regeneration [M] //P. ROBERTS, H. SYKES, Urban regeneration : A handbook. SAGE, 2000 : 9-36.

[186] ROFEL L. Desiring China: experiments in neoliberalism, sexuality, and public culture [M]. Durham, NC : Duke University Press, 2007.

[187] ROHE W M. From Local to Global : One Hundred Years of Neighborhood Planning[J]. Journal of the American Planning Association, 2009, 75（2）: 209-230.

[188] ROHE W M, BRATT R G. Failures, downsizings, and mergers among community development corporations[J]. Housing Policy Debate, 2003, 14（1）: 1-46.

[189] SANDERS H T. Urban renewal and the revitalized city : a reconsideration of recent history[J]. Urban revitalization:, 1980, 103-126.

[190] SASSEN S. The Global City : New York, London, Tokyo [M]. Princeton University Press, 2001.

[191] SHIH M. The Evolving Law of Disputed Relocation : Constructing Inner-City Renewal Practices in Shanghai, 1990-2005[J]. International Journal of Urban and Regional Research, 2001, 34（2）: 350-364.

[192] SHIN H B. Residential redevelopment and social impacts in Beijing [M] //F. WU, China's Emerging Cities-The making of new urbanism. Routledge : 170, 2007.

[193] SHIN H B. Life in the shadow of mega-events : Beijing Summer Olympiad and its impact on housing[J]. Journal of Asian Public Policy, 2009, 2（2）: 122-141.

[194] SHIN H B. Residential redevelopment and the entrepreneurial local state : the implications

of Beijing's shifting emphasis on urban redevelopment policies[J]. Urban Studies, 2009, 46（13）: 2815–2839.

[195] SMITH C J, HIMMELFARB K M. Restructuring Beijing's social space : Observations on the Olympic Games in 2008[J]. Eurasian Geography and Economics, 2007, 48（5）: 543–554.

[196] SMITH N. Toward a Theory of Gentrification A Back to the City Movement by Capital, not People[J]. Journal of the American Planning Association, 1979, 45（4）: 538–548.

[197] SMITH N. The new urban frontier : Gentrification and the revanchist city [M]. Psychology Press, 1996.

[198] SONG Y, QUERCIA R G. How are neighbourhood design features valued across different neighbourhood types?[J]. Journal of Housing and the Built Environment, 2008, 23（4）: 297–316.

[199] TIERNEY J. The richer–is–greener curve[J]. New York Times, New York, 2009.

[200] TUROK I. Property–led urban regeneration : panacea or placebo?[J]. Environment and Planning A, 1992, 24（3）: 361–379.

[201] WANG H. China's new order : Society, politics, and economy in transition [M]. Cambridge, MA : Harvard University Press, 2003.

[202] WANG Y P. Urban Poverty, Housing and Social Change in China [M]. Taylor & Francis Group, 2004.

[203] WANG Y P, MURIE A. Social and Spatial Implications of Housing Reform in China[J]. International Journal of Urban and Regional Research, 2000, 24（2）: 397–417.

[204] WANG Y P, SHAO L, MURIE A, et al. The Maturation of the Neo–liberal Housing Market in Urban China[J]. Housing Studies, 2012, 27（3）: 343–359.

[205] WEBER R. Extracting Value from the City : Neoliberalism and Urban Redevelopment[J]. Antipode, 2002, 34（3）: 519–540.

[206] WHILE A, JONAS A E, GIBBS D. The environment and the entrepreneurial city : searching for the urban 'sustainability; fix'in Manchester and Leeds[J]. International Journal of Urban and Regional Research, 2004, 28（3）: 549–569.

[207] WILLIAMS C C, WINDEBANK J. Revitalising Deprived Urban Neighbourhoods : an assisted self–help approach [M]. Ashgate Pub Ltd, 2002.

[208] WU F. China's Changing Urban Governance in the Transition Towards a More Market–oriented Economy[J]. Urban Studies, 2002, 39（7）: 1071–1093.

[209] WU F. Transitional cities–commentary of place–making, remaking Shanghai as a world city[J]. Urban Studies, 2003, 8 : 1359–1377.

[210] WU F. Residential relocation under market–oriented redevelopment : the process and outcomes in urban China[J]. Geoforum, 2004, 35（4）: 453–470.

[211] WU F. China's Emerging Cities : The Making of New Urbanism [M]. Taylor & Francis Group, 2007.

[212] WU F. China's great transformation : Neoliberalization as establishing a market society[J]. Geoforum, 2008, 39（3）: 1093–1096.

[213] WU F. How Neoliberal Is China's Reform? The Origins of Change during Transition[J]. Eurasian Geography and Economics, 2010, 51（5）: 619–631.

[214] WU F, ZHANG J. Planning the Competitive City-Region : The Emergence of Strategic Development Plan in China[J]. Urban Affairs Review, 2007, 42（5）: 714–740.

[215] XU J, YEH A G O. City Repositioning and Competitiveness Building in Regional Development : New Development Strategies in Guangzhou, China[J]. International Journal of Urban and Regional Research, 2005, 29（2）: 283–308.

[216] XUE L, YANG K-Z. Spatial planning of commercial allocation in Haidian District in Beijing based on spatial interactive models [J]. Geographical Research, 2005, 2 : 013.

[217] YANG Y-R, CHANG C-H. An urban regeneration regime in China : A case study of urban redevelopment in Shanghai's Taipingqiao area[J]. Urban Studies, 2007, 44（9）: 1809–1826.

[218] YANG Y R, CHANG C. An urban regeneration regime in China : A case study of urban redevelopment in Shanghai's Taipingqiao area[J]. Urban Studies, 2007, 44（9）: 1809–1826.

[219] ZHAO S X. Spatial restructuring of financial centers in mainland China and Hong Kong : A geography of finance perspective[J]. Urban Affairs Review, 2003, 38（4）: 535–571.

[220] ZIELENBACH S. The art of revitalization : Improving conditions in distressed inner-city neighborhoods [M]. London&New York : Taylor & Francis, 2000.

图表索引

后 记

随着城市更新工作在一些城市深入开展，诸如利益分配不公引发的种种社会冲突，弱势群体权利难以保障等社会问题日益显现出来。可以说，只注重物质环境改善、城市形象提升和经济利益回报，往往忽视对城市更新社会性层面问题的关注是产生这些问题的原因。就城市更新来说，它关系到产权单位、个人利益、土地存量规划和市场运作等城市社会、经济与物质环境诸多方面，是一项十分复杂的社会系统工程。如何在规划目标的制定和实施途径的选择上，关注各方权益平衡？如何建立保障机制，实现更新过程和结果的公正和共享？成为当前推进和深化城市更新工作的关键和难点。因此，要把握和解决城市更新这个复杂课题，坦白讲本书仅是对城市更新这一复杂课题进行了浅显的分析。本书是在2015年章征涛的博士论文基础上修改完成的，在一些宏观政策、地方实践和数据更新上还存在不足；同时，也由于写作时间关系，本书在认识上还存在局限，比如当前城市更新更加注重城市内涵发展，更加强调以人为本，更加重视人居环境的改善和城市活力的提升，关于这方面的成果今后仍需不断完善。

在本书写作过程中，衷心感谢那些关心和帮助过的人，他们对整个研究与实践提供了很好建议和意见，并且在资料收集、调研、规划实践等环节给予了大力支持。感谢重庆大学的赵万民教授、董世永副教授、龙彬教授、邢忠教授、徐煜辉教授、李泽新教授、邢忠教授、杨培峰教授、黄勇教授、刘勇教授。此外，本书还得到了阳建强教授（东南大学）、宋彦教授（美国北卡罗来纳大学教堂山分校）、徐千里院长（重庆市设计院）、颜文涛教授（同济大学）、叶林教授（中山大学）、任雪飞副教授（美国密西根州立大学）的建议和帮助，在此一并感谢。最后，感谢团队的郭剑锋、王敏、左力、高芙蓉、肖竞、曹珂、刘志、薛威、杨宁、蒋文在写作过程中给予的帮助。

图书在版编目（CIP）数据

包容性城市更新理论建构和实现途径 / 章征涛，李
和平著. —北京：中国建筑工业出版社，2020.12
ISBN 978-7-112-25762-1

Ⅰ.①包… Ⅱ.①章… ②李… Ⅲ.①城市建设—研
究—中国 Ⅳ.①TU984.2

中国版本图书馆CIP数据核字（2020）第256204号

责任编辑：杨　虹　牟琳琳
书籍设计：康　羽
责任校对：姜小莲

包容性城市更新理论建构和实现途径

章征涛　李和平　著

*

中国建筑工业出版社出版、发行（北京海淀三里河路9号）
各地新华书店、建筑书店经销
北京雅盈中佳图文设计公司制版
北京中科印刷有限公司印刷
*

开本：787毫米×1092毫米　1/16　印张：22¼　字数：358千字
2021年9月第一版　2021年9月第一次印刷
定价：**78.00**元
ISBN 978-7-112-25762-1
（36996）